大数据与网络安全研究丛书

大数据下并行知识约简与知识获取

钱 进 张 楠 徐菲菲 著

科 学 出 版 社

北 京

内 容 简 介

本书针对大数据的数据体量大、数据类型繁多、处理速度快、价值密度高等特点，以粒计算方法为理论基础，以经典粗糙集模型和区间值信息系统为研究对象，以 Hadoop 开源平台为实验环境，构建大数据下知识约简计算模型及知识获取方法。本书主要介绍大数据下 Pawlak 模型知识约简、区间值信息系统知识约简、层次粗糙集模型知识约简及知识获取的理论、模型和方法，并力求展现大数据下粒计算的最新研究成果。

本书可供计算机、自动化、应用数学等相关专业的研究人员、高校师生和工程技术人员使用。

图书在版编目(CIP)数据

大数据下并行知识约简与知识获取/钱进，张楠，徐菲菲著．—北京：科学出版社，2017.12

大数据与网络安全研究丛书

ISBN 978-7-03-055842-8

Ⅰ．①大…　Ⅱ．①钱…　②张…　③徐…　Ⅲ．①知识获取-研究　Ⅳ．①TP18

中国版本图书馆 CIP 数据核字(2017)第 300395 号

责任编辑：邹　杰 / 责任校对：郭瑞芝
责任印制：吴兆东 / 封面设计：迷底书装

科 学 出 版 社 出版
北京东黄城根北街 16 号
邮政编码：100717
http://www.sciencep.com

北京中石油彩色印刷有限责任公司 印刷
科学出版社发行　各地新华书店经销

*

2017 年 12 月第　一　版　开本：787 × 1092　1/16
2018 年 11 月第二次印刷　印张：11 3/4
字数：279 000

定价：88.00 元

(如有印装质量问题，我社负责调换)

前 言

随着大数据时代的到来，各行各业不断释放出大规模复杂结构数据。数据已经不能简单地集中存储，而是分布存储在不同网络节点上。同一个样本的描述数据也不再局限于单个数据源，可能存在于多个不同数据源中。而这些复杂数据往往具有海量性、多源异构性、动态性、不确定性和知识稀疏性等特征，这给传统数据挖掘方法带来了新的机遇和挑战。如何有效地从大规模复杂数据中进行高效知识约简并发现有价值的知识已成为当前人工智能领域急需解决的科学问题。

现实世界中，数据往往是不精确、不确定、不完整的，甚至包含了大量噪声，人们对大规模多源异构不确定性数据进行整合和分析的需求也在与日俱增。要快速协同地分析这些不确定性数据，以及从不同层次为用户提供更为准确有效的层次性知识，这就必须研究一种新的面向复杂数据的智能数据分析理论、模型和方法。粒计算是当前计算智能研究领域中模拟人类思维和解决复杂问题的新方法，强调从多视角、多层次来理解和描述现实世界，通过人类粒化认知机理，对复杂问题进行不同粒度层次的抽象和处理。粒计算逐渐成为不确定性问题求解的重要理论，多粒度分析已经成为人类认知能力的重要特征。作为粒计算的三大模型之一，粗糙集理论是一种刻画不精确、不确定性的数学工具，主要利用上下近似逼近概念，通过知识约简能够直接从给定的数据中提取出简洁、易懂且有效的决策规则。这将为大数据下不确定性问题的近似建模与分析推理提供重要的理论依据。

传统基于串行计算技术的数据挖掘算法已经无法满足数据处理的时效性需求，并行计算技术可能是解决数据挖掘效率瓶颈问题的一个途径。Google 公司提出了分布式文件系统和并行编程模式 MapReduce，这为大数据挖掘提供了基础设施，同时给传统的数据挖掘研究提出了新的挑战。近几年，关于大数据下粒计算的研究引起了国内外学者的广泛关注，相继召开了 2015 年大数据与多粒度计算学术研讨会、2016 年大数据决策高峰论坛、2017 年大数据与粒计算学术研讨会等。与此同时，成立了一些大数据组织和研究机构，如中国计算机学会大数据专家委员会、大数据研究院等。此外，国际著名期刊 *Information Sciences* 还组织了 *Granular computing based machine learning in the era of big data* 专辑。如何利用大数据技术来优化和提升粒计算理论模型和方法受到众多研究者的广泛关注，成为粒计算学术界重视的一个研究方向。

本书旨在利用粒计算和粗糙集理论在复杂问题求解中的优势，使用 MapReduce 并行计算技术，研究大数据下不确定性问题的求解，开发高效的知识约简计算模型和实现知识获取方法。本书的研究工作将有助于完善粗糙集理论体系，促进粒计算研究的发展，同时有助于丰富并行编程模型，为从大数据中挖掘各种潜在的、有价值的层次性知识提供新方法、新手段。

全书共 8 章。第 1 章介绍粒计算、粗糙集理论和大数据的基本知识和研究现状；第 2 章介绍基于计数排序的高效 Pawlak 知识约简方法；第 3 章介绍区间值信息系统知识约简方法；第 4 章介绍大数据下 Pawlak 粗糙集模型知识约简方法；第 5 章介绍大数据下区间值信息系统的知识约简方法；第 6 章介绍大数据下层次粗糙集模型知识约简方法；第 7 章介绍大数据下层次粗糙集模型知识获取方法；第 8 章总结知识约简研究工作，并展望其研究趋势。本书第 1、2、4、6～8 章由钱进撰写，第 3 章由张楠撰写，第 5 章由徐菲菲撰写。

本书的出版得到了国家自然科学基金项目(项目编号：61403329)、江苏省自然科学基金项目(项目编号：BK20141152)、教育部人文社会科学基金项目(项目编号：15YJCZH129)、江苏省“青蓝工程”人才类项目、江苏理工学院科研项目的资助。在这里，对国家自然科学基金委员会、江苏省科技厅、教育部社会科学司、江苏理工学院表示诚挚的感谢。本书是三位作者在导师苗夺谦教授的指导下共同努力的结果。没有这些支持，本书不可能出版。同时，也要感谢姚一豫教授、王国胤教授、王熙照教授、梁吉业教授、李德玉教授、钱宇华教授、胡清华教授、李天瑞教授、吴伟志教授、米据生教授、周献中教授、陈德刚教授、刘文奇教授、张燕平教授、黄兵教授、徐伟华教授、李金海教授、闵帆教授、邵明文教授、王长忠教授、陈红梅教授等专家的指导和帮助，感谢同济大学 501 室的兄弟姐妹，感谢江苏理工学院计算机工程学院和科技处的帮助和支持。

最后，欢迎广大读者参与大数据下粒计算方法的研究，对于书中的不足之处，恳请批评指正(联系方式：qjqjlqyf@163.com)。

作　者
2017 年 10 月

目　录

第1章 概　论

粒计算是一个新兴的学科，主要从多粒度角度进行问题求解和信息处理，其主要理论和方法有模糊集理论、粗糙集理论、商空间理论等。粗糙集理论作为粒计算的三大模型之一，是一种刻画不精确、不确定性的数学工具，其主要利用上下近似逼近概念。知识约简是粗糙集理论的重要研究内容之一，是数据挖掘中知识获取的关键步骤。通过知识约简，可以直接从给定的数据中提取出简洁、易懂且有利用价值的知识。

1.1 粒 计 算

1.1.1 概述

随着数据库技术的迅速发展以及数据库管理系统的广泛应用，积累的数据越来越多。激增的数据背后隐藏着许多重要的信息，人们希望能够对其进行更高层次的分析，以便更好地利用这些数据。目前，大多数数据库应用系统可以高效地实现数据的录入、查询、统计等功能，但无法发现数据中存在的模式或规则，无法根据现有数据预测未来的发展趋势。缺乏挖掘潜在知识的手段将导致数据爆炸但知识贫乏。如何帮助人们有效地收集和选择感兴趣的数据，更关键的是如何帮助用户在日益增多的数据中自动发现新的概念并自动分析它们之间的关系，使之能够真正做到信息处理的自动化，已成为信息技术领域的热点问题。知识发现(Knowledge Discovery in Database，KDD)就是为满足这种需求而诞生并迅速发展起来的，可用于开发新的信息资源。

知识发现[1,2]是从数据集中识别出有效的、新颖的、潜在有用的，以及最终可理解的模式的非平凡过程。它从数据“矿山”中找到蕴藏的知识“金块”，将信息变为知识，为知识创新和知识经济的发展做出贡献。知识发现中大多数的数据挖掘技术是在人工智能、数据库、统计学、模糊集等领域中发展起来的，所处理的对象要么是海量数据，要么是涉及大量属性的复杂数据，其复杂程度不言而喻。实际上，能够对数据模式或规则起主导作用的关键属性是有限的，即构成最终知识的属性并不多。因此，对海量数据事先进行知识约简，从不同层次进行决策分析，能够有效地降低问题求解的复杂性，提高知识发现的效率。

粒计算(Granular Computing，GrC)[3-5]是一种粒化的思维方式及方法论，是一种新的信息处理模式，而这种模式是粒化及分层思想在机器问题求解中的具体实现，成为近二十年人工智能领域的一个新研究热点。自 Zadeh 1979 年发表论文 *Fuzzy sets and information granularity* 以来，研究人员对信息粒度化的思想产生了浓厚的兴趣。Zadeh 于 1996 年提出词计算理论，认为人类的认知可以概括为信息粒度化、信息组织和因果推理等能力；Pawlak[6]于 1982 年提出粗糙集理论，可以利用它有效地表示不确定或不精确的知识，并进行推理[7]；Hobbs[8]于 1985 年提出粒度理论，指出在不同粒度上概念化世界的能力和在不同粒度世界转换的能力是人类智能的基础；Gordon 等[9]于 1992 年指出，人的感知得益于人可以在不同的粒度层次上分析问题，并在不同粒层间转换；Love[10]于 2000 年也注意到人可以在多个抽象层次上频繁地使用和获取知识；在 Lin[11]的研究基础上，姚一豫[4,12]结合邻域系统对粒计算进行了详细的研究，发表了一系列研究成果，并将它应用于知识挖掘等领域，建立了概念之间的 if-then 规则与粒度集合之间的包含关系，提出利用由所有划分构成的格求解一致分类问题，为数据挖掘提供了新的方法和视角。姚一豫给出了粒计算的 3 种观点：①从哲学角度看，粒计算是一种结构化的思想方法；②从应用角度看，粒计算是一个通用的结构化问题求解方法；③从计算角度看，粒计算是一个信息处理的典型方法。据此，姚一豫提出了粒计算三元论(多视角、多层次粒结构和粒计算三角形)。该研究框架阐述粒计算的哲学、方法论和计算模式 3 个侧面，用来指导人们进行结构化问题和机器问题的求解。

国内外学者积极参与粒计算的研究，开展了一系列如国际国内会议、暑期学术研讨会等多种形式的交流活动。在会议方面，有现在每年举办一届的粒计算国际会议(International Conference on Granular Computing)、中国粒计算会议(CGrC)等。在暑期学术研讨会方面，2010～2017 年分别由安徽大学、同济大学、北京邮电大学和西南交通大学承办了以商空间与粒计算、不确定性与粒计算、云模型与粒计算和三支决策与粒计算为主题的研讨会，并出版了相关学术著作《商空间与粒计算——结构化问题求解理论与方法》、《不确定性与粒计算》、《云模型与粒计算》和《三支决策与粒计算》。在专著方面，2007 年，张钹和张铃出版了《问题求解理论及应用——商空间粒度计算理论及应用(第 2 版)》；海内外华人学者苗夺谦等合作出版了首部粒计算专著《粒计算：过去、现在与展望》；2010 年，周献中等出版了《不完备信息系统知识获取的粗糙集理论与方法》；2011 年，杨习贝等出版了《不完备信息系统及粗糙集理论——模型与属性约简(英文版)》；2012 年，胡清华等出版了《应用粗糙计算》；2013 年，张清华等合作出版了《多粒度知识获取与不确定性度量》等；2016 年，李天瑞等出版了《大数据挖掘的原理与方法:基于粒计算与粗糙集的视角》。以上这些学术活动的开展及专著的出版促进了粒计算理论及其应用的迅速发展。

1.1.2 粒计算内涵

1. 粒计算基本概念

从粒计算的角度看计算的对象，可形成不同的计算模型。如果从多粒度计算的角度去看，这个计算模型大体分为粒、粒层和粒结构。

(1) 粒。粒是构成粒计算模型的最基本元素，是计算模型的原语。一个粒可以看作由内部属性描述的个体元素的集合，以及由它的外部属性所描述的整体。

(2) 粒层。粒层是对问题空间或计算对象的一种抽象化描述，按照某个实际需求的粒化准则得到的所有粒子的全体构成一个粒层。同一层的粒子内部往往具有某种相同的性质或功能。粒化程度的不同导致同一问题空间会产生不同的粒层，各个粒层的粒子具有不同的粒度，即粒的不同大小。粒计算模型的主要目标是能够在不同粒层上进行问题的求解，且不同粒层上的解能够相互转化。

(3) 粒结构。一个粒化准则对应一个粒层，不同的粒化准则对应多个粒层，粒层之间的相互联系构成一个关系结构，称为粒结构。在一般的粒计算理论中，把同一粒层的粒子看成一个集合，通常并不考虑粒子之间的结构关系。在商空间理论中[13]，粒层中的粒子间具有结构关系，因此粒结构既指粒层间的结构关系，又指粒层中的结构。

2. 粒计算的基本问题

根据粒计算的基本概念，粒计算中的两个基本问题主要为粒化和基于粒化的计算，即如何构造这个模型以及如何根据这个模型进行计算。粒化是问题空间的一个划分过程，可以简单理解为在给定粒化准则(如等价关系)下得到一个粒层的过程，是粒计算的基础。通过粒化可以得到问题空间层次间与层次内部的结构。在同一或者不同的粒化准则下均可得到多个粒层，形成多层次的网络结构。粒计算通过访问粒结构求解问题，包括在层次结构中自上而下或者自下而上两个方向的交互以及在同一层次内部的移动，即不同粒层上粒子之间的转换与推理以及同一粒层上粒子之间相互交互，从而形成基于粒化的计算。

3. 粒计算的主要模型

粒计算模型大体分为两大类：一类以处理不确定性为主要目标，如以模糊处理为基础的计算模型和以粗糙集为基础的模型；另一类则以多粒度计算为目标，如商空间理论。这两类模型的侧重点有所不同，前者在粒化过程中，侧重于计算对象的不确定性处理，Zadeh 认为“在人类推理与概念形成中，其粒度几乎都是模糊的”，因此他认为以模糊概念为基础的词计算，是粒计算的主要组成部分。以 Pawlak 为首的波兰学者提出的粗糙集理论的基础也是“思维的计算，即关于含糊、不清晰概念的近似推理”。而多粒度计算的思想则来源于 Hobbs 的如下思想：“人类问题求解的基本特征之一，就是具有从不同的粒度上观察世界，并很容易地从一个抽象层次转换到其他层次的能力，即分层次地处理它们。”因此，多粒度计算的目的是降低处理复杂问题的复杂性。

1.2 粗 糙 集

1.2.1 概述

粗糙集理论[6,7]是一种刻画不精确、不确定和不完备的数学工具。Pawlak 于 1991 年撰写的第一本粗糙集理论专著 *Rough Sets—Theoretical Aspects of Reasoning about Data* 的问世和 Slowinski 于 1992 年主编的关于粗糙集应用与相关方法比较研究论文集的出版，极大地推动了粗糙集理论研究。自 1992 年以来，国际上每年都召开以粗糙集理论为主题的学术研讨会，如 RSCTC、RSKT、GrC、RSFDGrC 等，而国内 2001 年 5 月在重庆召开了第一届中国Rough集与软计算学术研讨会，此后每年举办一次，以及与之联合召开的中国Web智能学术研讨会和中国粒计算学术研讨会。近二十年来，国内外学者发表了大量高水平学术论文和专著，进一步促进了粗糙集理论的发展。

目前，粗糙集理论中知识约简能够帮助解决“数据丰富、知识缺乏”这一难题，而且获得了广泛的应用和巨大的成功，但也面临许多问题和挑战。经典知识约简算法主要处理离散型数据，然而现实世界中经常会遇到包含缺失值、连续值的数据，这使实际应用效果不是很理想。为此，许多学者扩展了经典粗糙集模型，提出了模糊粗糙集模型[14]、决策粗糙集模型[15]、变精度粗糙集模型[16]、相容粗糙集模型[17]、相似粗糙集模型[18]、覆盖粗糙集模型[19,20]、区间值粗糙集模型[21,22]、层次粗糙集模型[23]等。面对海量的数据，并行约简可能是一个重要的途径。于是，许多学者提出了一些并行知识约简算法[24-32]，但是仍然没有解决海量数据的知识约简问题。而当前业内并无有效的并行计算解决方案，无论是编程模型、开发语言还是开发工具，距离开发实用的数据挖掘平台还有很大的差距[33-37]。

1.2.2 基本概念

粗糙集理论将知识理解为分类能力，其主要思想是从数据中挖掘规则，利用知识库中的知识来刻画不精确或不确定目标概念。本章在回顾粗糙集理论基本概念的基础上，详细分析和比较已有的基于正区域的知识约简算法、基于差别矩阵的知识约简算法和基于信息熵的知识约简算法，并阐述影响传统知识约简算法效率的关键因素。

下面简要介绍本书主要用到的一些Rough集的基本概念，具体请参考文献[6]和文献[7]。

定义 1.1 四元组 $S=(U,\mathrm{At},\{V_a\,|\,a\in\mathrm{At}\},\{I_a\,|\,a\in\mathrm{At}\})$是一个信息系统，其中$U=\{x_1, x_2, \cdots, x_n\}$表示对象的非空有限集合，称为论域；At为全体属性集；V_a是属性$a\in\mathrm{At}$的值域；$I_a: U\to V_a$是一个信息函数，它为每个对象赋予一个信息值。每一个属性子集$A\subseteq\mathrm{At}$决定了一个二元不可区分关系IND(A):

$$\mathrm{IND}(A)=\{(x,y)\in U\times U\,|\,\forall a\in A, I_a(x)=I_a(y)\} \tag{1.1}$$

关系IND(A)构成了U的一个划分，用U/IND(A)表示，简记为U/A或π_A。U/A中的任何元素$[x]_A=\{y|\,\forall a\in A,\ I_a(x)=I_a(y)\}$称为等价类。

在分类问题中，可将At分成条件属性集C和决策属性集D两部分，即$\mathrm{At}=C\cup D$且$C\cap D=\varnothing$，其中，$C=\{c_1, c_2, \cdots, c_m\}$表示条件属性的非空有限集，$D$表示决策属性的非空有限集，一个信息系统$S$就变成了一个决策表。需要说明的是，这里所讨论的决策表均为完备的，并且假设$D=\{d\}$，表示决策表仅有单一决策属性。若决策表中存在多个决策属性，则可将所有决策属性的属性组合值映射为不同的单一的新决策值，从而将多个决策属性转化为单个决策属性。U/C中任一元素称为论域关于条件属性集C的条件类，U/D中任一元素称为决策类。显然，划分U/C具有最细的信息粒度而划分$U/\varnothing$具有最粗的信息粒度。

定义 1.2 在决策表$S=(U,\mathrm{At}=C\cup D,\{V_a\,|\,a\in\mathrm{At}\},\{I_a\,|\,a\in\mathrm{At}\})$中，对于每个子集$X\subseteq U$和不可区分关系$A\subseteq C\cup D$, X的下近似集与上近似集分别可以由A的基本集定义

如下：

$$\underline{A}X = \cup\{x \in U \mid [x]_A \subseteq X\} \tag{1.2}$$

$$\overline{A}X = \cup\{x \in U \mid [x]_A \cap X \neq \varnothing\} \tag{1.3}$$

下近似集由肯定属于 X 的对象集构成，表示根据现有的知识可以判断出肯定属于 X 的对象所组成的最大集合，上近似集由可能属于 X 的对象集构成，表示根据现有知识判断出可能属于 X 的对象所组成的最小集合。通过两个精确的上、下近似集，可从两个侧面对概念 X 进行逼近，从而可以近似地描述概念 X。

下近似 $\underline{A}X$ 也称为 X 关于 A 的正域，记为 $\mathrm{POS}_A(X)$。上近似集与下近似集的差别部分称为 X 关于 A 的边界域，即 $\mathrm{BND}_A(X) = \overline{A}X - \underline{A}X$，表示不能完全确定是否属于 X 的对象所组成的集合，刻画了关于概念 X 分类的不确定对象。$\mathrm{NEG}_A(X) = U - \overline{A}X$ 称为 X 关于 A 的负域，表示根据现有的知识判断出肯定不属于 X 的对象所组成的集合。若 $\underline{A}X = \overline{A}X$，即 $\mathrm{BND}_A(X) = \varnothing$，则概念 X 是精确的，说明根据现有知识能够确定 X 中的所有分类对象，否则概念 X 是粗糙的，即 $\mathrm{BND}_A(X) \neq \varnothing$，说明 X 中存在不确定的分类对象。

定义 1.3　在决策表 $S = (U, \mathrm{At} = C \cup D, \{V_a \mid a \in \mathrm{At}\}, \{I_a \mid a \in \mathrm{At}\})$中，$\forall A \subseteq C$，$X \subseteq U$，决策属性 D 关于 A 的正区域 $\mathrm{POS}_A(D)$ 定义为

$$\mathrm{POS}_A(D) = \bigcup_{X \in U/D} \underline{A}X \tag{1.4}$$

在决策表 S 中，决策属性 D 导出的 U 上划分记为 $\pi_D = \{D_1, D_2, \cdots, D_k\}$。

定义 1.4　在决策表 $S=(U, \mathrm{At} = C \cup D, \{V_a \mid a \in \mathrm{At}\}, \{I_a \mid a \in \mathrm{At}\})$中，称 $\mathrm{POS}_C(D)$ 中的对象为相容对象，即 $\mathrm{POS}_C(D) = \cup_{i=1}^{k} \underline{C}D_i$；称 $U - \mathrm{POS}_C(D)$ 中的对象为矛盾对象，记为 $\underline{C}D_{k+1}$。若 $\mathrm{POS}_C(D) = U$，则称决策表 S 是一致决策表，$\underline{C}D_{k+1} = \varnothing$；否则是不一致决策表。

将决策表 S 中所有矛盾对象归为一类，划分$\{\underline{C}D_1, \underline{C}D_2, \ldots, \underline{C}D_k, \underline{C}D_{k+1}\}$则既可以将属于不同决策类的相容对象分开，又可以将相容对象与矛盾对象分开，这样的不一致决策表就可以看成“相容”决策表了。因此，相容决策表不过是不一致决策表的“特例”。

定理 1.1　在决策表 S 中，$A \subseteq C$，则 $\mathrm{POS}_A(D) = \mathrm{POS}_C(D)$ 的充分必要条件是 $\underline{A}D_i = \underline{C}D_i$，$\forall i \in \{1, 2, \cdots, k, k+1\}$。

证明　由定义 1.3 和定义 1.4 直接证得。

定义 1.5　在决策表 $S = (U, \mathrm{At} = C \cup D, \{V_a \mid a \in \mathrm{At}\}, \{I_a \mid a \in \mathrm{At}\})$中，记 $U/C=\{[x_1']_C, [x_2']_C, \cdots, [x_s']_C\}$，$U' = \{x_1', x_2', \cdots, x_s'\}$，$U'_{\mathrm{POS}} = \{x_{i_1}', x_{i_2}', \cdots, x_{i_t}'\}$，其中，$U'_{\mathrm{POS}}$ 中的对象为相容对象，U'_{BND} 为 $U' - U'_{\mathrm{POS}}$，则 $S' = (U' = U'_{\mathrm{POS}} \cup U'_{\mathrm{BND}}, \mathrm{At} = C \cup D, \{V_a \mid a \in \mathrm{At}\}, \{I_a \mid a \in \mathrm{At}\})$为简化决策表。

不一致决策表中的对象可分为相容对象和不相容对象，故相容决策表可看作不一致决策表的特例，而简化决策表则是从不一致决策表中删除相容等价类和不相容等价类中冗余的对象。对象、等价类和决策表可理解为分析问题的 3 个视角层次，分别为从低到高、从具体到抽象。

定义 1.6 在决策表 $S=(U, \mathrm{At}=C\cup D, \{V_a \mid a\in \mathrm{At}\}, \{I_a \mid a\in \mathrm{At}\})$中，$a\in C$，若 $\mathrm{POS}_{C-\{a\}}(D)\neq \mathrm{POS}_C(D)$，则称属性 a 在 C 中是不可缺少的，否则称属性 a 在 C 中是不必要的。C 中所有不可缺少的属性集合称为 C 的 D-核(简称核)，记为 $\mathrm{CORE}_D(C)$。

1.3 知识约简

知识约简是粗糙集理论的重要研究内容和热点之一，也是知识获取的关键步骤。所谓知识约简是指在不影响知识表达能力的条件下，通过消除冗余知识，从而获得知识库简洁表达的方法。研究表明，信息系统中有些属性是冗余的，若将这些属性删除，不仅不会改变信息系统的分类或决策能力，反而会提高系统潜在知识的清晰度。知识约简反映了一个决策表的本质属性，一般先自底向上逐步增加属性，然后对结果采用逐步删除冗余属性的搜索策略来获取关键属性。通过知识约简可以导出现实问题的更简单、对决策更有效的决策规则，从而帮助做出一些预测或辅助决策。现有知识约简方法主要包括基于正区域的知识约简算法、基于差别矩阵的知识约简算法和基于信息熵的知识约简算法等，一般采用以下搜索策略：①以空集为起点，自底向上逐步增加属性来计算约简；②以初始条件属性集为起点，采用逐步删除属性来获取约简；③先自底向上逐步增加属性，然后对结果逐步删除冗余属性。策略 1 和策略 2 一般得到的是约简的超集，通常采用策略 3 进行知识约简。计算所有约简是 NP-Hard 问题，因此现有的知识约简方法采用启发式方式获取一个约简。

为了提高知识约简效率，达到知识获取实用化的目的，许多学者提出了基于正区域的知识约简、基于差别矩阵的知识约简和基于信息熵的知识约简等方法。粗糙集创始人 Pawlak[6,7]从形式上定义了基于正区域的知识约简模型，该方法主要保持约简前后正区域对象不变以保证确定性规则的分类能力不变化。Skowron 等[38]提出了基于差别矩阵的知识约简算法，该算法简单、易理解。苗夺谦等[39,40]将信息论的思想引入粗糙集，运用信息熵来表达知识的粗糙度，并提出基于互信息的启发式知识约简算法，并深入探讨了粗糙集理论中基本概念和运算的信息表示，进一步讨论了粗糙集理论中知识的粗糙性和信息熵的关系。该启发式算法简单实用，能够推动粗糙集理论在实际问题中的应用。许多学者在这些算法的基础上改进并提出了一些高效知识约简算法。

1.3.1 基于正区域的知识约简算法

定义 1.7 给定决策表 $S=(U, \mathrm{At}=C\cup D, \{V_a \mid a\in \mathrm{At}\}, \{I_a \mid a\in \mathrm{At}\})$，一个属性集 $A\subseteq C$ 是 C 的 D-约简，如果

(1) $\mathrm{POS}_A(D)=\mathrm{POS}_C(D)$；

(2) $\forall a\in A$，$\mathrm{POS}_{A-\{a\}}(D)\neq \mathrm{POS}_A(D)$。

由定义 1.6 和定义 1.7 可得

$$\mathrm{CORE}_D(C)=\cap \mathrm{Red}_D(C) \tag{1.5}$$

其中，$\mathrm{Red}_D(C)$表示所有相对约简。

定义 1.8　给定决策表 $S=(U, \mathrm{At}=C\cup D, \{V_a \mid a\in \mathrm{At}\}, \{I_a \mid a\in \mathrm{At}\})$，则 D 对 C 的依赖度定义如下：

$$r_C(D)=\frac{|\mathrm{POS}_C(D)|}{|U|} \tag{1.6}$$

称 D 以依赖度 $r_A(D)$ 依赖于 A，并称

(1) D 完全依赖于 C，当 $r_C(D)=1$ 时；

(2) D 部分依赖于 C，当 $0<r_C(D)<1$ 时；

(3) D 独立于 C，当 $r_C(D)=0$ 时。

依赖度 $r_A(D)$ 表示利用条件属性集 A 可以被正确分类到 U/D 中对象的个数占论域对象总数的比例。这样，可以利用 $r_{A\cup a}(D)$ 来度量属性 a 的重要性。由于 $0\leqslant r_{A\cup a}(D)\leqslant 1$ 并且 $r_{A\cup a}(D)$ 具有单调性，可以使用它构建一种基于正区域的知识约简算法。

基于正区域的知识约简算法获得的约简结果通常不是唯一的，人们希望能找到具有最少属性的约简，即最佳约简。然而，找到一个最佳约简是一个 NP-Hard 问题，解决这一问题通常采用启发式搜索方法，求出最佳或次最佳约简。文献[41]利用快速排序算法，提出了基于正区域的渐增式计算的属性约简算法，其时间复杂度为 $O(|C|^2|U|\log|U|)$。文献[42]以基数排序思想设计了一个新的计算 U/P 算法，在已知的信息 U/P 上递归地求出 $U/(P\cup\{a\})$，得到时间复杂度为 $\max(O(|U||C|), O(|C|^2|U/C|))$的属性约简算法。文献[43]提出了基于 Hash 的正区域计算方法和知识约简算法，将基于正区域的知识约简算法的时间复杂度降为 $O(|C|^2|U/C|)$。文献[44]利用正向近似思想，提出了一种知识约简算法框架模型，能够将基于正区域的约简算法时间复杂度降为 $O(|U||C|+\sum_{i=1}^{|C|}(|C|-i+1))$。

1.3.2　基于差别矩阵的知识约简算法

Skowron 等[38]提出一个用来存储任意两个对象之间差别信息的差别矩阵，通过该差别矩阵可以计算一个约简或所有约简。在该差别矩阵中，定义 $\mathrm{pos}(x_i)$ 表示对象 x_i 是否属于正区域，利用该信息来帮助判断任意两个对象之间是否存在差别信息。针对不一致决策表所产生的差别矩阵问题和差别矩阵空间复杂度，目前提出了许多基于差别矩阵的改进算法。文献[45]给出了属性序下时间复杂度为 $O(|C|^2|U|^2)$ 的差别矩阵属性约简算法。文献[46]对差别矩阵进行简化，主要是不用生成差别矩阵，就给出了时间复杂度为 $O(|C|^2|U|\log|U|)$ 的属性约简算法。文献[47]给出了时间复杂度为 $\max(O(|C|^2(|U'_{\mathrm{pos}}||U/C|)), O(\sum_{i=1}^{|C|}|k_i||U|))$的基于简化差别矩阵的属性约简算法。文献[48]利用分治策略思想提出了属性序下属性约简算法，其平均时间复杂度为 $O(|U||C|(|C|+\log|U|))$，空间复杂度为 $O(|C|+|U|)$。文献[49]具体探讨了 Pawlak 粗糙集模型下各种知识约简算法中性质保持的含义，给出了一个广义的性质保持定义。文献[50]和文献[51]提出了条件信息熵的概念，给出了时间复杂度为 $O(|C|^2|U|^2)$ 的属性约简算法。文献[52]分析了现有条件信息熵的不足，给出了时间复杂度为 $O(|C|^2|U|\log|U|)$ 的基于新的条件熵的高效知识约简算法。文献[53]引入决策表中

基于条件信息熵的近似约简概念，提出时间复杂度为 $O(|C|^2|U|^2)$ 的基于条件信息熵的近似约简算法。

下面首先探讨一些主要的差别矩阵定义[38,47,54-57]。

定义 1.9[38]　给定一个决策表 S，对应的差别矩阵 M^C 中任一元素定义为

$$m_{ij}=\begin{cases}\{a\in C\mid I_a(x_i)\neq I_a(x_j)\}, & x_i,x_j\in \mathrm{POS}_C(D)\\ & 或\mathrm{pos}(x_i)\neq \mathrm{pos}(x_j)\\ \varnothing, & 其他\end{cases}\tag{1.7}$$

在定义 1.9 中，Skowron 等提出的差别矩阵考虑到了不一致决策表的情况。

定义 1.10[54]　给定一个决策表 S，对应的差别矩阵 M_1^C 中任一元素定义为

$$m_{ij}=\begin{cases}\{a\in C\mid I_a(x_i)\neq I_a(x_j)\}, & I_D(x_i)\neq I_D(x_j)\\ \varnothing, & 其他\end{cases}\tag{1.8}$$

文献[54]中得出了如下结论：当且仅当某个 m_{ij} 为单属性时，该属性属于 $\mathrm{CORE}_D(C)$。该结论在大量的 Rough 集理论文献中被引用。文献[55]对文献[54]中的这个结论提出了质疑，举例说明了该方法的缺陷，提出了新的差别矩阵定义并给出了求核的方法。

定义 1.11[55]　给定一个决策表 S，对应的差别矩阵 M_2^C 中任一元素定义为

$$m'_{ij}=\begin{cases}m_{ij}, & \min\{|D(x_i)|,|D(x_j)|\}=1\\ \varnothing, & 其他\end{cases}\tag{1.9}$$

其中，$D(x_i)$ 表示与对象 x_i 相同对象的所有不同决策值的集合。

文献[55]给出并证明了如下结论：当且仅当某个 m'_{ij} 为单属性时，该属性属于 $\mathrm{CORE}_D(C)$。但在构造差别矩阵时，对每个矩阵元素 m'_{ij} 均要求给出并判定 $\min\{|D(x_i)|,|D(x_j)|\}$ 的值，因此计算代价高。

定义 1.12[56]　给定一个决策表 S，对应的差别矩阵 M_3^C 中任一元素定义为

$$m''_{ij}=\begin{cases}\{a\in C\mid I_a(x_i)\neq I_a(x_j)\}, & I_D(x_i)\neq I_D(x_j)\}且x_i\in U_1,x_j\in U_1\\ \{a\in C\mid I_a(x_i)\neq I_a(x_j)\}, & x_i\in U_1,x_j\in U'_2\\ \varnothing, & 其他\end{cases}\tag{1.10}$$

其中，$U_1=\bigcup_{i=1}^{k}\underline{C}D_i$；$U_2=U-U_1$，$U'_2$ 是对 U_2 删除多余的不相容对象后的集合(不同的不相容对象只保留一个)。

文献[56]给出并证明了如下结论：当且仅当某个 m''_{ij} 为单属性时，该属性属于 $\mathrm{CORE}_D(C)$。但文献[56]仅对不相容对象进行了处理，对相容对象没有进行处理。另外，差别矩阵中还存在许多空集元素。

定义 1.13[57]　给定一个决策表 S，记 $U/C=\{[x'_1]_C,[x'_2]_C,\cdots,[x'_s]_C\}$，$U'=\{x'_1,x'_2,\cdots,x'_s\}$，$U'_{\mathrm{POS}}=\{x'_{i_1},x'_{i_2},\cdots,x'_{i_t}\}$，其中，$U'_{\mathrm{POS}}$ 中对象为相容对象，U'_{BND} 为 $U'-U'_{\mathrm{POS}}$，则 $S'=(U'=U'_{\mathrm{POS}}\cup U'_{\mathrm{BND}}$，$\mathrm{At}=C\cup D$，$\{V_a\mid a\in \mathrm{At}\}$，$\{I_a\mid a\in \mathrm{At}\})$为简化决策

表，对应的差别矩阵 M_4^C 中任一元素定义为

$$m_{i'j'}=\begin{cases}\{a\in C\,|\,I_a(x_{i'})\neq I_a(x_{j'})\}, & x_{i'},x_{j'}\text{只有一个在}U'_{\mathrm{POS}}\\ \{a\in C\,|\,I_a(x_{i'})\neq I_a(x_{j'})\text{且}I_D(x_{i'})\neq I_D(x_{j'})\}, & x_{i'},x_{j'}\text{都在}U'_{\mathrm{POS}}\\ \varnothing, & \text{其他}\end{cases} \tag{1.11}$$

定义 1.14　给定一个决策表 S，差别集合 DIS_C^D 表示差别矩阵中非空元素所组成的集合，定义为

$$\mathrm{DIS}_C^D=\{m_{ij}\,|\,\varnothing\neq m_{ij}\in M^C,m_{ij}\subseteq C\} \tag{1.12}$$

其中，M^C 为差别矩阵；C 为条件属性的集合。

定理 1.2　给定一个决策表 S，则 $|\mathrm{DIS}_C^D(9)|=|\mathrm{DIS}_C^D(11)|\geqslant|\mathrm{DIS}_C^D(12)|\geqslant|\mathrm{DIS}_C^D(13)|$，其中 $|\mathrm{DIS}_C^D(i)|$ 表示根据定义 1.i 所得到的差别元素个数。

证明　定义 1.9 所定义的差别矩阵中非空元素是由决策属性值不同的两个相容对象或一个为相容对象和一个不相容对象所产生的区分信息。定义 1.11 与定义 1.9 一样。定义 1.12 比定义 1.9 少了相容对象与冗余的不相容对象的区分信息。定义 1.13 比定义 1.12 少了冗余的决策属性值不同的相容对象间的区分信息和冗余的相容与不相容对象的区分信息。故有 $|\mathrm{DIS}_C^D(9)|=|\mathrm{DIS}_C^D(11)|\geqslant|\mathrm{DIS}_C^D(12)|\geqslant|\mathrm{DIS}_C^D(13)|$。

不管定义什么类型的差别矩阵，其实都是针对不同的约简目标。因此，不管一个完备决策表是否相容，各种知识约简目标都可以通过相应的差别矩阵进行描述，Miao 等[49]给出了普适差别矩阵定义。

定义 1.15[49]　给定决策表 $S=(U,\mathrm{At}=C\cup D,\{V_a\,|\,a\in\mathrm{At}\},\{I_a\,|\,a\in\mathrm{At})$ 和分类特征 $\varDelta$，$U=\{x_1,x_2,\cdots,x_n\}$，S 关于 $\varDelta$ 的分辨矩阵为一个 $n\times n$ 的矩阵，记为 $M_\varDelta=\left(m_{ij}\right)_{n\times n}$，其中矩阵元素 m_{ij} 满足：

$$m_{ij}=\begin{cases}\{a\in C\,|\,I_a(x_i)\neq I_a(x_j)\}, & (x_i,x_j)\text{ 关于分类特征}\varDelta\text{可分辨}\\ \varnothing, & \text{其他}\end{cases} \tag{1.13}$$

根据定义 1.15，$M_\varDelta$ 为一对称矩阵，故可以仅用上三角或者下三角元素值进行描述。差别矩阵元素表明任意两个对象关于分类特征 $\varDelta$ 可分辨的条件属性集。建立差别矩阵后，对应的分辨函数可通过矩阵元素内部的析取和矩阵元素间的合取操作获得。

定义 1.16　给定一个决策表 S 和分类特征 $\varDelta$，$M_\varDelta$ 为关于 $\varDelta$ 的差别矩阵，其对应差别函数为一布尔函数，定义为

$$f_D(c_1,\cdots,c_m)=\wedge\{\vee m_{ij}:1\leqslant i<j\leqslant n,m_{ij}\neq\varnothing\} \tag{1.14}$$

其中，m_{ij} 为矩阵 $M_\varDelta$ 中的元素，$\vee m_{ij}=\vee a(a\in m_{ij})$ 表示 m_{ij} 中所有属性变元的析取。

定理 1.3　给定一个决策表 S 和分类特征 $\varDelta$，$M_\varDelta=\left(m_{ij}\right)_{n\times n}$ 为关于 $\varDelta$ 的分辨矩阵，则 $A\subseteq C$ 为属性集 C 关于 $\varDelta$ 的一个知识约简，当且仅当 A 满足：

(1) $\forall i$，j $(1\leqslant i<j\leqslant n)$，若 $m_{ij}\neq\varnothing$，有 $A\cap m_{ij}\neq\varnothing$；

(2) $\forall a\in A$，$\exists i,j$，$m_{ij}\neq\varnothing$，使得 $(A-\{a\})\cap m_{ij}=\varnothing$。

根据定义 1.15 和定理 1.3 可以计算一个约简或所有约简。目前已提出的算法大多利用差别矩阵来计算一个约简。在基于差别矩阵的知识约简算法中，通常是先构建差别矩阵，然后根据启发信息选取一个属性 a 放入约简中，再在差别矩阵中删除所有包含属性 a 的元素，重复上述过程，直至差别矩阵为空。为了提高基于差别矩阵的知识约简算法效率，可利用随机属性、核属性和具有最大正区域的属性等来降低差别矩阵大小。但是，在有些决策表中，可能没有最大正区域属性或核属性，结果是没有降低差别矩阵大小，反而增加了计算时间。利用随机属性来降低差别矩阵大小，带有一定的随机性，获得的约简中可能存在冗余属性。表 1.1 给出了各种差别矩阵知识约简算法的时间复杂度和空间复杂度。

表 1.1　各种差别矩阵知识约简算法的分析比较结果

文献	时间复杂度	空间复杂度
文献[54]	$O(\|C\|^3\|U\|^2)$	$O(\|C\|\|U\|^2)$
文献[55]	$O(\|C\|^2\|U\|^2)$	$O(\|C\|\|U\|^2)$
文献[56]	$O(\|C\|^2\|U1\|\|U\|)$	$O(\|C\|\|U1\|\|U\|)$
文献[47]	$\max(O(\|C\|^2(\|U'_{\text{pos}}\|\|U/C\|)), O(\sum_{i=1}^{\|A\|}\|k_i\|\|U\|))$	$\max(O(\|C\|(\|U'_{\text{pos}}\|\|U/C\|)), O(\|C\|\|U\|))$
文献[57]	$\max(O(\|C\|^2\sum_{1\leqslant i<j\leqslant m+1}\|T_i\|\|T_j\|), O(\|C\|\|U\|))$	$\max(O(\|C\|\sum_{1\leqslant i<j\leqslant m+1}\|T_i\|\|T_j\|), O(\|U\|))$

对于单个属性 a，差别矩阵中出现 a 越多，说明 a 所能够辨识的对象对个数越多，也就是说 a 是差别矩阵中出现频率最多的属性。删除包含该属性的元素，差别矩阵中剩余元素正是该属性所不能够辨识的对象生成的元素，这些元素是由不同决策属性值、相同条件属性值的对象产生的。故可以利用一个属性(集)的不可辨识性来快速找到出现频率最多的属性(集)。文献[46]和文献[58]提出区分对象对的概念，给出一个不必生成差别矩阵的时间复杂度为 $O(|C|^2|U|\log|U|)$ 的新算法。

1.3.3　基于信息熵的知识约简算法

苗夺谦等[39]、王国胤等[50]、刘启和等[52]、Qian 等[44]提出了各种基于信息熵的知识约简算法。下面阐述一些基本概念，并对这些算法进行分析比较。

定义 1.17　在决策表 $S=(U,\text{At}=C\cup D,\{V_a|a\in\text{At}\},\{I_a|a\in\text{At}\})$中，$P\subseteq C$，$Q\subseteq D$，$U/\text{IND}(P)=\{X_1, X_2, \cdots, X_n\}$，$U/\text{IND}(Q)=\{Y_1, Y_2, \cdots, Y_m\}$，知识(属性集合)$P$ 的信息熵定义为

$$\mathrm{Info}(P)=-\sum_{i=1}^{n}p(X_i)\log p(X_i) \tag{1.15}$$

知识(属性集合)Q 相对于知识(属性集合)P 的条件信息熵 Info($Q|P$)定义为

$$\mathrm{Info}(Q\mid P)=-\sum_{i=1}^{n}p(X_i)\sum_{j=1}^{m}p(Y_j\mid X_i)\log(p(Y_j\mid X_i)) \tag{1.16}$$

其中，$|X|$表示集合 X 的基数；$p(X_i)=|X_i|/|U|$ 表示等价类 X_i 在 U 中的概率；$p(Y_j\mid X_i)=|Y_j\cap X_i|/|X_i|$。

对于一致决策表，如果一个条件属性 $a\in C$ 关于 D 是可省的，则 Info($D|[C-\{a\}]$) = Info($D|C$) = 0；如果一个条件属性 $a\in C$ 关于 D 是不可省的，则 Info($D|[C-\{a\}]$) > 0。对于不一致决策表，情况就发生了变化。下面给出决策表知识约简在信息论观点中的一般定义。

定义 1.18　在决策表 $S=(U,\mathrm{At}=C\cup D,\{V_a\mid a\in\mathrm{At}\},\{I_a\mid a\in\mathrm{At}\})$中，$A$ 是条件属性集 C 的一个子集，则 A 是 C 的一个 D-约简的充分必要条件如下：

(1) Info($D|A$) = Info($D|C$)；

(2) 对任意 $a\in A$，有 Info($D|[A-\{a\}]$) $\neq$ Info($D|A$)成立。

文献[39]首先从信息的角度，对决策表中属性的重要性给出度量，在此基础上提出了一种基于互信息的知识相对约简的启发式算法，并指出该算法的复杂性是多项式的，其时间复杂度为 $O(|C||U|^2)+O(|U|^3)$。文献[50]也从信息论观点出发对 Rough 集理论的基本概念和主要运算进行分析讨论，并提出了基于条件信息熵的知识约简算法，其时间复杂度为 $O(|C||U|^2)+O(|U|^3)$。文献[52]指出使用现有条件信息熵设计约简算法存在一定的不足：其一是现有的条件信息熵无法等价表示知识约简；其二是约简算法的时间复杂度较高，提出了一种基于新的条件信息熵的高效知识约简算法，将时间复杂度降为 $O(|C|^2|U|\log|U|)$。文献[44]利用正向近似思想，提出了一种知识约简算法框架模型，能够将基于信息熵的约简算法的时间复杂度降为 $O(|U||C|+\sum_{i=1}^{|C|}(|C|-i+1))$。

1.3.4　普适知识约简算法

Zhao 等[59]根据不同的知识约简目标函数给出了普适知识约简算法的定义，从而为构建和分析各种知识约简算法提供了有利条件。

定义 1.19[59]　给定决策表 $S=(U,\mathrm{At}=C\cup D,\{V_a\mid a\in\mathrm{At}\},\{I_a\mid a\in\mathrm{At}\})$和分类特征 $\varDelta$，若 $A\subseteq C$ 满足：

(1) 分类特征 $\varDelta$ 的度量函数为 e，其使 $2^{C\cup D}\to L$，即将属性子集映射为偏序集 L 的一个元素；

(2) $e(A)=e(C)$；

(3) $\forall A'\subset A$，$e(A')\neq e(A)$。

则称 A 为 C 的一个约简。条件(2)是充分条件，即约简 A 必须保持分类特征 $\varDelta$ 不变；条件(3)是必要条件，即 A 中任一属性都具有独立性，不存在冗余属性。

若分类特征 Δ 与决策属性集 D 相关，则称 A 为属性集 C 的一个相对属性约简。否则，称 A 为属性集 C 的一个绝对属性约简。分类特征 Δ 可以从不同侧面对决策表所含信息进行解释和刻画，依据不同分类特征可以构造出对应的知识约简算法。所有知识约简算法都必须同时满足条件(2)和条件(3)。

现实世界经常包含噪声数据，经典粗糙集模型处理效果不理想。为此，一些扩展模型相继被提出，如决策粗糙集模型、变精度粗糙集模型、覆盖粗糙集模型、领域粗糙集模型、区间值粗糙集模型、层次粗糙集模型等。许多学者对这些模型知识约简算法进行了研究。

文献[60]～文献[64]将贝叶斯决策理论引入经典粗糙集模型中，研究了决策粗糙集模型，并提出了一些决策粗糙集模型的知识约简算法。文献[65]探讨了变精度 β 上、下近似分布约简，讨论了两者与分布约简、最大分布约简、近似约简等之间的关系。文献[66]和文献[67]详细探讨了变精度粗糙集模型中的约简异常，提出了区间约简概念，同时建立了三层区间约简体系，逐步消除了约简异常。文献[68]研究了覆盖粗糙集模型，并提出了覆盖粗糙集模型约简算法。文献[69]～文献[71]提出了邻域粗糙集模型，并使用邻域粗糙集模型进行混合数据的知识约简，避免了连续属性离散化等问题。文献[72]和文献[73]利用模糊粗糙集模型来解决连续值数据离散化问题，并提出了相应的知识约简算法。文献[74]和文献[22]提出了区间值粗糙集模型来解决区间值信息系统知识约简问题。文献[23]和文献[75]提出了层次粗糙集模型，挖掘多层次、多粒度上的决策规则。文献[76]提出了针对多尺度信息系统挖掘不同粒度下的决策规则方法。文献[77]和文献[78]主要研究信息系统中的代价敏感问题，并提出了一些测试代价敏感约简算法。文献[79]研究了动态粒度下序贯三支决策属性约简算法。

1.3.5 三种经典知识约简算法之间的关系

下面着重探讨这 3 种知识约简算法之间的关系。记基于正区域、信息熵和(广义的)差别矩阵的知识约简算法所获得的约简为 $\mathrm{Red}_{\mathrm{Pos}}$、$\mathrm{Red}_{\mathrm{Info}}$ 和 $\mathrm{Red}_{\mathrm{Dis}}$。

定理 1.4 给定一致决策表 S，$A \subseteq C$，下列条件是等价的：

(1) $\mathrm{POS}_A(D) = \mathrm{POS}_C(D)$；

(2) $\mathrm{Info}(D|A) = \mathrm{Info}(D|C)$；

(3) $\mathrm{DIS}_A^D = \mathrm{DIS}_C^D$。

证明 对于一致决策表，有 $\mathrm{POS}_C(D) = U$，$\mathrm{Info}(D|C) = 0$ 和 $\mathrm{DIS}_C^D = \sum_{1 \leqslant i < j \leqslant k} n^i n^j$（$n^i$ 表示决策映射值为 i 的对象个数）。给定 $A \subseteq C$，若 $\mathrm{POS}_A(D) = \mathrm{POS}_C(D)$，则 $\mathrm{POS}_A(D) = U$，于是有 $\mathrm{Info}(D|A) = 0$ 和 $\mathrm{DIS}_A^D = \sum_{1 \leqslant i < j \leqslant k} n^i n^j$，从而有(1)$\Rightarrow$(2)、(1)$\Rightarrow$(3)成立。其余证明类似。

定理 1.4 表明在一致决策表中，$\mathrm{Red}_{\mathrm{Pos}}$、$\mathrm{Red}_{\mathrm{Info}}$ 和 $\mathrm{Red}_{\mathrm{Dis}}$ 是等价的，即在这 3 种算法中，任何一种知识约简算法获得的约简也是另外两种算法的约简。

定理 1.5 在不一致决策表 S 中，$A \subseteq C$，若 $\mathrm{POS}_A(D) = \mathrm{POS}_C(D)$，则

(1) $\mathrm{Info}(D|A) \geqslant \mathrm{Info}(D|C)$；

(2) $\mathrm{DIS}_A^D \geqslant \mathrm{DIS}_C^D$。

证明　记 C 和 A 导出的 U 上划分为 $U/C=\{X_1, X_2, \cdots, X_n\}$，$U/A=\{A_1, A_2, \cdots, A_r\}$。为方便叙述，不妨设 U/C 中前 i 个等价类都属于正区域，后面的都属于边界域，U/A 中前 j 个等价类都属于正区域，后面的都属于边界域，即 $\mathrm{POS}_C(D)=\bigcup_{1\leqslant i_1\leqslant i} X_{i_1}\ (i<n)$ 和 $\mathrm{POS}_A(D)=\bigcup_{1\leqslant j_1\leqslant j} A_{j_1}\ (j<r)$。由于 $\mathrm{POS}_A(D)=\mathrm{POS}_C(D)$ 和 $U/C\subseteq U/A$，则必有 $\{X_{i+1}, \cdots, X_n\}\subseteq\{A_{j+1}, \cdots, A_r\}$。因此，对于任意 $A_l\ (j+1\leqslant l\leqslant r)$，存在 $\{i+1, \cdots, n\}$ 的子集 E_l，使 $A_l=\bigcup_{h\in E_l} X_h$ 成立。

(1) $p(A_l)=\sum_{h\in E_l} p(X_h)\ (j+1\leqslant l\leqslant r)$，$\sum_{h=i+1}^{n} p(X_h)=\sum_{l=j+1}^{r}\sum_{h\in E_l} p(X_h)$。

$$
\begin{aligned}
\mathrm{Info}(D|C) &= -\sum_{h=1}^{n} p(X_h)\sum_{m=1}^{k} p(D_m \mid X_h)\log p(D_m \mid X_h) \\
&= -\sum_{h=i+1}^{n} p(X_h)\sum_{m=1}^{k} p(D_m \mid X_h)\log p(D_m \mid X_h) \\
&\leqslant -\sum_{l=j+1}^{r}\sum_{h\in E_l} p(X_h)\sum_{m=1}^{k} p(D_m \mid X_h)\log p(D_m \mid A_l) \\
&\leqslant -\sum_{l=j+1}^{r} p(A_l)\sum_{m=1}^{k} p(D_m \mid A_l)\log p(D_m \mid A_l) \\
&= -\sum_{l=1}^{r} p(A_l)\sum_{m=1}^{k} p(D_m \mid A_l)\log p(D_m \mid A_l) \\
&= \mathrm{Info}(D|A)
\end{aligned}
$$

(2) 由于
$$
\begin{aligned}
\sum_{i=1}^{n}\sum_{1\leqslant i_1<i_2\leqslant k} n_i^{i_1} n_i^{i_2} &= \sum_{j=1}^{r}\sum_{1\leqslant i_1<i_2\leqslant k}\left(\sum\nolimits_{i\in E_j} n_i^{i_1} n_i^{i_2}\right) \\
&\leqslant \sum_{j=1}^{r}\sum_{1\leqslant i_1<i_2\leqslant k}\left(\sum\nolimits_{i\in E_j} n_i^{i_1}\right)\left(\sum\nolimits_{i\in E_j} n_i^{i_2}\right) \\
&= \sum_{j=1}^{r}\sum_{1\leqslant i_1<i_2\leqslant k} n_j^{i_1} n_j^{i_2}
\end{aligned}
$$
则 $\mathrm{DIS}_A^D \geqslant \mathrm{DIS}_C^D$。

定理 1.5 表明，在不一致决策表中，如果 A 是基于正区域的一个约简 $\mathrm{Red}_{\mathrm{Pos}}$，则存在一个 $\mathrm{Red}_{\mathrm{Info}}$ 和 $\mathrm{Red}_{\mathrm{Dis}}$ 使 $\mathrm{Red}_{\mathrm{Pos}}\subseteq\mathrm{Red}_{\mathrm{Info}}$ 和 $\mathrm{Red}_{\mathrm{Pos}}\subseteq\mathrm{Red}_{\mathrm{Dis}}$。

定理 1.6　在不一致决策表 S 中，$A\subseteq C$，若 $\mathrm{Info}(D|A)=\mathrm{Info}(D|C)$，则 $\mathrm{DIS}_A^D \geqslant \mathrm{DIS}_C^D$。

证明　记 C 和 A 导出的 U 上划分为 $U/C=\{X_1, X_2, \cdots, X_n\}$，$U/A=\{A_1, A_2, \cdots, A_r\}$。

(1) 如果在边界域中至少存在两个等价类 X_i 和 X_j，满足 $|X_i|=|X_j|$ 和 $p(D_m \mid X_i)=p(D_m \mid X_j)\ (m=1, 2, \cdots, k)$，在 U/A 中合并了 X_i 和 X_j，记 $A_l=X_i\cup X_j$，边界域中其余等价类划分不变。于是，有 $p(D_m \mid X_i\cup X_j)=p(D_m \mid X_i)=p(D_m \mid X_j)$。因此

$$\begin{aligned}&p(X_i)\sum_{m=1}^{k}p(D_m\mid X_i)\log p(D_m\mid X_i)+p(X_j)\sum_{m=1}^{k}p(D_m\mid X_j)\log p(D_m\mid X_j)\\&=p(X_i\cup X_j)\sum_{m=1}^{k}p(D_m\mid X_i)\log p(D_m\mid X_j)\\&=p(X_i\cup X_j)\sum_{m=1}^{k}p(D_m\mid X_i\cup X_j)\log p(D_m\mid X_i\cup X_j)\end{aligned}$$

这时，$\text{Info}(D|C)=\text{Info}(D|A)$。

然而，$\sum_{1\leqslant i_1<i_2\leqslant k}n_i^{i_1}n_i^{i_2}+\sum_{1\leqslant i_1<i_2\leqslant k}n_j^{i_1}n_j^{i_2}=\sum_{1\leqslant i_1<i_2\leqslant k}(n_i^{i_1}n_i^{i_2}+n_j^{i_1}n_j^{i_2})<\sum_{1\leqslant i_1<i_2\leqslant k}(n_i^{i_1}+n_j^{i_1})(n_i^{i_2}+n_j^{i_2})=\sum_{1\leqslant i_1<i_2\leqslant k}n_l^{i_1}n_l^{i_2}$。于是有 $\text{DIS}_A^D>\text{DIS}_C^D$。

(2) 如果在边界域中不存在隶属度相等的两个等价类合并，则若 $\text{Info}(D|C)=\text{Info}(D|A)$，说明 A 和 C 在 U 上导出的边界域划分完全相同，则 $\text{DIS}_A^D=\text{DIS}_C^D$。

综上所述，总有 $\text{DIS}_A^D\geqslant\text{DIS}_C^D$ 成立。

定理 1.6 表明，在不一致决策表中，若 A 是基于信息熵的一个约简 Red_{Info}，则存在一个 Red_{Dis} 使 $\text{Red}_{\text{Info}}\subseteq\text{Red}_{\text{Dis}}$。

图 1.1 显示了这 4 种知识约简算法的边界域划分情况。

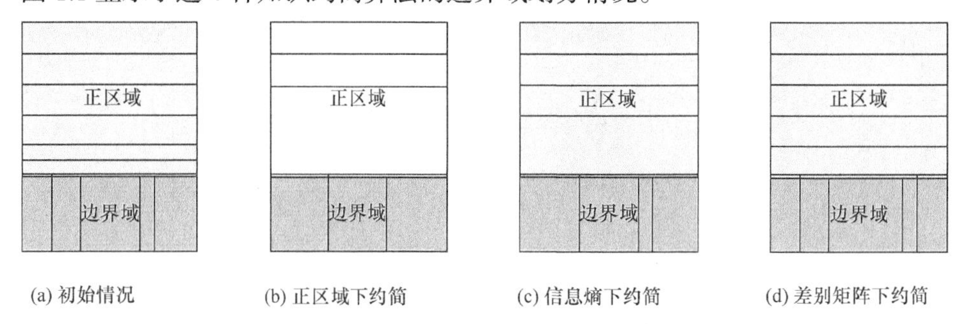

图 1.1　不同约简中边界域划分示意图

1.3.6　影响知识约简算法效率的关键因素

1. 等价类计算

等价类计算是粗糙集理论知识约简算法中的重要过程，其计算的复杂度直接影响其他子算法。

计算等价类 IND(A)一般是对对象集 U 中未分类的对象进行两两比较，比较它们属性集 A 中的每个属性取值是否都相同，若相同，则属于同一个等价类；或者对于对象集 U 中的每个对象，根据 A 的取值判断是否属于现有的等价类。在最坏的情况下，以上两种方法都需要 $O(|A||U|^2)$。文献[41]先按照 A 对$|U|$个对象进行快速排序，然后求等价类，将计算等价类的时间复杂度降低到 $O(|A||U|\log|U|)$。文献[47]提出了一种计算等价类的新方法，先对$|U|$个对象按 c_1 进行划分，得到等价类 IND(c_1)；然后对 IND(c_1)再按 c_2 进行划分，得到等价类 IND($\{c_1, c_2\}$)，依次进行，直到得到 IND(A)。该方法将计算等价类

的时间复杂度降低到$O(\sum_{i=1}^{|A|}|k_i||U|)$($k_i$表示第 i 个属性的不同取值个数)。文献[42]利用基数排序的思想，给出了计算 IND(A)的一个时间复杂度为$O(|A||U|)$，这是目前计算不可区分关系的最好时间复杂度。文献[57]利用计数排序的方法给出了一个时间复杂度为$O(|A||U|)$的计算等价类 IND(A)的算法。

2. 核属性计算

目前，大部分知识约简算法是在核属性基础上进行的，因此快速得到核属性以提高知识约简算法的效率至关重要。求核方法一般是先求出决策表中的所有不可缺少属性，主要计算方法如下。

1) 基于正区域的核属性计算方法

基于正区域的核属性计算方法一般先计算正区域$\mathrm{POS}_C(D)$以及所有的$\mathrm{POS}_{C-\{c\}}(D)$ ($c\in C$)，然后判断各个$\mathrm{POS}_{C-\{c\}}(D)$与$\mathrm{POS}_C(D)$是否相等，若不等，则获得核属性。因此，计算核属性的关键就是计算正区域。文献[80]利用基数排序的思想设计了一个新的求划分 U/C 的算法，其时间复杂度为$O(|C||U|)$，最后以快速缩小搜索空间为目的设计了一个新的求正区域$\mathrm{POS}_C(D)$的算法，在此基础上，利用核的性质设计了一个时间复杂度为$\max(O(|C|^2|U/C|),O(|C||U|))$的新求核算法。文献[81]在基数排序思想的基础上，首先对所有对象按条件属性依次排序，然后计算正区域，将计算核属性的时间复杂度降为$O(|C||U|)$。

2) 基于差别矩阵的核属性计算方法

基于差别矩阵的核属性计算方法一般是判断差别矩阵中元素是否包含单个元素，如果存在单个元素，则所有单个元素组成了核属性集合。因此，许多学者通过快速生成差别矩阵或改进差别矩阵大小来降低计算核属性的时间复杂度。表 1.2 列出了一些基于差别矩阵的计算核属性算法的时间复杂度和空间复杂度。

表 1.2 基于差别矩阵的核属性计算方法分析比较结果

文献	时间复杂度	空间复杂度	适合类型
文献[54]	$O(\|C\|\|U\|^2)$	$O(\|C\|\|U\|^2)$	相容决策表
文献[55]	$O(\|C\|\|U\|^2)$	$O(\|C\|\|U\|^2)$	全部决策表
文献[82]	$O(\|C\|^2\|U\|\log\|U\|)$	$O(\|U\|)$	相容决策表
文献[56]	$\max(O(\|C\|\|U\|\log\|U\|)$, $O(\|C\|\|U\|\|\mathrm{POS}_C(D)\|))$	$O(\|C\|\|U\|\|\mathrm{POS}_C(D)\|)$	全部决策表
文献[83]	$\max(O(\|C\|\|U/C\|^2),O(\|C\|\|U\|))$	$\max(O(\|C\|\|U/C\|^2),O(\|U\|))$	全部决策表
文献[84]	$O(\|C\|^2\|U\|)$	$O(\|U\|)$	全部决策表

3) 基于信息熵的核属性计算方法

基于信息熵的核属性计算方法一般是判断 Info($D|C$)和 Info($D|[C-\{c\}]$之间的差值，

如果 $\mathrm{Info}(D|C) < \mathrm{Info}(D|[C-\{c\}]$，则 c 为信息表示下核属性，也是信息表示下所有约简的交集。文献[85]给出了一种基于信息熵的核属性计算算法，其时间复杂度为 $O(|C|^2|U|\log|U|)$。文献[86]首先给出了基于信息熵的简化差别矩阵及相应核的定义，并证明了该核与基于信息熵的属性约简的核是等价的，利用基数排序算法设计了时间复杂度为 $\max(O(|C||U/C|^2), O(|C||U|))$的基于信息熵的快速求核算法。文献[87]研究了信息熵下的增量核，给出了时间复杂度为 $O(|C|^2|U|)$ 的增量核求解算法。

4) 不同知识约简算法中核属性集之间的关系

目前，核属性计算主要分为 3 种类型：基于差别矩阵的核属性(记为 $\mathrm{DMCORE}_D(C)$)，基于正区域的核属性(记为 $\mathrm{PRCORE}_D(C)$)和基于信息熵的核属性(记为 $\mathrm{IECORE}_D(C)$)。在不同的决策表下，它们的结果是不一样的。经过研究分析，可以得出以下结论[85,88]：

(1) 在相容决策表中，有 $\mathrm{DMCORE}_D(C)=\mathrm{PRCORE}_D(C)=\mathrm{IECORE}_D(C)$；

(2) 在不相容决策表中，有 $\mathrm{PRCORE}_D(C)=\mathrm{DMCORE}_D(C)\subseteq\mathrm{IECORE}_D(C)$。

3. 并行属性约简

随着互联网时代信息与数据的快速增长，科学、工程和商业计算领域需要处理大规模数据。无论经典粗糙集模型还是扩展粗糙集模型，当面对海量数据时，它们都无法进行知识约简。面对海量数据，可以使用抽样技术抽取部分样本，然后进行知识约简，但仅能获得近似约简。并行约简可能是解决海量数据挖掘问题的一个重要途径，于是许多学者开始研究并行知识约简算法。

并行知识约简可以大致分为两类：基于任务并行的知识约简和基于数据并行的知识约简。传统的并行知识约简算法主要面向小规模数据集，仅仅考虑任务并行，针对整个数据集计算所有约简结果，从而得到最小约简。文献[24]将并行遗传算法和协同进化算法相结合，能有效地计算最小约简。文献[25]和文献[26]将计算所有约简的任务分解成多个子任务，利用树形并行模式来计算最小约简。文献[27]提出了一种基于区分能力指数的信息系统划分思想和一个并行约简算法，快速计算约简。文献[28]利用并行计算的思想将属性约简任务划分到多个处理器上并行处理，提出了一种基于粗糙集理论的快速并行属性约简算法。文献[29]使用粗糙集方法和 Petri 网对实时信息系统并行挖掘决策规则，尽可能做出合适的决策。近几年，并行知识约简算法开始关注数据并行。文献[30]和文献[31]提出了并行约简的概念，将大规模数据随机划分为若干个子决策表，然后分别对各个子决策表计算正区域个数，汇总各个候选属性重要性结果，从而选择最优的单个候选属性，重复上述过程，最终得到一个约简。文献[32]将数据集中的子决策表看作小粒度，分别计算小粒度上的约简，然后融合各个约简，从而获得一个约简。这两种算法在各个子决策表上计算正区域或约简时并不交换信息，因此一般只能得到一个近似约简。当面对海量数据时，经典粗糙集模型、扩展粗糙集模型和传统的并行知识约简算法都无法进行知识约简。面对大规模数据集的知识约简问题，现在可以利用大数据技术进行大规模的数据分解，然后对分解后的小数据集进行知识约简。文献[89]仅仅利用 MapReduce 技术进行大规模数据分解，然后对分解后的小数据进行知识约简，没有充分利用 MapReduce 技术实现知识约简算法中操作的并行性。因此，有必要进一步深入研究大数据下的知识约简算法。

1.4　知 识 获 取

1.4.1　知识获取概述

在大量的原始数据信息表中，原始数据本身并不是真正的信息，隐藏在信息表中的知识才是有用的信息。这里把从大量的原始数据信息表中发现有用的规律信息叫作知识获取。知识获取是人工智能和知识工程的基本技术之一，它解决在人工智能和知识工程系统中机器(计算机或智能机)如何获取知识的问题。知识获取分为狭义知识获取和广义知识获取[90]。

(1) 狭义知识获取。狭义知识获取指人们通过系统设计、程序编制和人机交互使机器获得知识，即通过人工移植的方法，将所要的知识存储到机器中，称为人工移植获取知识。例如，专家系统原始基本知识的获取是知识工程师利用知识表达技术建立知识库。

(2) 广义知识获取。除了人为获取知识外，机器还可以自动或半自动地获取知识。例如，借助模式识别利用“机器视觉”或“机器感觉”，机器直接感知从外界来的信息，通过加工，对知识库进行增删改和扩充完善，达到知识获取的目的。

目前，有关知识获取的主要研究包括知识抽取、知识建模、知识转换、知识检测以及知识的组织和管理。

(1) 知识抽取是为知识建模获得所需数据的过程，由一组技术和方法组成，通过与专家不同形式的交互来抽取该领域的知识。抽取结果通常是一种结构化的数据，如标记、术语、公式和规则等。

(2) 知识建模即构建知识模型的过程，是一个帮助人们阐明知识-密集型信息-处理任务结构的工具。

(3) 知识转换是指把知识由一种表示形式变换为另一种表示形式。

(4) 知识检测是为了保证知识库中知识的一致性、完整性，把知识库中存在的某些不一致、不完整甚至错误的信息删除和纠正。

(5) 知识的组织和管理包括知识的维护与知识的组织，以及重组知识库、管理系统运行和知识库的发展、知识库安全保护与保密等。

人工智能是用于模仿、延伸和扩展人的智能，所以机器所需获取的知识类似于人类所需的知识，可以按各种不同的方式进行分类。

(1) 常规分类方式。按知识的属性和范畴可划分为感性和理性知识、经验与理论知识、常识与专门知识、定性与定量知识、专业与基础知识。

(2) 专用分类方式。在人工智能和知识工程中，通常为了知识的表达、存储和推理的方便，以及系统设计的需要，也对知识进行分类。例如，按知识的用途分为叙述性、过程性和控制性知识；按知识层次分为浅层(经验或感性知识)和深层知识(理论或理性知识)；按知识等级分为元级知识(知识的知识或本领知识)、非元级知识(非本原知识由元级知识引申过来的知识)内涵和外延。按知识的形式分为文字知识、图像知识、书面知识和口头知识(口语)。

1.4.2 知识获取的主要途径

在人工智能和知识工程系统中，机器获取知识的途径通常有如下 3 类[90]。

1. 人工移植

人工移植即依靠人工智能系统的设计师、知识工程师、程序编制人员、专家或用户通过系统设计、程序编制及人机交互辅助工具，把人的知识内容直接用程序“编辑”后存入计算机的知识库中，使机器获取知识。这就要求系统不具备特殊的知识编辑系统。

根据移植的环境不同，又分为：①静态移植，在系统设计过程中，使系统所要的先验知识直接通过知识表达、程序编制、存储到知识库中；②动态移植，在系统运行过程中通过人机交互系统或辅助知识获取工具，对机器知识库进行人工的增删、修改、扩充和更新，使系统获取所需的动态知识。

2. 机器学习

所谓机器学习，是指人工智能系统在运行过程中，机器通过学习来获取知识进行知识积累，对知识库进行更新，即用自然语言把知识“传授”给计算机。一般来讲，机器学习的方法有两种：①示教式学习，由人作为示教者和监督者，给出评价标准或判断标准，并对学习过程进行指导的学习；②自学式学习，在机器学习过程中，不要人作为示教者或监督者，而由系统本身实现监督功能，并提供评价标准和判断标准，进而通过反馈进行工作效果检验。

3. 机器感知

所谓机器感知，是指人工智能系统在调试或运行过程中，通过机器视觉、机器听觉、机器触觉等外部途径，直接感知外界的信息，向自然界学习，以获取感性或理性知识。这是一种高层次的理想学习过程，主要涉及模式识别、自然语言理解等方法和技术。

1.4.3 知识获取的常用技术

目前，知识获取常用的技术主要包括关联规则挖掘、人工神经网络、决策树、粗糙集理论、基于案例的推理方法等[91,92]。

1. 关联规则挖掘

关联规则挖掘发现大量数据中项集之间有趣的关联或相关联系。大量数据中多个项集频繁关联或同时出现的模式可以用关联规则的形式表示。规则的支持度和置信度是两个规则兴趣度度量，分别反映发现规则的有用性和确定性。关联规则如果满足最小支持度阈值和最小置信度阈值，则认为该规则是有趣的模式。

2. 人工神经网络

人工神经网络是由大量的神经元广泛互连而来的系统，以MP模型和HEBB学习规则为基础，建立了前馈式神经网络、反馈式神经网络和自组织神经网络。神经网络系统由一系列类似于人脑神经元一样的处理单元组成，即节点(Node)，这些节点通过网络彼此互连。其处理过程主要是通过网络的学习功能找到一个恰当的连接加权值来得到最佳结果。通过训练学习，神经网络可以完成分类、聚类、特征挖掘等多种数据挖掘任务。

3. 决策树

决策树首先对数据进行处理，利用归纳算法生成可读的规则和决策树，然后使用决策对新数据进行分析。本质上，决策树是通过一系列规则对数据进行分类的过程。它利用信息论中信息增益理论寻找数据集中具有最大信息量的字段,创建决策树的一个节点，再根据字段的不同取值建立树的分支；在每个分支中继续重复创建决策树的下层节点和分支的过程，即可生成决策树。利用决策树可以将数据规则可视化，这样所获得的规则更容易理解。

4. 粗糙集理论

粗糙集是一种研究不精确、不确定性知识的数学工具，不需要任何先验条件，能从信息表中发现隐含的知识，揭示潜在的规律。在一张信息表中，将一行记录看成一条对象，列元素作为属性(条件属性和决策属性)，通过等价类划分寻找核属性集和约简集，然后从约简后的数据集中生成决策规则。

5. 基于案例的推理方法

基于案例的推理方法是人工智能的一种重要方法，它是一种基于过去的实际经验或经历(案例)的推理。当新出现的问题与以往经验重复时，直接利用以往的成功经验；当新出现的问题与以往经验有差异时，系统寻找与现有情况类似的案例，并对其进行修改以期得到新的结果。

1.5 大数据技术

1.5.1 概述

随着数据库管理信息系统的普遍应用和互联网的广泛普及，各行各业已经积累了大规模海量数据。它们可以是网络日志、互联网搜索索引、呼叫详细记录、天文学、基因组学和其他复杂和/或跨学科的科研数据等。动辄大到数百 TB 甚至数十至数百 PB 规模的行业/企业大数据已远远超出了现有传统计算技术和信息系统的处理能力。因此，寻求有效的大数据处理技术、方法和手段已经成为现实世界的迫切需求。

随着大数据概念的普及，人们常常会问，多大的数据才叫大数据？大数据(Big Data)

是指数据量大到无法用常规工具和方法进行处理的蕴含着大量价值的数据集。因此大数据的核心是价值，数据量大只是大数据的表象，这也是大数据引起业界广泛关注的重要原因。维克托 · 迈尔-舍恩伯格等[93]的《大数据时代》中指出“大数据指不用随机分析法(抽样调查)这样的捷径，而采用对所有数据进行分析处理”。大数据分析相比于传统的数据库应用，具有数据量大、查询分析复杂等特点。大数据的 4 个“V”是指大数据有 4 个层面特点。第一，数据体量巨大，从 TB 级别，跃升到 PB 级别。第二，数据类型繁多，如网络日志、视频、图片、音频、文档、地理位置信息等。第三，处理速度快，在极短的时间内可以从各种类型的数据中快速获得具有较高价值的信息，这一点也是和传统的数据挖掘技术有着本质的不同。第四，只要合理利用数据并对其进行正确、准确的分析，将会带来很高的价值回报。因此业界将其归纳为 4 个“V”——Volume(数据体量大)、Variety(数据类型繁多)、Velocity(处理速度快)、Value(价值密度高)。正是大数据的这些特点给大数据分析和大数据存储[94]带来了许多挑战和机遇。

面对大数据挖掘应用，必须给用户提供一个简单易用的编程模型来并行处理数据。Google 为了发挥分布式文件系统(Google File System, GFS)[34]集群的计算能力，提出了一个简化的 MapReduce[35]并行编程模型，只需对 Map 和 Reduce 函数进行并行化处理便可得到一个基于 MapReduce 的并行数据处理模型。Yahoo 公司资助的 Hadoop 项目[95]是一个可以更容易开发和运行处理大规模数据的软件平台，实现了 Google 的 MapReduce 算法，将应用程序分割成许多很小的工作单元，每个单元可以在任何集群节点上执行或重复执行。Grossman 等[96,97]提出了不同于 MapReduce 的另一种云编程模型 Sector 和 Sphere，主要包括 Sector 存储云和 Sphere 计算云，其中，Sector 存储云根据用户要求将大的数据集分成若干个文件存储在各个节点上，支持数据在数据中心或广域网络存储；Sphere 计算云是建立在 Sector 和一组编程接口之上的计算服务，使用常见的流数据处理模型(Stream Processing Paradigm)。

1.5.2 HDFS

Hadoop 是一个由 Apache 基金会所开发的分布式系统基础架构。用户可以在不了解分布式底层细节的情况下，开发分布式程序，充分利用集群的威力进行高速运算和存储。Hadoop 的框架最核心的设计就是 HDFS 和 MapReduce。分布式文件系统(Hadoop Distributed File System，HDFS)为海量的数据提供了存储，而 MapReduce 则为海量的数据提供了计算。

Hadoop 实现了一个 HDFS。HDFS 有高容错性的特点，并且设计用来部署在低廉的(Low-Cost)硬件上；而且它提供高吞吐量(High Throughput)来访问应用程序的数据，适合那些有着超大数据集(Large Data Set)的应用程序。HDFS 放宽了 POSIX 的要求，可以以流的形式访问(Streaming Access)文件系统中的数据。

HDFS 采用了主从(Master/Slave)结构模型，一个 HDFS 集群包括一个名称节点(NameNode)和若干个数据节点(DataNode)，如图 1.2 所示。名称节点作为中心服务器，负责管理文件系统的命名空间及客户端对文件的访问。集群中的数据节点一般是一个节点运行一个数据节点进程，负责处理文件系统客户端的读/写请求，在名称节点的统一调度下进行数据块的创建、删除和复制等操作。每个数据节点的数据实际上是保存在本地Linux 文件系统中的。

相对于传统的本地文件系统，分布式文件系统是一种通过网络实现文件在多台计算机上进行分布式存储的文件系统。分布式文件系统的设计一般采用客户机/服务器(Client/Server)模式，客户端以特定的通信协议通过网络与服务器建立连接，提出文件访问请求，客户端和服务器可以通过设置访问权来限制请求方对底层数据存储快的访问。

HDFS 的数据是一次写入，多次读取。存储在 HDFS 中的文件被分成块，然后将这些块复制到多个计算机中。这与传统的 RAID 架构大不相同。块的大小(通常为 64MB)和复制的块数量在创建文件时由客户机决定。一个具体例子如图 1.3 所示。NameNode 可以控制所有文件操作。HDFS 内部的所有通信都基于标准的 TCP/IP 协议。

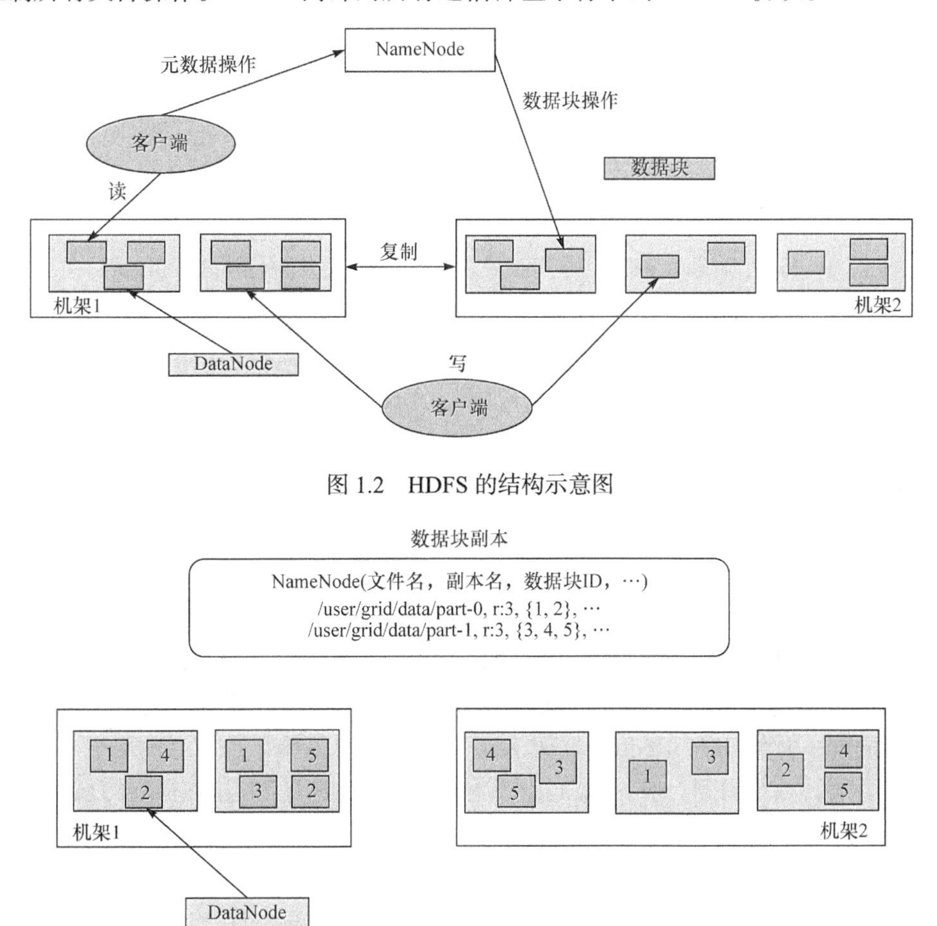

图 1.2 HDFS 的结构示意图

图 1.3 复制因子为 3 时的数据分布情况

1.5.3 MapReduce

为了解决海量数据的存储和计算问题，Google 公司提出了分布式文件系统[34]和并行编程模式 MapReduce[35]，这为海量数据挖掘提供了基础设施，同时给数据挖掘研究提出了新的挑战。MapReduce 是一个简单易用的软件框架，可以把任务分发到机器集群中各台计算机节点上，并以一种高容错的方式并行处理大量的数据集，实现 Hadoop 的并行任务处理功能。MapReduce 框架是由一个单独运行在主节点上的 JobTracker 和运行在集群中从节点上的 TaskTracker 共同组成的。JobTracker 调度任务给 TaskTracker，而 TaskTracker 执行任务时，会返回进度报告。当客户提交一个 Job 作业后，JobTracker 接收所提交的作业和配置信息，并将配置信息等分发给从节点，同时调度任务并监控 TaskTracker 的执行。JobTracker 记录进度的进行状况，如果某个 TaskTracker 上的任务执行失败，那么 JobTracker 会把这个任务分配给另一台 TaskTracker，直到任务执行完成。其执行过程如图 1.4 所示。

MapReduce 是一种处理海量数据的并行编程模式，将复杂的大规模集群上的并行计算过程抽象为两个函数——Map 和 Reduce，而其他并行编程中的种种复杂问题，如分布式存储、工作调度、负载平衡、容错处理、网络通信等，均由 MapReduce 框架(如 Hadoop)负责处理，用户只需要将实际应用问题分解成若干可并行操作的子问题，设计相应的 Map 和 Reduce 两个函数，就能将自己的应用程序运行在分布式系统上。其形式如下：

$$\text{Map：}<\text{in\_key},\text{in\_value}> \longrightarrow \{<\text{key}_i,\text{value}_i>|i=1,\cdots,\text{m}\}$$

$$\text{Reduce：}(\text{key},[\text{value}_1,\cdots,\text{value}_k]) \longrightarrow <\text{final\_key},\text{final\_value}>$$

Map 和 Reduce 的输入参数和输出结果根据应用的不同而有所不同。Map 函数接收一组输入键值对<in_key, in_value>，指明了 Map 需要处理的原始数据是哪些，然后通过某种计算，产生一组中间结果键值对<key,value>，这是经过 Map 操作后所产生的中间结果，写入本地磁盘中。在进行 Reduce 操作之前，系统已经将所有 Map 产生的中间结果进行归类处理，使得相同 Key 对应的一系列 value 能够集结在一起提供给一个 Reduce 进行了归并处理。Reduce 函数对具有相同 key 的一组 value 值进行归并处理，最终形成<final_key, final_value>。这样，一个 Reduce 处理了一个 key，所有 Reduce 的结果并在一起就是最终结果。通过 MapReduce 编程模型，可以实现面向海量数据的并行计算。图 1.5 给出了 m 个 Map 和两个 Reduce 的计算过程。

MapReduce 实现了 Map 和 Reduce 函数，这两个函数可能会并行运行，即使不是在同一系统的同一时刻。MapReduce 框架将 Map 函数的计算结果存放在本地机器上，然后复制所需要的计算结果到对应的 Reduce 所在的节点上，这是因为网络带宽为分布计算瓶颈，而“本地计算”是一种最有效的节约网络带宽的手段，因此业界把这形容为“移动计算比移动数据更经济”。

并行计算一般涉及分解模式，通常存在两种分解模式——任务分解和数据分解。使用分解模式可以将问题分解成多个能够并发执行的小片。

设计一个并行程序的第一步是将问题分解为多个能够并发执行的元素，可以将分解考虑为发生在两个维度之中。

(1) 任务分解维将问题看作一个指令流，指令流中的指令能够被分解为多个称为任务的序列，所有任务能够同时执行。为了能够使计算高效进行，组成一个任务的操作应当尽量独立于其他任务中的操作。

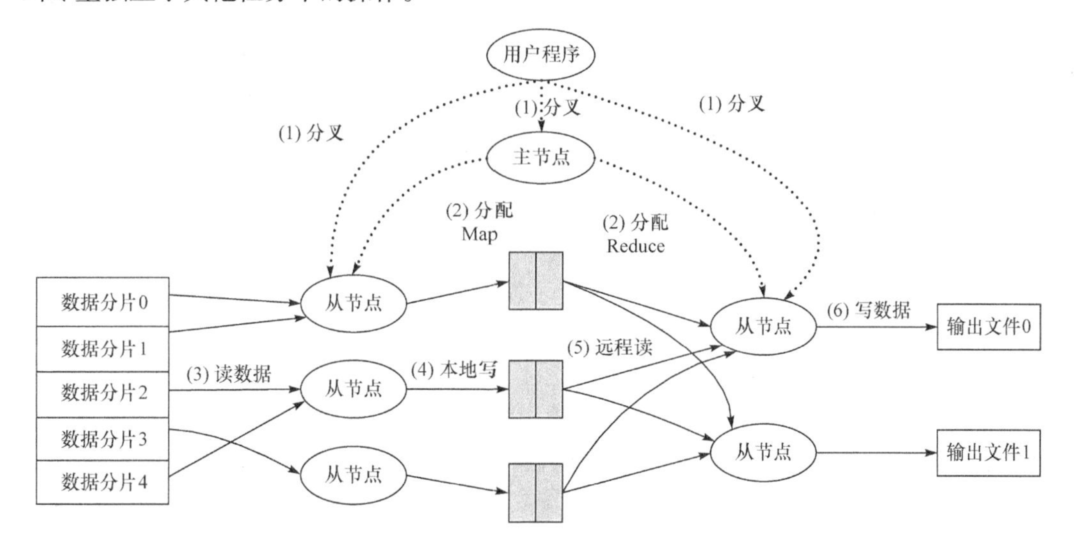

图 1.4 MapReduce 框架执行流程图[35]

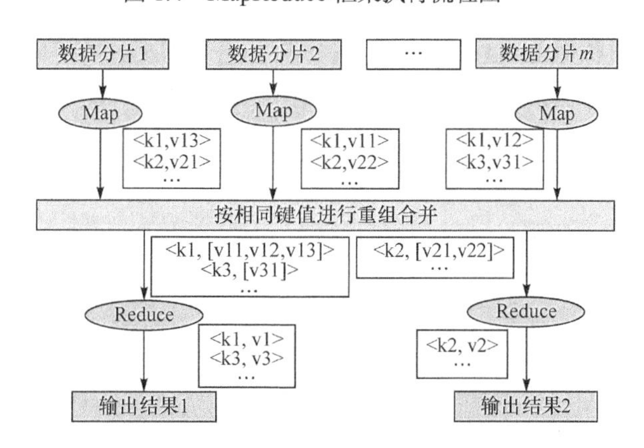

图 1.5 MapReduce 计算过程示例图

(2) 数据分解维集中于分析任务所需要的数据，分析如何将数据分解为多个不同的块。仅当数据块能够被相对独立地操作时，与数据块相关的计算才能够高效地执行。任务分解中暗含了数据分解，反之亦然。因此，这两种分解实际上是相同基础分解的两个不同方面。通过数据分解和任务分解，可以提高知识约简算法效率，尤其是面向海量数据的约简算法效率。

目前，大数据下海量数据挖掘的理论研究正处于起步阶段，主要集中在大数据下数据挖掘算法的并行实现[36,37,98,101,102]和大数据下数据挖掘平台[99-100]。文献[36]利用 MapReduce 技术实现了多核下的经典数据挖掘算法。文献[37]利用 MapReduce 技术实现了数据集成和数据挖掘的并行处理框架模型。文献[101]使用 MapReduce 设计了并行 PSO 算法。文献[102]利用 MapReduce 技术实现了并行增量式 SVM 算法等。

1.6 小　　结

粗糙集理论在数据挖掘、机器学习、数据分析等领域取得了一些成就，但随着在工程实践中应用的深入，需要处理的数据量越来越庞大，同时伴随着噪声的干扰，这些问题的影响日益突出。因此，如何处理海量数据的知识约简算法以及融合多种智能方法是必须要解决的问题。

(1) 在复杂信息系统中，能够对数据模式或规则起主导作用的关键属性往往是有限的，因此需要进行知识约简。目前，知识约简算法的效率还是不够理想，单一的属性重要性测度还不尽合理，如何快速进行知识约简，迅速降低搜索空间，提高约简效率是必须解决的关键问题之一。

(2) 信息不断增长是目前知识发现必须面临的一个挑战。随着互联网时代信息与数据的快速增长，科学、工程和商业计算领域需要处理大规模、海量的数据。无论经典粗糙集模型还是扩展粗糙集模型，当面对海量数据时，单机环境下的知识约简算法都无法进行知识约简。因此，研究面向海量数据的知识约简算法是必须解决的关键问题之二。

(3) 粒层次结构包括从上至下的分解和从细节到概括的综合；一个层由表征研究对象的粒组成；一层的粒通过特殊上下文环境形成，并同其他层的粒相互联系。如何将属性值从细粒度层自动切换到粗粒度层是必须解决的关键问题之三。

第 2 章　高效的 Pawlak 粗糙集模型知识约简

在 Pawlak 粗糙集模型中，排序算法直接影响等价类计算和知识约简算法的效率。本章首先引入计数排序算法，设计一种高效的等价类计算算法；然后分析核属性特性，提出一种基于计数排序的快速计算核属性的算法；最后通过分析基于正区域、差别矩阵和信息熵的知识约简算法中属性重要性的特性，构建合理的混合属性测度，设计两种混合知识约简算法。通过剖析属性重要性测度计算公式，构建一种时间复杂度为 $\max(O(|C||U|),\ O(|C|^2|U/C|))$ 的知识约简算法框架模型，为知识约简算法的并行化奠定基础。

2.1　引　　言

计数排序(Counting Sort)[103]是一种稳定的、非基于比较的线性时间排序算法。它对输入的数据有两个限制条件：①输入的数据是 n 个 0～k 的整数；②$k=O(n)$。在这两个条件下，计数排序算法的时间复杂性为 $O(n+k)$，当 $k<<n$ 时，其时间复杂度为 $O(n)$。由于计数排序不是比较排序，排序的速度快于任何比较排序算法。

计数排序算法的基本思想是对于给定的输入数据中每一个元素 x，确定该序列中值小于 x 的元素个数。一旦有了这个信息，就可以将 x 直接存放到最终输出序列的正确位置上。它使用一个额外的数组 C，其中第 i 个元素是待排序数组 A 中值等于 i 的元素的个数，然后根据数组 C 来将 A 中的元素排到正确的位置。由于用来计数的数组 C 的长度取决于待排序数组中数据的范围(等于待排序数组的最大值与最小值的差加上 1)，这使对于数据范围很大的数组，计数排序需要大量的时间和内存。

计数排序算法的步骤如下：

(1) 找出待排序的数组中最大和最小的元素；

(2) 统计数组中每个值为 i 的元素出现的次数，存入数组 C 中的第 i 项；

(3) 对所有的计数累加(从 C 中的第一个元素开始，每一项和前一项相加)；

(4) 反向填充目标数组，将每个元素 i 放在新数组的第 $C[i]$项，每放一个元素就将 $C[i]$减去 1。

Pawlak 粗糙集模型主要处理离散的范畴数据，故不能直接使用计数排序算法。但是，由于每个属性具有较少的属性值个数，这时可以对决策表进行适当的数据预处理。例如，对于性别属性，值域为{“男”，“女”}，可以将“男”映射为 1，“女”映射为 2，则决策表中性别为“男”的属性值将重新编码为 1，所有性别为“女”的属性值编码为 2。通过这样的数据预处理，可以将任何一个决策表转化为属性值为整数的决策表，从而适合使用计数排序算法。

2.2 基于计数排序的知识约简算法中若干关键子算法

2.2.1 基于计数排序的等价类计算算法

本节对目前计算 IND(A)的方法进行深入研究，利用计数排序思想对 U 中的对象进行排序，给出了一个快速计算 IND(A)的算法，其时间复杂度为 $O(|A||U|)$ 。

算法 2.1 计算 IND(A)

输入：$U=\{x_1, x_2, \cdots, x_n\}$，$A=\{c_1, c_2, \cdots, c_s\}$。

输出：U/A。

1. 对每一个 $c_i(i=1, 2, \cdots, s)$统计 $I_{c_i}(x_j)(j=1, 2, \cdots, n)$的最大值 M_i 。将数组 Order 分别初始化为 1, 2, ⋯, n。数组 TempOrder 全部初始化为 0。

2. for i=1 to s do
   2.1 for k=1 to M_i do
        Count[k]=0;//Count[k]用来存放属性 c_i 中属性值为 k 的对象个数
   2.2 for j=1 to n do
        {Count[$I_{c_i}(x_j)$]++; TempOrder[j] = Order[j];}
        //对条件属性 c_i 的不同属性值进行计数,TempOrder 存放临时排序结果
   2.3 for k = 1 to M_i do
        Count[k] = Count[k–1] + Count[k];
        //确定不同属性值的最后一个对象的位置
   2.4 for j = n to 1 do
        { Order[Count[$I_{c_i}(x_j)$]] = TempOrder[j]; Count[$I_{c_i}(x_j)$]–;}

3. 设由步骤 2 得到的对象序列为 $x'_1, x'_2, \cdots, x'_n$；$t=1$；$B_t=\{x'_1\}$;
   for j=2to n do
     若任一 $c_i \in A(i=1, 2, \cdots, s)$均有 $I_{c_i}(x'_j)=I_{c_i}(x'_{j-1})$，则 $B_t=B_t \cup \{x'_j\}$ ；
     否则{$t=t+1$; $B_t=\{x'_j\}$;}

算法 2.1 的时间复杂度计算如下。算法步骤 1 的时间复杂度为 $O(|A||U|)$，算法步骤 2.1 的时间复杂度为 $O(|M_i|)$，步骤 2.2 的时间复杂度为 $O(|U|)$，步骤 2.3 的时间复杂度为 $O(|M_i|)$，步骤 2.4 的时间复杂度为 $O(|U|)$，故步骤 2 的总时间复杂度为 $O(|A||U|+\sum_{1\leqslant i\leqslant|A|}M_i)$，步骤 3 的时间复杂度为 $O(|A||U|)$，从而算法 2.1 的时间复杂度为 $O(|A||U|+\sum_{1\leqslant i\leqslant|A|}M_i)$。在大多数情况下，常有 $\max\limits_{1\leqslant i\leqslant|A|}M_i << |U|$，故 $|A||U|+\sum_{1\leqslant i\leqslant|A|}M_i \leqslant |A||U|+|A||U|$，从而算法 2.1 的时间复杂度为 $O(|A||U|)$，算法的空间复杂度为 $O(|U|)$。

例 2.1 给定一个决策表 S，如表 2.1 所示。表中 $U=\{1, 2, 3, 4, 5, 6, 7, 8, 9\}$，共有 9 个对象，条件属性集 $C=\{c_1, c_2, c_3, c_4, c_5\}$，决策属性 $D=\{d\}$。根据步骤 1，对于属性 c_1，M_1=3，初始化 Order[1]=1，Order[2]=2，⋯，Order[9]=9。根据步骤 2.2，

可得 Count[1]=1，Count[2]=3，Count[3]=5，即属性 c_1 属性值为 1、2 和 3 的对象数分别为 1、3 和 5。根据步骤 2.3，对所有计数进行累加，Count[2]=4，Count[3]=9，这表明属性 c_1 属性值为 2 和 3 的最后一个对象分别排在第 4 个位置和第 9 个位置，或者表明属性 c_1 属性值为 2 和 3 的对象分别排在第 2～4 的位置上和第 5～9 的位置上。根据步骤 2.4，按属性 c_1 进行排序，可以得到新的对象序列为 1，2，6，7，*3*，*4*，*5*，*8*，*9*，其中带下划线的数字表示属性值为 2 的对象序列，倾斜的数字表示属性值为 3 的对象序列。对属性 c_1 使用计数排序过程如图 2.1 所示。在按属性 c_1 已排好序的对象序列上，再次对 c_2，c_3，c_4 和 c_5 进行排序，最终得到对象序列为 6，7，8，9，3，4，2，1，5。根据步骤 3，得到由属性集 C 导出的等价类为{{6，7}，{8，9}，{3}，{4}，{2}，{1}，{5}}。

表 2.1　一个决策表 S

U	c_1	c_2	c_3	c_4	c_5	D
1	1	1	2	1	3	3
2	2	1	1	1	3	4
3	3	1	2	2	2	1
4	3	3	3	3	2	2
5	3	3	3	3	3	2
6	2	1	1	2	1	2
7	2	1	1	2	1	1
8	3	1	3	1	2	2
9	3	1	3	1	2	3

对象	1	2	3	4	5	6	7	8	9
c_1属性值	1	2	3	3	3	2	2	3	3

c_1属性值	1	2	3
计数	1	3	5

c_1属性值	1	2	3
对应的最后位置	1	4	9

c_1属性值	1	2	2	2	3	3	3	3	3
根据属性值进行对象序列调整									
对象初始序	1	2	3	4	5	6	7	8	9
对象新序列	1	2	6	7	3	4	5	8	9

图 2.1　按属性 c_1 排序过程示意图

2.2.2　基于计数排序的简化决策表获取算法

如上所述，利用算法 2.1 可以计算一个决策表中各个候选属性导出的等价类。在 Pawlak 粗糙集模型中，在一致决策表中定义的约简可能不适用于不一致决策表。因此，可以将不一致决策表转化为简化的“一致”决策表，这样，所有能够处理一致决策表的约简算法也能够处理不一致决策表。计算简化的一致决策表算法如算法 2.2 所示。

算法 2.2　计算简化的一致决策表

输入：$U=\{x_1, x_2, \cdots, x_n\}$，$C=\{c_1, c_2, \cdots, c_m\}$，$\pi_C$。

输出：一个简化的"一致"决策表 S'。

1. 计算决策属性的最大属性值，标记为 M_d，同时令 $U'=\varnothing$；

2. for any equivalence class C_i in π_C do

{　若等价类 C_i 中所有对象的决策属性值都相等

则将 C_i 中第一个对象添加到 U' 中；

否则修改 C_i 中第一个对象的决策值为 M_d+1，然后添加到 U' 中；}

3. 输出 U'。

算法 2.2 的时间复杂度计算如下。算法步骤 1 的时间复杂度为 $O(|U|)$，算法步骤 2 的时间复杂度为 $O(|U|)$，故整个算法 2.2 的时间复杂度为 $O(|U|)$，空间复杂度为 $O(|U/C||U|)$。

说明　在 U' 中，所有决策属性值为 M_d+1 的对象都是原始决策表中的不一致性对象。容易验证，简化决策表 S' 是一致决策表，而且保持了原始决策表中的相容性对象。

例 2.2　表 2.1 为不一致决策表，$M_d=4$，$\pi_C=\{\{6, 7\}, \{8, 9\}, \{3\}, \{4\}, \{2\}, \{1\}, \{5\}\}$。由于{6，7}中对象的决策值不同，所以修改对象的决策属性值为 $M_d+1=5$，同样修改{8，9}中对象的决策属性值为 5。简化的一致决策表 S' 如表 2.2 所示，其中所有标注"*"的对象为原始决策表中的不一致对象。

表 2.2　表 2.1 的简化一致决策表

U	c_1	c_2	c_3	c_4	c_5	D
6	2	1	1	2	1	5*
8	3	1	3	1	2	5*
3	3	1	2	2	2	1
4	3	3	3	3	2	2
2	2	1	1	1	3	4
1	1	1	2	1	3	3
5	3	3	3	3	3	2

2.2.3　基于计数排序的正区域计算算法

假设决策属性 D 映射值为{1，2，…，k，k+1}，其中 k+1 为原始决策表中不一致对象新标记的决策属性值。对于 π_A 中的一个等价类 A_p，记决策属性值为 j 的对象个数为 n_p^j，则 $n_p^1+n_p^2+\cdots+n_p^{k+1}=n_p$。如果 A_p 中至少存在两个不同的决策属性值，则 A_p 不属于正区域。换言之，如果 A_p 属于正区域，当且仅当只存在一个 $n_p^j>0(j\in\{1, \cdots, k, k+1\})$，其余 $n_p^i=0(i=1, \cdots, j-1, j+1, \cdots, k+1)$。

定理 2.1　对于一个等价类 A_p，$A_p\subseteq \mathrm{POS}_A(D)$ 当且仅当 $\sum\limits_{1\leqslant i<j\leqslant k+1} n_p^i n_p^j=0$。

证明　若 A_p 属于正区域，则所有对象的决策属性值都相等。假设这些对象的决策属

性值为 j，则 $n_p^j>0$，其余 $n_p^i=0(i=1, \cdots, j-1, j+1, \cdots, k+1)$。于是，$\sum_{1\leqslant i<j\leqslant k+1} n_p^i n_p^j=0$。

反之，若 $\sum_{1\leqslant i<j\leqslant k+1} n_p^i n_p^j=0$，假设 A_p 不属于正区域，则 A_p 中至少存在两个不同的决策属性值 i 和 j，于是有 $n_p^i>0$ 和 $n_p^j>0$，故 $\sum_{1\leqslant i<j\leqslant k+1} n_p^i n_p^j>0$，这与条件 $\sum_{1\leqslant i<j\leqslant k+1} n_p^i n_p^j=0$ 相矛盾。因此，$A_p \subseteq \mathrm{POS}_A(D)$。

性质 2.1　对于一个等价类 A_p，若 $A_p \subseteq \mathrm{BND}_A(D)$，则 $\sum_{1\leqslant i<j\leqslant k+1} n_p^i n_p^j>0$。

证明　根据定理 2.1 可直接证得。

下面给出一种计算正区域的算法(算法 2.3)。

算法 2.3　计算正区域算法

输入：一个简化一致决策表 S'，等价类 π_A。

输出：正区域对象个数 $|\mathrm{POS}_A(D)|$。

1. tempValue=0;
2. for any equivalence class A_p in π_A do

　{ 计算等价类 A_p 中各个决策属性值出现的频数;

　　如果 $\sum_{1\leqslant i<j\leqslant k+1} n_p^i n_p^j=0$，则 tempValue = tempValue + n_p;

　}

3. 输出 tempValue。

算法 2.3 的时间复杂度计算如下。算法 2.3 的时间复杂度由步骤 2 决定。步骤 2 的时间复杂度为 $O(|U/A|(M_d+1))$。一般而言，M_d 比较小，所以整个算法的时间复杂度为 $O(|U/A|)$。

说明　判断一个等价类是否属于正区域有多种方法，如可以判断等价类中所有对象的决策属性值是否都相等。这里之所以通过计算 $\sum_{1\leqslant i<j\leqslant k+1} n_p^i n_p^j$ 来判断是否属于正区域，是因为若 $\sum_{1\leqslant i<j\leqslant k+1} n_p^i n_p^j$ 不等于 0，则可作为判断边界域中属性重要性的测度。

2.2.4　基于计数排序的核属性计算方法

众所周知，核是所有约简中不可缺少的属性。为了提高知识约简算法的效率，许多学者研究了核属性计算方法，然后从核属性集开始增加候选属性来进行知识约简。由于核属性可以降低搜索空间，或者降低差别矩阵的大小，因此非常有必要研究一种高效的核属性计算方法。下面，先分析计算核属性过程[81]。

若要判断 $c_i \in C\ (i=1, 2, \cdots, s)$是否是核属性，就要计算 $|\mathrm{POS}_C(D)|$ 与 $|\mathrm{POS}_{C-\{c_i\}}(D)|$ 之间的差值。若差值大于 0，则 c_i 是核属性，否则就不是核属性。用计数排序算法计算 $\mathrm{POS}_{C-\{c_i\}}(D)$、$\mathrm{POS}_C(D)$ 的时间复杂度均为 $O(|C||U|)$。但计算所有 $c_i \in C\ (i=1, 2, \cdots, m)$的时间复杂度为 $O(|C|^2|U|)$，这并不是所期望的。在计算 $|\mathrm{POS}_{C-\{c_i\}}(D)|$ 时，要对 U 中

的对象依c_1，c_2，…，$c_{i-1}, c_{i+1}, \cdots, c_m$进行排序。当计算$|POS_{C-\{c_{i+1}\}}(D)|$时，要对$U$中的对象依$c_1$，$c_2$，…，$c_i$，$c_{i+2}, \cdots, c_m$进行排序。在这两次排序中，发现$m$–2次排序操作是重复的，只有一次操作与之不同，所以对c_1，c_2，…，c_i，c_{i+2}，…，c_m进行排序时，可以从上次排好序的对象序列结果出发，只要对c_i进行一次排序就可以得到本次的排序结果，从而对所有$c_i \in C\ (i=1,2,\cdots,m)$进行排序的时间复杂度仅为$O(2|C||U|)=O(|C||U|)$。

用 Order(U, A)表示U中的对象按条件属性集A($A \subseteq C$)中属性次序依次排序后的结果。

定理 2.2　$\pi_{C-c_{i+1}}$(Order(U, $C-c_{i+1}$))等价于$\pi_{C-c_{i+1}}$(Order(Order(U, $C-c_i$), c_i))，其中$c_i \in C$，$c_{i+1} \in C$。

证明　一方面，Order(U, $C-c_{i+1}$)是依次按照c_1，c_2，…，c_i，c_{i+2}，…，c_m进行排序得到的结果，则$\pi_{C-c_{i+1}}$(Order(U, $C-c_{i+1}$)) = $\cap \pi_{c_k}$(k = 1，…，i，i+2，…，m)。

另一方面，Order(U, $C-c_i$)是依次按属性c_1，c_2，…，c_{i-1}，c_{i+1}，…，c_m进行排序得到的结果，而 Order(Order(U, $C-c_i$), c_i)是在 Order(U, $C-c_i$)排序结果的基础上再次按属性c_i进行排序所得的结果，则$\pi_{C-c_{i+1}}$(Order(Order(U, $C-c_i$), c_i))也等于$\cap \pi_{c_k}$(k = 1, …, i, i+2, …, m)。

因此，$\pi_{C-c_{i+1}}$(Order(U, $C-c_{i+1}$))=$\pi_{C-c_{i+1}}$(Order(Order(U, $C-c_i$), c_i))。

性质 2.2　π_{C-c_1}(Order(U, $C-\{c_1\}$))等价于π_{C-c_1}(Order(U, C))。

证明　根据定理 2.2 直接证得。

根据计数排序思想和定理 2.2，下面给出一种快速计算核属性的算法(算法 2.4)。

算法 2.4　快速计算核属性算法

输入：决策表S。

输出：核属性集$CORE_D(C)$。

1. 计算U/C等价类，得到 Order(U, C)，并且计算$|POS_C(D)|$；
2. 根据性质 2.2 计算$|POS_{C-c_1}(D)|$，如果$|POS_{C-c_1}(D)|<|POS_C(D)|$，则$CORE_D(C)=CORE_D(C) \cup \{c_1\}$；
3. 根据定理 2.2，依次计算 Order(U, $C-\{c_i\}$)(i=2, …, m)，并且分别计算$|POS_{C-\{c_i\}}(D)|$，如果$|POS_{C-\{c_i\}}(D)|<|POS_C(D)|$，则$CORE_D(C)=CORE_D(C) \cup \{c_i\}$；
4. 输出核属性集$CORE_D(C)$。

算法 2.4 的时间复杂度计算如下。算法步骤 1 的时间复杂度为$O(|C||U|)$，算法步骤 2 的时间复杂度为$O(|U|)$，算法步骤 3 的时间复杂度为$O(|C||U|)$，算法步骤 4 的时间复杂度为$O(1)$，从而算法 2.4 的时间复杂度为$O(|C||U|)$。

2.3　高效的知识约简算法框架模型

在知识约简算法中，一个决策表中任意两个对象x和y之间的关系可分为如下 4 种情况[104]：

(1) $I_d(x) \neq I_d(y), I_C(x) = I_C(y)$；

(2) $I_d(x) = I_d(y), I_C(x) = I_C(y)$；

(3) $I_d(x) \neq I_d(y), I_C(x) \neq I_C(y)$；

(4) $I_d(x) = I_d(y), I_C(x) \neq I_C(y)$。

在上述 4 种情况下，一般不关注第 4 种情况，而且可以认为它隐含在第 2 种情况中，这里仅讨论前 3 种情况。对于一个决策表，第 1 种情况表示该决策表是不一致的，而第 2 种情况表示该决策表是一致的。对于知识约简算法来说，第 1 种情况可以用来计算信息熵，第 2 种情况可以用来构建等价类，从而计算正区域对象个数，而第 3 种情况可以生成差别矩阵或可辨识的对象对个数。然而，第 3 种情况可以通过简单计算转化为第 1 种情况。因此，在知识约简算法中，仅考虑上述第 1 和第 2 这两种情况就足够了。所有根据第 1 种情况构建的知识约简算法可称为基于边界域的约简算法，而根据第 2 种情况构建的约简算法称为基于正区域的知识约简算法。经典的 3 种知识约简算法之间的关系如图 2.2 所示。

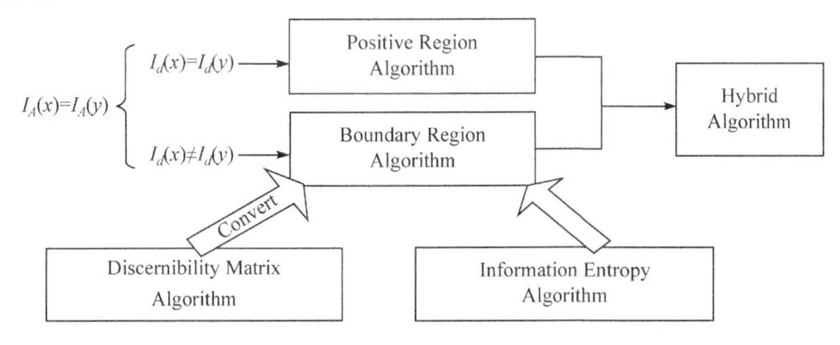

图 2.2　经典的 3 种知识约简算法之间的关系

2.3.1　基于正区域的知识约简算法

为了开发一种有效的知识约简算法，通常利用启发式信息指导知识约简算法过程，即利用启发式信息快速降低子集的搜索空间。通常，把任何具有单调性的属性重要性测度作为启发式信息，用来评估正区域的大小。

定义 2.1　对于简化的一致决策表 S'，$A \subseteq C$，$a \in C-A$，则属性 a 的重要性定义如下：

$$\mathrm{sig}_1(a,A,D) = \frac{|\mathrm{POS}_{A\cup a}(D)|}{|U'|} \tag{2.1}$$

由于 $0 \leqslant \mathrm{sig}_1(a,A,D) \leqslant 1$ 并且 $\mathrm{sig}_1(a,A,D)$ 具有单调性，可以使用它构建基于正区域的知识约简算法(算法 2.5)。

算法 2.5　基于正区域的知识约简算法

输入：一个决策表 S。

输出：一个约简 Redu。

1. 利用算法 2.2 计算决策表 S 简化的一致决策表 S'；

2. Redu=$\varnothing$;
3. 利用算法 2.4 计算核属性集 $\text{CORE}_D(C)$ ，$\text{Redu} = \text{Redu} \cup \text{CORE}_D(C)$ ；
4. 利用算法 2.3 计算 $\text{POS}_{\text{Redu}}(D)$ ；
5. 若 $|\text{POS}_{\text{Redu}}(D)| = |U'|$，转至 9；
6. for each attribute $a \in C - \text{Redu}$ do
   利用算法 2.3 计算 $\text{sig}_1(a, \text{Redu}, D)$ ；
7. $\text{sig}_1(a', \text{Redu}, D) = \max(\text{sig}_1(a, \text{Redu}, D))$ (若这样的属性有多个，则任选一个)；
8. $\text{Redu} = \text{Redu} \cup a'$ ，转至 4;
9. 输出 Redu。

算法 2.5 的时间复杂度计算如下。算法 2.5 步骤 1 的时间复杂度为 $O(|C||U|)$ ，算法步骤 2 的时间复杂度为 $O(1)$ ，算法步骤 3 的时间复杂度为 $O(|C||U|)$ ，算法步骤 4～8 的最坏时间复杂度为 $O(|C||U/C|) + O((|C|-1)|U/C|) + \cdots + O(|U/C|) = O(|C|^2|U/C|)$ 。故算法 2.5 的时间复杂度为 $\max(O(|C||U|), O(|C|^2|U/C|))$，空间复杂度为 $O(|U|)$ 。

2.3.2 基于差别矩阵的知识约简算法

Skowron 等[38]提出了差别函数和差别矩阵，利用差别矩阵存放可辨识的对象对的属性集。Hu 等[54]提出了关系数据库中简化的差别矩阵。然而，如果决策表 S 是不一致的，基于简化的差别矩阵的知识约简算法可能得不到 Pawlak 约简。叶东毅等[55]和杨明[56]提出了改进的差别矩阵。下面给出简化的一致决策表的差别矩阵。

定义 2.2 对于一个简化的一致决策表 S' ，$\pi_D = \{D_1, D_2, \cdots, D_k, D_{k+1}\}$，则差别矩阵 $M' = \{m(x,y)\}$ 定义如下：

$$m(x,y) = \{a \in C \mid I_a(x) \neq I_a(y), x \in D_i, y \in D_j\} \tag{2.2}$$

其中，$D_i \in \pi_D$ ，$D_j \in \pi_D$ ，$1 \leqslant i < j \leqslant k+1$ 。

说明 这里提出的差别矩阵也是保持正区域不变。事实上，所有改进的差别矩阵都是考虑来自两个不同决策等价类中任意两个对象 x 和 y 在条件属性集上的差别信息。这两个不同决策等价类要么都来自属于正区域中两个不同的决策等价类，要么一个来自正区域中的决策等价类而另一个来自边界域中的决策等价类，但不可能是边界域中的任意两个决策等价类。同样地，定义 2.2 也不考虑 D_{k+1} 中对象间的差别，而 D_{k+1} 中所有对象就是原始决策表中的不一致对象。

在基于差别矩阵的知识约简算法中，通常是先构建差别矩阵，然后根据启发信息选取一个属性 a 放入知识约简中，再在差别矩阵中删除所有包含该属性 a 的元素，重复上述过程，直至差别矩阵为空。如果一个决策表超过 1 万条对象，基于差别矩阵的约简算法将产生严重的问题。Nguyen 等[46]和 Korzen 等[58]根据属性的分布性来快速计算对象对个数，提出了时间复杂度为 $O(|C|^2|U|\log|U|)$ 的差别矩阵约简算法。然而，该算法仍不能处理较大的决策表。下面提出一种不构建差别矩阵的快速计算对象对个数的技术。

假设决策表 S 可以看成由 k+1 个子决策表组成，其决策等价类为 D_1 ，D_2 ，…，D_k ，D_{k+1} ，其中，D_{k+1} 表示为所有决策属性值映射为 k+1 的不相容对象。每个子决策表包含同一类别的对象，其对象个数分别为n^1，n^2，…，n^{k+1}。因此，决策表 S 是相容决策表。假设属性 a 有 r 个不同的属性值，将其映射为 1，…，r。记 D_i 中条件属性 a 的属性映射值为 p 的对象个数为 n_p^i。显然,$n_1^j+n_2^j+\cdots+n_r^j=n^j$ (j=1，…，k+1)，$n_1^1+\cdots+n_r^1+\cdots+n_1^{k+1}+\cdots+n_r^{k+1}=n$。

一个可辨识的对象对是由决策属性值不同和条件属性组合值也不同的两个对象生成的。如果两个对象的决策值不同，同时它们的条件属性 a 上属性值也不同，则 a 能够辨识这两个对象(一个可辨识的对象对)，即 a 具有一定的相对辨识能力。a 能够辨识的对象对个数越多，说明 a 的相对辨识能力越强。这时，可以用可辨识的对象对个数多少来衡量 a 的相对辨识能力大小。

定义 2.3　在相容决策表 S 中，$a\in C$，属性 a 能够辨识的对象对为

$$\mathrm{DOP}_a=\{<x,y>|I_a(x)\neq I_a(y),\ x\in D_i,y\in D_j\} \tag{2.3}$$

其中，$1\leqslant i<j\leqslant k+1$。

定义 2.4　在相容决策表 S 中，$A\subseteq C$，属性集 A 能够辨识的对象对为

$$\mathrm{DOP}_A=\{<x,y>|\exists a\in A,I_a(x)\neq I_a(y),\ x\in D_i,y\in D_j\} \tag{2.4}$$

其中，$1\leqslant i<j\leqslant k+1$。

定理 2.3　在相容决策表 S 中，若 $A\subseteq C$，$\forall a\in A$，则有

$$\mathrm{DOP}_A=\bigcup_{a\in A}\mathrm{DOP}_a$$

证明　由定义 2.3 和定义 2.4 可以直接证得。

假设由 A 导出的 U 上划分有 r 个等价类，记$\pi_A=\{A_1，A_2，\cdots，A_r\}$，将其属性组合值映射为 1，…，$r$。$A$ 能够辨识的对象对个数可根据定义 2.5 来计算。

定义 2.5　在相容决策表 S 中，$A\subseteq C$，属性集 A 能够辨识的对象对个数为

$$\mathrm{DIS}_A^D=\sum_{1\leqslant i<j\leqslant k+1}\sum_{1\leqslant p<q\leqslant r}n_p^i n_q^j \tag{2.5}$$

根据定义 2.5，计算属性集 A 能够辨识的对象对个数 DIS_A^D 比较复杂，因此可以反过来计算属性集 A 不可辨识的对象对个数。一个不可辨识的对象对是由条件属性(集)组合值相同但决策属性值不同的两个对象产生的，这说明这些条件属性(集)不能辨识这个对象对。于是，可以利用属性(集)的不可辨识性来间接计算可辨识的对象对个数。

定义 2.6　在决策表 S 中，$a\in C$，则属性 a 不能辨识的对象对为

$$\widetilde{\mathrm{DOP}}_a=\{<x,y>|I_a(x)=I_a(y),\ x\in D_i,y\in D_j\} \tag{2.6}$$

其中，$1\leqslant i<j\leqslant k+1$。

定义 2.7　在决策表 S 中，$A\subseteq C$，则属性集 A 不能辨识的对象对为

$$\widetilde{\mathrm{DOP}}_A=\{<x,y>|\forall a\in A,I_a(x)=I_a(y),\ x\in D_i,y\in D_j\} \tag{2.7}$$

其中，$1\leqslant i<j\leqslant k+1$。

定理 2.4　在决策表 S 中，$A\subseteq C$，$\forall a\in A$，则有

$$\widetilde{\mathrm{DOP}}_A = \bigcap_{a \in A} \widetilde{\mathrm{DOP}}_a$$

证明　由定义 2.6 和定义 2.7 可以直接证得。

定义 2.8　在决策表 S 中，$A \subseteq C$，则属性集 A 不能够辨识的对象对个数为

$$\widetilde{\mathrm{DIS}}_A^D = \sum_{1 \leqslant p \leqslant r} \sum_{1 \leqslant i < j \leqslant k+1} n_p^i n_p^j \tag{2.8}$$

根据定义 2.8，一个不可辨识的对象对是由 $\mathrm{BND}_A(D)$ 中任意两个对象产生的。当 A 为空集时，$\widetilde{\mathrm{DIS}}_\varnothing^D = \sum_{1 \leqslant i < j \leqslant k+1} n^i n^j$。

定理 2.5　在决策表 S 中，$A \subseteq C, c \in C - A$，则 $\widetilde{\mathrm{DIS}}_{A \cup c}^D \leqslant \widetilde{\mathrm{DIS}}_A^D$。

证明　由 A 导出的 U 上划分记为 $\pi_A = \{A_1, A_2, \cdots, A_r\}$，属性集合 $A \cup c$ 导出的 U 上划分 $\pi_{A \cup c}$ 是对 A_1，A_2，…，A_r 等价类的细化。任一等价类 A_p (p=1, 2, …, r)按决策属性 D 划分为 k+1 个等价类 A_p^1，A_p^2，…，A_p^{k+1}，其元素个数分别为 n_p^1，n_p^2，…，n_p^{k+1}，则增加属性 c(有 m 个不同属性值)后将 A_p^1，A_p^2，…，A_p^{k+1} 分别细化为 m 个等价类，则

$$A_{p,1}^1 \cup A_{p,2}^1 \cup \cdots \cup A_{p,m}^1 = A_p^1$$

$$A_{p,1}^2 \cup A_{p,2}^2 \cup \cdots \cup A_{p,m}^2 = A_p^2$$

$$\vdots$$

$$A_{p,1}^{k+1} \cup A_{p,2}^{k+1} \cup \cdots \cup A_{p,m}^{k+1} = A_p^{k+1}$$

$$n_{p,1}^1 + n_{p,2}^1 + \cdots + n_{p,m}^1 = n_p^1$$

$$n_{p,1}^2 + n_{p,2}^2 + \cdots + n_{p,m}^2 = n_p^2$$

$$\vdots$$

$$n_{p,1}^{k+1} + n_{p,2}^{k+1} + \cdots + n_{p,m}^{k+1} = n_p^{k+1}$$

对于等价类 A_p，不能辨识的对象对数 $\widetilde{\mathrm{DIS}}_A^D$ 为 $\sum_{1 \leqslant i < j \leqslant k+1} n_p^i n_p^j$。当增加属性 c 后，不能辨识的对象对数 $\widetilde{\mathrm{DIS}}_{A \cup c}^D$ 为 $\sum_{1 \leqslant i < j \leqslant k+1} n_{p,1}^i n_{p,1}^j + \sum_{1 \leqslant i < j \leqslant k+1} n_{p,2}^i n_{p,2}^j + \cdots + \sum_{1 \leqslant i < j \leqslant k+1} n_{p,m}^i n_{p,m}^j = \sum_{1 \leqslant i < j \leqslant k+1} \sum_{1 \leqslant l \leqslant m} n_{p,l}^i n_{p,l}^j$。

对于任意等价类 A_p 和任意两个决策属性值 i 和 j，都有 $n_{p,1}^i n_{p,1}^j + n_{p,2}^i n_{p,2}^j + \cdots + n_{p,m}^i n_{p,m}^j \leqslant (n_{p,1}^i + n_{p,2}^i + \cdots + n_{p,m}^i)(n_{p,1}^j + n_{p,2}^j + \cdots + n_{p,m}^j) = n_p^i n_p^j$ 成立，故 $\widetilde{\mathrm{DIS}}_{A \cup c}^D \leqslant \widetilde{\mathrm{DIS}}_A^D$。

性质 2.3　在决策表 S 中，$P \subseteq Q \subseteq C$，则 $\widetilde{\mathrm{DIS}}_Q^D \leqslant \widetilde{\mathrm{DIS}}_P^D$。

证明　由定理 2.5，易证性质 2.3 成立。

由定理 2.5 和性质 2.3 可知，$\widetilde{\mathrm{DIS}}_A^D$ 具有单调性，可用来评价属性的重要性。下面探

讨 DIS_A^D 和 $\widetilde{\mathrm{DIS}}_A^D$ 与差别矩阵的关系。假设相容决策表 S 有 k+1 个不同的决策，按决策属性可生成非空差别矩阵元素的个数为 $\sum_{1\leqslant i<j\leqslant k+1} n^i n^j$ 。于是有定理 2.6 成立。

定理 2.6　在相容决策表 S 中，$A\subseteq C$，则 $\mathrm{DIS}_A^D=\sum_{1\leqslant i<j\leqslant k+1} n^i n^j-\widetilde{\mathrm{DIS}}_A^D$ 。

证明
$$
\begin{aligned}
&\sum_{1\leqslant i<j\leqslant k+1} n^i n^j-\widetilde{\mathrm{DIS}}_A^D\\
&=\sum_{1\leqslant i<j\leqslant k+1} n^i n^j-\sum_{1\leqslant p\leqslant r}\sum_{1\leqslant i<j\leqslant k+1} n_p^i n_p^j\\
&=\sum_{1\leqslant i<j\leqslant k+1}(n_1^i+n_2^i+\ldots+n_r^i)(n_1^j+n_2^j+\ldots+n_r^j)-\sum_{1\leqslant i<j\leqslant k+1}\sum_{1\leqslant p\leqslant r} n_p^i n_p^j\\
&=\sum_{1\leqslant i<j\leqslant k+1}\sum_{1\leqslant p<q\leqslant r} n_p^i n_q^j\\
&=\mathrm{DIS}_A^D
\end{aligned}
$$

说明　DIS_A^D 中一个对象对将产生差别矩阵中包含属性集 A 中属性的一个元素，而 $\widetilde{\mathrm{DIS}}_A^D$ 中一个对象对将生成差别矩阵中不包含属性集 A 中属性的一个元素。对于相容决策表，两者个数之和正好等于差别矩阵中元素的个数。

定义 2.9　对于简化的一致决策表 S'，$A\subseteq C$，$a\in C-A$，则属性 a 的重要性定义如下：

$$
\mathrm{sig}_2(a,A,D)=\frac{\widetilde{\mathrm{DIS}}_{A\cup a}^D}{\sum_{1\leqslant i<j\leqslant k+1} n^i n^j} \tag{2.9}
$$

由于 $0\leqslant \mathrm{sig}_2(a,A,D)\leqslant 1$ 且 $\mathrm{sig}_2(a,A,D)$ 具有单调性，可以使用它构建基于差别矩阵的知识约简算法。通过修改算法 2.3 第 2 步中“如果 $\sum_{1\leqslant i<j\leqslant k+1} n_p^i n_p^j\neq 0$，则 tempValue = tempValue + $\sum_{1\leqslant i<j\leqslant k+1} n_p^i n_p^j$ ”来计算 $\widetilde{\mathrm{DIS}}_A^D$ 。

算法 2.6　基于差别矩阵的知识约简算法

输入：一个决策表 S。

输出：一个约简 Redu。

1. 利用算法 2.2 对决策表 S 计算简化的一致决策表 S'；
2. Redu=$\varnothing$；
3. 利用算法 2.4 计算核属性集 $\mathrm{CORE}_D(C)$，$\mathrm{Redu}=\mathrm{Redu}\cup\mathrm{CORE}_D(C)$；
4. 利用算法 2.3 计算 $\widetilde{\mathrm{DIS}}_{\mathrm{Redu}}^D$；
5. 若 $\widetilde{\mathrm{DIS}}_{\mathrm{Redu}}^D=0$，则转至 9；
6. For each attribute $a\in C-\mathrm{Redu}$

　　利用修改后的算法 2.3 计算 $\mathrm{sig}_2(a,\mathrm{Redu},D)$；

7. $\mathrm{sig}_2(a',\mathrm{Redu},D)=\min(\mathrm{sig}_2(a,\mathrm{Redu},D))$ (若这样的属性有多个，则任选一个)；

8. $\mathrm{Redu}=\mathrm{Redu}\cup a'$，转至 4；

9. 输出 Redu。

算法 2.6 的时间复杂度计算如下。除了计算属性重要性和停止条件不同，算法 2.6 与算法 2.5 十分类似。因此，算法 2.6 的时间复杂度为 $\max(O(|C||U|),\ O(|C|^2|U/C|))$，空间复杂度为 $O(|U|)$。

2.3.3 基于信息熵的知识约简算法

苗夺谦等[39]开创性地将信息论的思想引入粗糙集理论中，首次提出基于互信息的算法 MIBARK(Mutual Information-based Algorithm for Reduction of Knowledge)。该算法先计算决策表的核，然后在核属性基础上以互信息的变化量作为属性对决策的相对重要度进行知识约简。该算法简单实用，推动了粗糙集理论在实际问题中的应用。王国胤等[50]、刘启和等[52]、杨明[53]和 Qian 等[44]提出了一些基于条件信息熵的知识约简算法。这些算法利用信息增益来指导知识约简过程。如果一个等价类属于正区域，则其信息熵为 0，因此，信息增益来自边界域中。

下面给出一种高效的基于信息熵的知识约简算法。

定义 2.10 对于简化的一致决策表 S'，$A\subseteq C$，$a\in C-A$，则属性 a 的重要性定义如下：

$$\mathrm{sig}_3(a,A,D)=\frac{\mathrm{Info}(A\cup a,D)}{\mathrm{Info}(A,D)} \tag{2.10}$$

由于 $0\leqslant \mathrm{sig}_3(a,A,D)\leqslant 1$ 且 $\mathrm{sig}_3(a,A,D)$ 具有单调性，可以使用它构建基于信息熵的知识约简算法。通过将算法 2.3 第 2 步中修改为“如果 $\sum_{1\leqslant i<j\leqslant k+1} n_p^i n_p^j \neq 0$，则 $\mathrm{tempValue}=\mathrm{tempValue}-\frac{n_p}{n'}\sum_{j=1}^{k+1}\frac{n_p^j}{n_p}\log\frac{n_p^j}{n_p}$；”来计算 Info(*A*, *D*)。

算法 2.7 基于信息熵的知识约简算法

输入：一个决策表 *S*。

输出：一个约简 Redu。

1. 利用算法 2.2 计算决策表 *S* 简化的一致决策表 S'；

2. $\mathrm{Redu}=\varnothing$；

3. 利用算法 2.4 计算核属性集 $\mathrm{CORE}_D(C)$，$\mathrm{Redu}=\mathrm{Redu}\cup\mathrm{CORE}_D(C)$；

4. 利用算法 2.3 计算 Info(Redu, *D*)；

5. 若 Info(Redu, *D*)= 0，则转至 9；

6. for each attribute $a\in C-\mathrm{Redu}$ do

   利用修改后的算法 2.3 计算 $\mathrm{sig}_3(a,\mathrm{Redu},D)$；

7. $\mathrm{sig}_3(a',\mathrm{Redu},D)=\min(\mathrm{sig}_3(a,\mathrm{Redu},D))$ (若这样的属性有多个，则任选一个)；

8. $\mathrm{Redu}=\mathrm{Redu}\cup\{a'\}$，转至 4；

9. 输出 Redu。

算法 2.7 的时间复杂度计算如下。除了计算属性重要性和停止条件不同，算法 2.7 与算法 2.5 十分类似。因此，算法 2.7 的时间复杂度为 $\max(O(|C||U|),\ O(|C|^2|U/C|))$，空间复杂度为 $O(|U|)$。

2.3.4 高效的知识约简算法框架模型

由算法 2.5～算法 2.7 的描述可知，它们非常相似，其主要区别在于计算属性重要性和停止条件不同。算法 2.5 侧重于选择一个使正区域尽可能最大的候选属性，而算法 2.6 和算法 2.7 侧重于选择一个使边界域中不可辨识性或信息熵尽可能最小的候选属性。换言之，算法 2.5 总是最大化类间差别，而算法 2.6 和算法 2.7 总是最小化类内差别。由于这 3 种算法的时间复杂度相同，而属性重要性测度不同，故可以开发一些有效的混合型知识约简算法。

给定两个参数 α 和 β，分别表示不同属性重要性测度的比重。下面给出两个混合属性重要性测度的定义。

定义 2.11 对于简化的一致决策表 S'，$A \subseteq C$，$a \in C - A$，则属性 a 的重要性定义如下：

$$\mathrm{sig}_4(a,A,D) = \alpha\ \mathrm{sig}_1(a,A,D) + \beta(1-\mathrm{sig}_2(a,A,D)) \tag{2.11}$$

定义 2.12 对于简化的一致决策表 S'，$A \subseteq C$，$a \in C - A$，则属性 a 的重要性定义如下：

$$\mathrm{sig}_5(a,A,D) = \alpha\ \mathrm{sig}_1(a,A,D) + \beta(1-\mathrm{sig}_3(a,A,D)) \tag{2.12}$$

很显然，$\mathrm{sig}_4(a,A,D)$ 和 $\mathrm{sig}_5(a,A,D)$ 不仅能反映正区域中对象的重要性，而且能够反映边界域中对象的区分能力。

定理 2.7 对于简化的一致决策表 S'，$A_1 \subseteq A_2 \subseteq C - A$，则

(1) $\mathrm{sig}_4(A_1,A,D) \leqslant \mathrm{sig}_4(A_2,A,D)$；

(2) $\mathrm{sig}_5(A_1,A,D) \leqslant \mathrm{sig}_5(A_2,A,D)$。

证明 (1) 若 $A_1 \subseteq A_2$，则 $\pi_{A_2} \prec \pi_{A_1}$，$|\mathrm{POS}_{A\cup A_1}(D)| \leqslant |\mathrm{POS}_{A\cup A_2}(D)|$ 和 $\widetilde{\mathrm{DIS}}^D_{A\cup A_2} \leqslant \widetilde{\mathrm{DIS}}^D_{A\cup A_1}$，于是有 $\mathrm{sig}_1(A_1,A,D) \leqslant \mathrm{sig}_1(A_2,A,D)$，$\mathrm{sig}_2(A_2,A,D) \leqslant \mathrm{sig}_2(A_1,A,D)$，因此有 $\mathrm{sig}_4(A_1,A,D) \leqslant \mathrm{sig}_4(A_2,A,D)$。

(2) 若 $A_1 \subseteq A_2$，则 $\pi_{A_2} \prec \pi_{A_1}$，$|\mathrm{POS}_{A\cup A_1}(D)| \leqslant |\mathrm{POS}_{A\cup A_2}(D)|$ 和 $\mathrm{Info}(A \cup A_2, D) \leqslant \mathrm{Info}(A \cup A_1, D)$，于是有 $\mathrm{sig}_1(A_1,A,D) \leqslant \mathrm{sig}_1(A_2,A,D)$，$\mathrm{sig}_3(A_2,A,D) \leqslant \mathrm{sig}_3(A_1,A,D)$，因此有 $\mathrm{sig}_5(A_1,A,D) \leqslant \mathrm{sig}_5(A_2,A,D)$。

根据新的属性重要性测度，可以构建高效的混合型知识约简算法。

算法 2.8 高效的知识约简算法框架模型(CHybrid Ⅰ/Ⅱ)

输入：一个决策表 S。

输出：一个约简 Redu。

1. 利用算法 2.2 计算决策表 S 简化的一致决策表 S'；
2. Redu=$\varnothing$；
3. 利用算法 2.4 计算核属性集 $\mathrm{CORE}_D(C)$，$\mathrm{Redu} = \mathrm{Redu} \cup \mathrm{CORE}_D(C)$；
4. 利用算法 2.3 计算 $\mathrm{POS}_{\mathrm{Redu}}(D)$；

5. 若$|\mathrm{POS}_{\mathrm{Redu}}(D)|=|U'|$，则转至 9；

6. for each attribute　$a \in C-\mathrm{Redu}$

　利用修改后的算法 2.3 计算 $\mathrm{sig}_4(a,\mathrm{Redu},D)$ ($\mathrm{sig}_5(a,\mathrm{Redu},D)$)；

7. $\mathrm{sig}_4(a',\mathrm{Redu},D)=\max(\mathrm{sig}_4(a,\mathrm{Redu},D))$ (若这样的属性有多个，则任选一个)；($\mathrm{sig}_5(a',\mathrm{Redu},D)=\max(\mathrm{sig}_5(a,\mathrm{Redu},D))$)；

8. $\mathrm{Redu}=\mathrm{Redu}\cup\{a'\}$，转至 4；

9. 输出 Redu。

算法 2.8 的时间复杂度计算如下。除了计算属性重要性和停止条件不同，算法 2.8 与算法 2.5～算法 2.7 十分类似。因此，算法 2.8 的时间复杂度为 $\max(O(|C||U|)$, $O(|C|^2|U/C|))$，空间复杂度为$O(|U|)$。

说明　对于 CHybrid Ⅰ算法，当α =1 而β=0 时，CHybrid Ⅰ算法退化为算法 2.5；当α =0 而β=1 时，CHybrid Ⅰ算法退化为算法 2.6。对于 CHybrid Ⅱ算法，当α =1 而β=0 时，CHybrid Ⅱ算法退化为算法 2.5；当α =0 而β=1 时，CHybrid Ⅱ算法退化为算法 2.7。

2.4　实验分析

2.4.1　效率评价

为了评价所提出的高效的知识约简算法的时间效率，实验使用 Windows XP 操作系统，1.6GHz 处理器和 1GB 内存的计算机和 Visual C#2005 实现了相关实验。由于所提出的混合知识约简算法和经典的知识约简算法仅能处理离散型属性，先采用 Rosetta 软件(http://www.lcb.uu.se/tools/rosetta)填充缺省值，并将数值型属性连续值离散化；然后，分别在 10 个数据集上进行实验,其中 8 个公共数据集来自 UCI Repository 机器学习数据集，两个为人造数据集。每个数据集仅有 1 个决策属性。对于两个人造数据集，每个对象在条件属性集和决策属性上取值为 0～9 的随机数。表 2.3 描述了 10 个数据集特性。

表 2.3　10 个数据集特性

序号	数据集	缩写	对象数	属性个数	类别数
1	HSV	HSV	122	11	4
2	Breast Cancer	BC	286	9	2
3	Australian Credit Approval	Crd	690	14	2
4	Tic-tac-toe endgame	TTT	958	9	2
5	German	Ger	1000	20	2
6	Car	Car	1728	6	4
7	Chess-kr-vs-kp	Chess	3196	36	2
8	Connect	Con	67557	42	3
9	Dataset1	DS1	5000	10000	10
10	Dataset2	DS2	2000000	50	10

下面主要将 CHybrid Ⅰ/Ⅱ算法与一些经典知识约简算法进行实验比较。如果使用计数排序算法，分别记算法 2.5、算法 2.6 和算法 2.7 为 CPos、CDis 和 CInfo；如果使用快

速排序算法，分别记算法 2.5、算法 2.6 和算法 2.7 为 QPos、QDis 和 QInfo。另外，算法 CDis 和 QDis 不构建差别矩阵，而算法 Dis 必须构建差别矩阵。首先，在数据集 1 和 2 上使用计数排序算法和快速排序算法计算等价类，比较它们的运行时间。正如图 2.3 和图 2.4 所示，对于大数据集，计数排序算法的运行时间明显快于快速排序算法，而且它随着对象个数的增长呈线性增长。

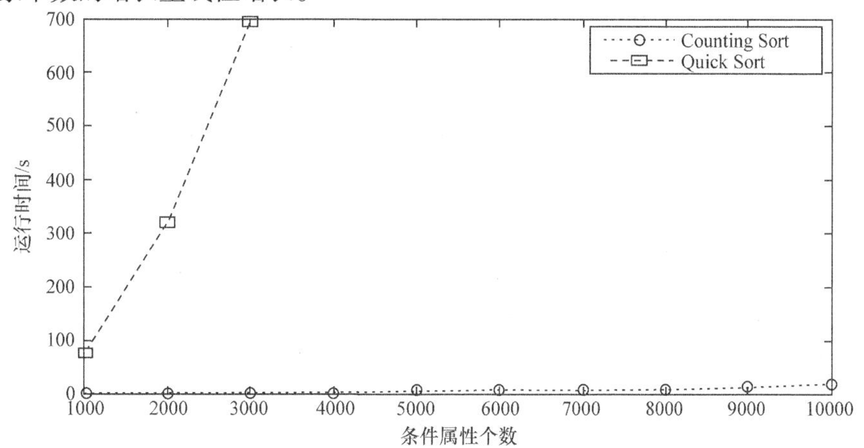

图 2.3　计数排序 Counting Sort 算法和快速排序 Quick Sort 算法在数据集 1 运行时间

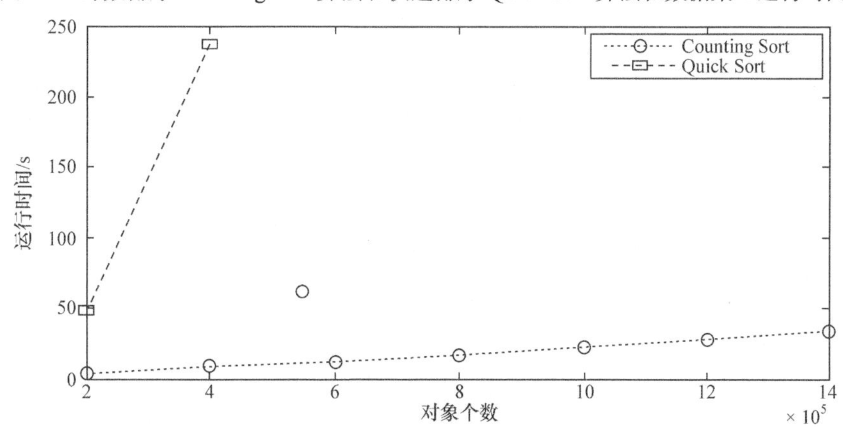

图 2.4　计数排序 Counting Sort 算法和快速排序 Quick Sort 算法在数据集 2 上运行时间

表 2.4 列出了 5 种约简方法约简后的属性个数。由表 2.4 可知，本书提出的知识约简算法在 8 个数据集上约简后的属性个数并不比其他知识约简算法多。

表 2.4　5 种约简方法约简后的属性个数

序号	数据集	约简后的属性个数				
		QPos	QDis	QInfo	CHybrid Ⅰ	CHybrid Ⅱ
1	HSV	9	10	9	10	9
2	BC	9	9	9	9	9
3	Crd	11	11	11	11	11
4	TTT	8	8	8	8	8

续表

序号	数据集	约简后的属性个数				
		QPos	QDis	QInfo	CHybrid Ⅰ	CHybrid Ⅱ
5	Ger	9	9	9	9	9
6	Car	6	6	6	6	6
7	Chess	29	29	29	29	29
8	Con	34	34	34	34	34
9	DS1	—	—	—	9	9
10	DS2	—	—	—	12	12

实验首先将整个数据集装入主存中，然后调用知识约简算法计算一个约简，记录整个程序运行时间。表 2.5 列出了 6 种约简方法的运行时间，表中标注为“—”的表示程序运行时间过长。实验结果显示，本书提出的知识约简算法在时间效率上明显优于其他知识约简算法。随着数据集大小的增长，几种知识约简算法在运行时间上也不断增长，但本书提出的知识约简算法增长缓慢，它们运行时间的比率如图 2.5 所示。

表 2.5　6 种约简方法的运行时间

序号	数据集	运行时间/s				
		Dis	QPos	QDis	QInfo	CHybrid Ⅰ/Ⅱ
1	HSV	0.047	0.016	0.016	0.016	0.016/0.016
2	BC	0.094	0.016	0.016	0.016	0.016/0.016
3	Crd	0.687	0.031	0.031	0.047	0.016/0.016
4	TTT	1.031	0.031	0.031	0.047	0.016/0.016
5	Ger	1.828	0.047	0.047	0.047	0.016/0.016
6	Car	2.219	0.063	0.063	0.063	0.016/0.016
7	Chess	43.563	0.547	0.563	0.578	0.172/0.172
8	Con	—	239.578	292.641	274.953	17.812/19.219

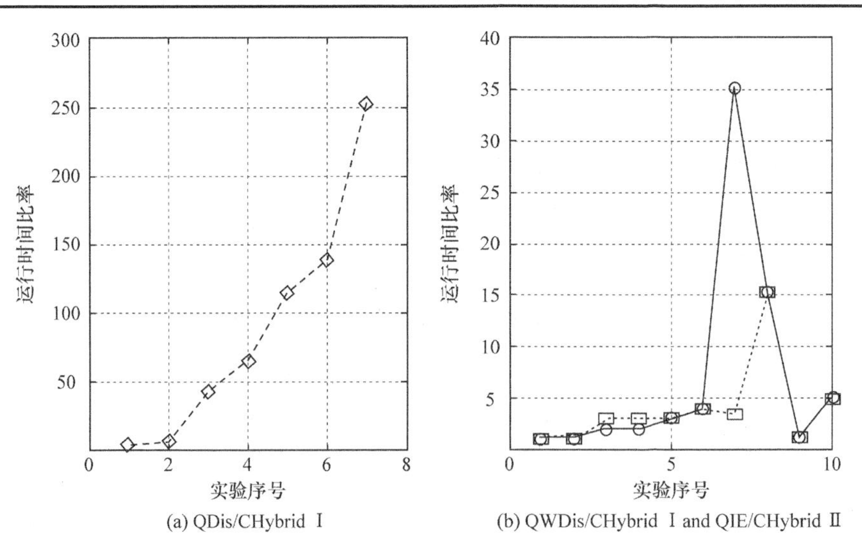

(a) QDis/CHybrid Ⅰ　　(b) QWDis/CHybrid Ⅰ and QIE/CHybrid Ⅱ

图 2.5　几种算法运行时间比率

为了更深入地验证所提出知识约简算法的有效性，分别在 DS 1 属性个数从 1000 不断增长到 10000 所构成的 10 个新数据集和 DS 2 对象个数从 20 万不断增长到 140 万所构建的 7 个新数据集上计算约简。由于 3 种经典的知识约简算法(QPos、QDis 和 QInfo)不适合处理大数据集，因此这里仅显示本书提出的算法运行时间效率。图 2.6 和图 2.7 描绘出运行时间随着数据集的大小增长而呈现出的更具体的变化趋势。

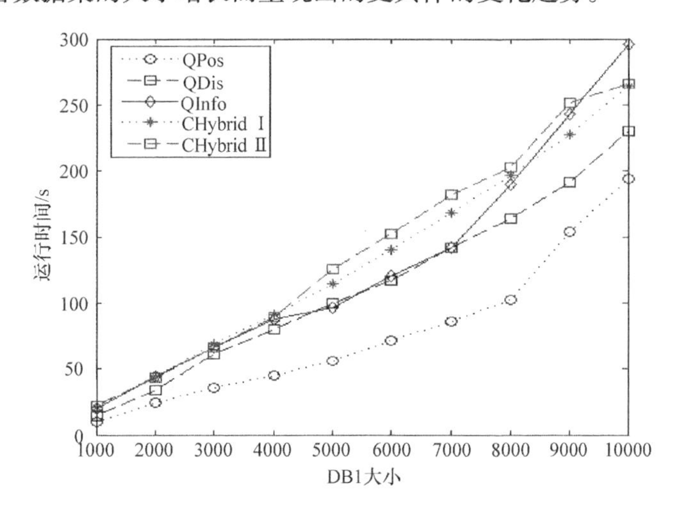

图 2.6　各种约简算法在 DB1 上的运行时间

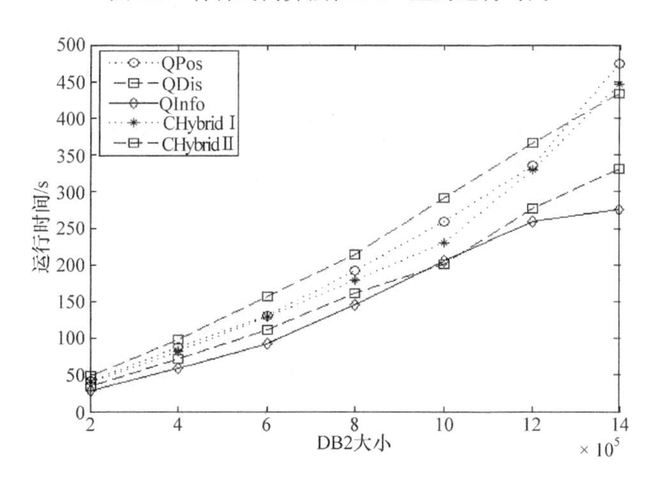

图 2.7　各种约简算法在 DB2 上的运行时间

由图 2.6 和图 2.7 容易看出，图中的运行时间曲线几乎呈线性。实验验证了本书提出的知识约简算法对大规模数据集更有效。需要说明的是，当数据集对象个数超过 140 万时，本书提出的方法也无法将数据集装入主存中，从而无法进行知识约简。第 4 和第 6 章将着重研究知识约简算法如何并行化以及通过对属性进行粒度层次提升来缩小数据规模，从而提高面向海量数据知识约简算法效率。

2.4.2　分类精度比较

本小节将从规则个数、规则平均长度和分类精度 3 个方面，在 8 个数据集上分析比较各种知识约简算法。从表 2.6 可知，算法 CPos 在 TTT 数据集上所获得的规则个数和规则平均长度均比 CHybrid Ⅰ少。对 TTT 数据集进一步实验发现，本书提出的知识约简算法获得的规则个数和规则平均长度少于由 CPos 算法产生的不同约简生成的平均规则个数和规则长度。

表 2.6　决策规则的平均个数和长度比较

序号	数据集	决策规则的平均个数和长度				
		CPos	CDis	CInfo	CHybrid Ⅰ	CHybrid Ⅱ
1	HSV	82/470	85/465	81/425	84/456	81/425
2	BC	183/764	183/764	185/798	183/764	185/798
3	Crd	299/1756	300/1608	267/1439	288/1546	287/1533
4	TTT	359/2211	476/3099	320/2017	360/2215	320/2017
5	Ger	638/3005	638/2998	638/3005	642/2969	638/3005
6	Car	301/1673	328/1769	301/1673	301/1673	301/1673
7	Chess	140/2614	342/5355	129/1968	160/2555	139/2215
8	Con	34225/585407	36050/576609	34119/551937	34284/552506	34476/556234

表 2.7 列出了不同算法在 8 个数据集上生成的决策规则平均长度。从表 2.7 可以看出，本书提出的 CHybrid Ⅰ/Ⅱ算法在大多数情况下能够获得决策规则最小平均长度。表 2.8 给出了 5 种不同算法在 8 个数据集上通过 10 次交叉实验得到的平均分类精度。由表 2.7 和表 2.8 可知，本书提出的混合型知识约简中属性重要性测度更加合理和有效。

表 2.7　决策规则平均长度比较

序号	数据集	决策规则平均长度				
		CPos	CDis	CInfo	CHybrid Ⅰ	CHybrid Ⅱ
1	HSV	5.732	5.471	5.247	5.429	5.247
2	BC	4.175	4.175	4.314	4.175	4.175
3	Crd	5.873	5.36	5.4	5.368	5.341
4	TTT	6.159	6.511	6.303	6.153	6.303
5	Ger	4.71	4.699	4.71	4.625	4.71
6	Car	5.558	5.393	5.558	5.558	5.558
7	Chess	18.671	15.658	15.256	15.969	15.935
8	Con	17.105	15.995	16.177	16.116	16.134

表 2.8　在不同数据集上的平均分类精度比较

序号	数据集	平均分类精度				
		CPos	CDis	CInfo	CHybrid Ⅰ	CHybrid Ⅱ
1	HSV	0.428	0.477	0.460	0.478	0.478
2	BC	0.480	0.497	0.497	0.493	0.493
3	Crd	0.694	0.688	0.719	0.703	0.693
4	TTT	0.786	0.741	0.787	0.772	0.786
5	Ger	0.524	0.531	0.522	0.511	0.528
6	Car	0.892	0.892	0.892	0.892	0.892
7	Chess	0.921	0.855	0.930	0.916	0.929
8	Con	0.444	0.430	0.459	0.462	0.461
平均		0.646	0.639	0.656	0.655	0.658

2.4.3　CHybrid Ⅰ/Ⅱ算法与其他算法比较

基于一致性的知识约简算法[105](Consistency 算法)使用一种既能反映正区域大小又能反映边界域中对象决策的分布性信息的一致性测度来计算一个约简，即使正区域大小为 0，该测度也能利用边界域中对象决策的分布性信息计算某个属性的重要性。该算法与前面提出的知识约简算法(CHybrid Ⅰ/Ⅱ算法)类似。QuickReduct 算法[68]从空集开始，每次增加依赖度最大的候选属性，直到获得一个约简。Unreduce 表示直接在原始数据上建立分类模型并对测试数据进行预测分析。表 2.9 给出了 CHybrid Ⅰ/Ⅱ算法与 Consistency 算法、QuickReduct 算法和 Unreduce 所构建的 3 种分类模型在 8 个数据集上分类精度。

表 2.9　5 种不同算法分类精度比较

序号	数据集	分类精度				
		CHybrid Ⅰ	CHybrid Ⅱ	Consistency	QuickReduct	Unreduce
1	HSV	0.478	0.478	0.467	0	0.459
2	BC	0.493	0.493	0.497	0.48	0.479
3	Crd	0.703	0.693	0.655	0.694	0.702
4	TTT	0.772	0.786	0.777	0	0.689
5	Ger	0.511	0.528	0.507	0.114	0.52
6	Car	0.892	0.892	0.675	0.556	0.503
7	Chess	0.916	0.929	0.91	0.42	0.521
8	Con	0.462	0.461	0.44	0	0.358
平均		0.653	0.658	0.616	0.283	0.529

对于 HSV、TTT 和 Con 数据集，由于 QuickReduct 算法在第一个迭代中没有选择任何属性，程序终止，故它们的分类精度比任何其他算法都低。由表 2.9 可知，CHybrid Ⅰ

/Ⅱ算法在大多数情况下优于其他分类算法模型。然而，需要说明的是，表 2.9 中的数据是平均分类精度，在某些情况下，Consistency 算法所获得的平均分类精度比 CHybrid Ⅰ/Ⅱ算法高。

2.5 应用实例

为了对电力系统短期负荷进行预测，这里设计了混合属性约简算法与 BP 神经网络相结合的预测模型。该模型首先根据已知的领域知识形成一个初始的信息表，利用 Rosetta 软件对连续属性进行离散化，用本书提出的混合属性约简算法对原始数据进行属性约简，把约简后的属性作为输入属性，最后用 BP 神经网络对处理后的数据进行训练，得到一个训练模型，从而对短期负荷进行预测。

2.5.1 预测模型设计

预测模型主要包括伪数据的处理、数据离散化样本集的选取以及输入输出量的选择等。首先，将样本集中的负荷数据与相对应的典型日负荷曲线进行比较，如果所有的负荷数据变化范围都在 ± 5%以内，则认为该负荷数据可以作为样本，否则将日最大负荷处于变化范围 5%以外的或负荷变化率超过常规变化率 5%以外的认为是伪数据，用近几天的日最大负荷的平均值代替或平均变化率进行补偿。其次，将这些数据集进行离散化，例如，星期一至星期五离散化为 1～5，星期六和星期日离散化为 10 等。由于训练样本与预测负荷之间有强的相关性，选择样本时需要考虑的因素包括两方面：一是选择样本输入与样本输出的关系；二是选择合适的样本集。例如，一般工作日负荷有如下关系：某一天的负荷曲线同其前一天的负荷曲线比较相似；一天中某一点的负荷同前几天同一点的负荷相差不大，即可认为一天中的某一点的负荷与前一天同一点附近的负荷，以及与前几天同一点负荷和一星期前同日同一点附近的负荷的相关性比较大。为了降低问题的求解规模，依时间段选取一定程度上与预测相关的训练样本，然后利用混合属性约简算法提取相关输入属性，最后利用 BP 神经网络预测短期负荷，其预测模型如图 2.8 所示。

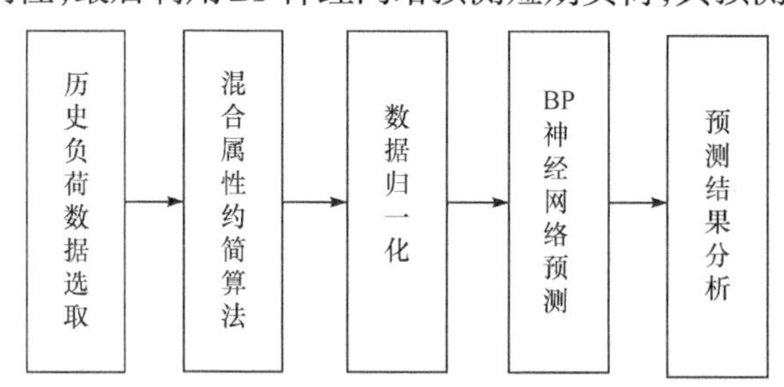

图 2.8　基于混合属性约简和 BP 神经网络的预测模型

2.5.2 预测结果分析

对某市供电局 8 月 6 日的负荷需求量进行预测。实验结果表明其预测结果准确率提高了 0.2%～0.5%，模拟预测结果如图 2.9 所示。

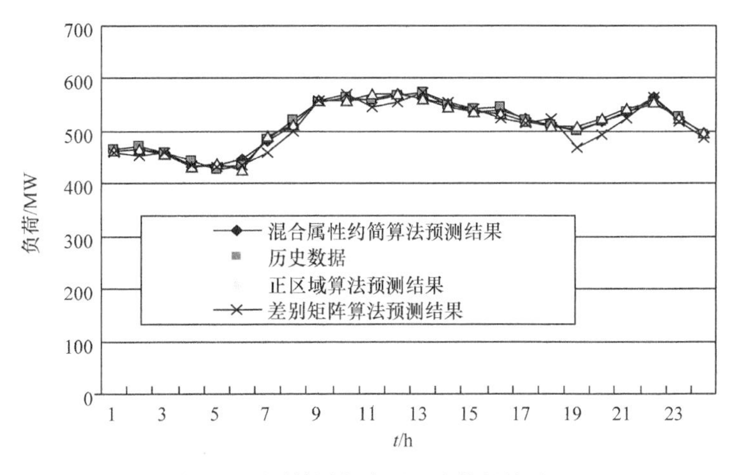

图 2.9　预测结果与实际历史数据的对比

2.6 小　结

本章通过分析已有的基于正区域、差别矩阵和信息熵的知识约简算法，构建了高效的知识约简算法框架模型，主要包括计算等价类与核属性、构建合理的具有单调性的混合属性测度和高效的知识约简算法。

等价类计算是核属性计算和知识约简算法中的关键步骤。通过引入计数排序算法，提出了一种时间复杂度为 $O(|C||U|)$ 的快速计算等价类算法，从而降低了时间复杂度；通过分析核属性特性，提出了一种基于计数排序的快速计算核属性的算法，将时间复杂度降为 $O(|C||U|)$；通过分析正区域、差别矩阵和信息熵算法中属性重要性的特性，构建了既能反映正区域大小又能反映边界域中区分能力的两种混合属性测度来计算单个候选属性的重要性，并提出了时间复杂度为 $\max(O(|C||U|),O(|C|^2|U/C|))$的高效知识约简算法。实验结果表明本章提出的混合属性测度非常合理，所构建的混合知识约简算法非常高效，能够处理较大的数据集。

尽管利用计数排序算法实现的单机集中式串行算法在一定程度上提高了知识约简算法的效率，但无法处理大规模数据集。第 4 章将重点研究知识约简算法并行化，解决面向大规模数据集的知识约简算法问题。

第3章　区间值信息系统的知识约简

3.1　引　　言

由于客观事物的不确定性以及人类思维的模糊性，现实中的大量数据往往以区间值的形式来表示，因此，如何从区间值信息系统中获取知识逐渐成为一个研究热点。区间值信息系统的属性约简同时存在于粗糙集与灰色系统两个领域的研究工作中，且各具独立性。为方便介绍，分别在两个领域中对区间值信息系统属性约简工作进行分析。

在基于相容关系的粗糙集理论模型研究中，Kryszkiewicz[17]于1998年将相容关系模型应用于不完备信息系统的知识获取中，提出了不完备信息系统中的相容关系，定义了相应的差别矩阵，并给出了不完备信息系统的属性约简方法。事实上，Kryszkiewicz将不完备信息系统看作一个集值信息系统来进行处理，即在不完备信息系统中用相应属性的值域来代替不完备信息系统中的缺省值。基于这种考虑，Guan等[106]于2006年提出了集值决策系统中的两种上下近似定义与相应的差别矩阵，给出了集值决策系统的属性约简方法。2008年，Leung等[107]采用了α-误分率来度量区间值信息系统中区间数的相似度，误分率越高，相似度越大。其基于α-误分率的概念，定义了区间值信息系统的α-相似类，并提出了属性约简差别矩阵，但Leung等未对区间值决策系统的属性约简方法展开讨论，且由于α-误分率是在两个区间数的相似度中取较大值，这并不符合人的思维习惯，易将直觉上两个并不“足够相似”的区间数分为一类，从而造成误分类。

在灰色系统(Grey System)理论[108]的研究中，区间型不确定数称为灰数(Grey Number)，相关的概念是白数(White Number)与黑数(Black Number)。例如，区间数$[a,b]$以及$c\in[a,b]$，①若$a<b$，c称为灰数，是属于区间$[a,b]$范围内的不确定值，区间数$[a,b]$范围越大，不确定性越大，c的灰度值越高；②若$a=b$，$c=a=b$称为白数，是确定值；③若$a\to-\infty$或$b\to+\infty$，c称为黑数，是完全不确定值。结合灰色区间数与粗糙集属性约简的研究[109,120]，2005年，张慧宣等[120]首先提出了α-灰相似关系(α- Grey Similarity Relation)，将在同一属性中相似度大于等于α的灰色区间数分为一类，并给出了基于α-灰相似关系的上下近似。但是，文中并未给出灰色区间决策表属性约简的形式化定义。2006年，Yamaguchi等[110]给出了一种基于等价关系的灰色区间决策表约简方法。由于基于等价关系的分类会在灰色区间决策表的论域中形成大量的等价类，所以缺乏实际应用价值。为了改进上述工作，Yamaguchi等[111]采用灰色格关系替代了等价关系，并系统研究了灰色区间信息表中的灰色格算子及其相关表示与性质。Wu等[119]基于这种灰色格算子给出了灰色区间决策表的属性约简。2007年，Wu等[114]提出了基于(α,β)-相似关系的属性约简方法。2009年，吴顺祥[121]综合了灰色系统与粗糙集中的相关工作，出版了学

术专著《灰色粗糙集模型及其应用》，在书中针对粗糙集理论与灰色系统理论的数据融合技术进行了研究，较为系统地介绍了基于区间灰色集的粗糙集的各种模型、方法与应用。

图 3.1 给出了区间值信息系统属性约简研究工作的分类情况。

(1) 从研究的领域来分：区间值信息系统属性约简的研究工作主要存在于粗糙集与灰色系统两个领域。

(2) 从关系的角度来分：区间值信息系统的研究主要基于 3 种关系：①等价关系，这部分工作由 Yamaguchi 等[110]较早开展；②相容关系，这部分工作由 Leung 等[107]较早开展；③序关系，这部分工作由 Sai 等[122]较早开展。

(3) 从区间值信息系统的形式来分：类似于 Pawlak 信息系统中的绝对属性约简和相对属性约简，区间值信息系统的属性约简工作可分为区间值信息表的约简和区间值决策表的约简，也可以称为区间值信息系统的绝对属性约简与相对属性约简，如图 3.1 所示。

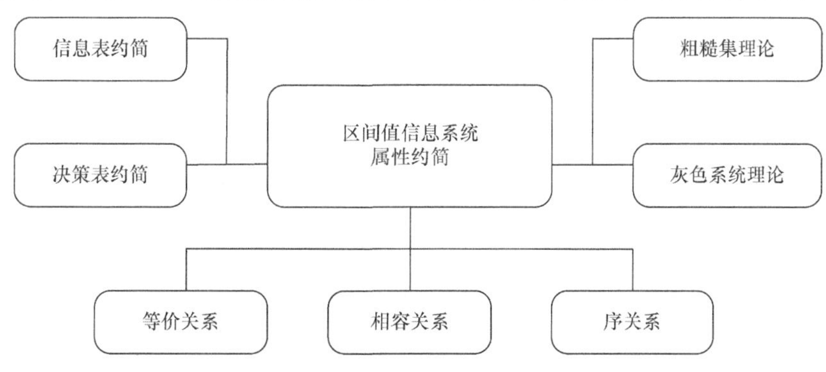

图 3.1　区间值信息系统属性约简的分类

综合上述工作，现有的区间值信息系统的知识获取主要存在如下问题：第一，分类粒度粗、数目多、冗余度高；第二，采用相似类进行分类，同一类中的任意两个对象不一定具有相同的属性特征，误分率高。针对上述问题，本章提出α-极大相容类，使同一类中的对象具有相同的属性特征，从而细化了相似类，提高了区间值信息系统的分类和粗糙近似精度。本章还进一步给出基于α-极大相容类的区间值信息系统知识约简的定义与计算方法，为区间值信息系统的知识获取提供了一条有效的途径。

本章结构如下，3.2 节介绍区间值信息系统的一些基本概念，讨论相关重要性质。3.3 节提出基于α-极大相容类的区间值信息系统的上下近似概念。3.4 节定义区间值信息系统的知识约简，并提出基于α-极大相容类的区间值信息系统的知识约简方法。作为特例，3.5 节给出区间值决策系统的知识约简的定义和方法。3.6 节对本章工作进行小结。

3.2　基本概念和性质

3.2.1 和 3.2.2 小节定义区间值信息系统和相似率等基本概念；3.2.3 小节首先分析基于相似类的分类存在的问题，在此基础上提出基于α-极大相容类的分类。通过证明可知，新方法提高了分类精度。

3.2.1 区间值信息系统

区间值信息系统是属性值以区间数形式存在的信息系统。特别地，在区间值决策系统中条件属性值为区间值，决策属性值为单值。区间值信息系统[107]的形式化定义如下。

定义 3.1 区间值信息系统(Interval-valued Information System, IvIS)为四元组 $\zeta=(U,\mathrm{AT},V,f)$，其中，$U=\{u_1,u_2,\cdots,u_n\}$ 是非空有限论域；$\mathrm{AT}=\{a_1,a_2,\cdots,a_m\}$ 是非空有限属性集；$V=\bigcup_{a_k\in\mathrm{AT}}V_{\{a_k\}}$，$V_{\{a_k\}}$ 表示属性 $a_k\in\mathrm{AT}$ 的值域；$f:U\times\mathrm{AT}\to V$ 是一个信息函数,它指定论域 U 中每一个对象 u_i 在属性 a_k 上的区间属性值,即对任意的 $u_i\in U$，$a_k\in A$，有 $f(u_i,a_k)=a_k(u_i)=\left[l_i^k,u_i^k\right]$。

区间值决策系统 $\zeta=(U,\mathrm{AT}\cup D,V,f)$ 是一类特殊的区间值信息系统，非空有限属性集 $\mathrm{AT}\cup D$ 包括条件属性集 $\mathrm{AT}=\{a_1,a_2,\cdots,a_m\}$ 和决策属性集 $D=\{d\}$ 两部分；$V=V_{\mathrm{AT}}\cup V_D$，其中，$V_{\mathrm{AT}}$ 为条件属性值集合，V_D 为决策属性值集合；$f:U\times\mathrm{AT}\to V_{\mathrm{AT}}$ 为区间值映射，$f:U\times D\to V_D$ 为单值映射。

一个区间值决策系统如表 3.1 所示，其中论域 $U=\{u_1,u_2,\cdots,u_{10}\}$，条件属性集 $\mathrm{AT}=\{a_1,a_2,a_3,a_4,a_5\}$，决策属性集 $D=\{d\}$；条件属性值 $a_k(u_i)=[l_i^k,u_i^k]$ 是区间值，如 $a_1(u_2)=[3.38,4.50]$；决策属性值 $d(u_i)$ 是单值，如 $d(u_2)=2$。

表 3.1 区间值决策系统

	a_1	a_2	a_3	a_4	a_5	d
u_1	[2.17,2.96]	[5.32,7.23]	[3.35,5.59]	[3.21,4.37]	[2.46,3.59]	1
u_2	[3.38,4.50]	[3.38,5.29]	[1.48,3.58]	[2.36,3.52]	[1.29,2.42]	2
u_3	[2.09,2.89]	[7.03,8.94]	[3.47,5.69]	[3.31,4.46]	[3.48,4.61]	2
u_4	[3.39,4.51]	[3.21,5.12]	[0.68,1.77]	[1.10,2.26]	[0.51,1.67]	3
u_5	[3.70,4.82]	[2.98,4.89]	[1.12,3.21]	[2.07,3.23]	[0.97,2.10]	2
u_6	[4.53,5.63]	[5.51,7.42]	[3.50,5.74]	[3.27,4.43]	[2.49,3.62]	2
u_7	[2.03,2.84]	[5.72,7.65]	[3.68,5.91]	[3.47,4.61]	[2.53,3.71]	1
u_8	[3.06,4.18]	[3.11,5.02]	[1.26,3.36]	[2.25,3.41]	[1.13,2.25]	3
u_9	[3.38,4.50]	[3.27,5.18]	[1.30,3.40]	[4.21,5.36]	[1.11,2.23]	1
u_{10}	[1.11,2.26]	[2.51,3.61]	[0.76,1.85]	[1.30,2.46]	[0.42,1.57]	4

3.2.2 相似率

经典粗糙集理论采用等价关系对论域进行划分，同一等价类中的对象具有相同的属性值。然而，区间值信息系统中相同区间值形成的等价类很难对论域形成合理的划分。因此，在区间值信息系统中引入相似率来表示两个区间值的相似程度，为论域的分类提供了度量标准。

为了方便描述相似率的概念，首先介绍区间值的相关基本运算[109]。

(1) 交运算(Meet)：

$$a_k(u_i)\cap a_k(u_j)=\begin{cases}\left[l_i^k,u_i^k\right], & \left[l_i^k,u_i^k\right]\subseteq\left[l_j^k,u_j^k\right]\\ \left[l_j^k,u_j^k\right], & \left[l_j^k,u_j^k\right]\subseteq\left[l_i^k,u_i^k\right]\\ \left[l_i^k,u_j^k\right], & l_i^k\in\left[l_j^k,u_j^k\right]\wedge u_j^k\in\left[l_i^k,u_i^k\right]\\ \left[l_j^k,u_i^k\right], & l_j^k\in\left[l_i^k,u_i^k\right]\wedge u_i^k\in\left[l_j^k,u_j^k\right]\\ \varnothing, & \text{其他}\end{cases}$$

(2) 并运算(Join)：

$$a_k(u_i)\cup a_k(u_j)=\left[\min(l_i^k,l_j^k),\max(u_i^k,u_j^k)\right]$$

(3) 补运算(Complement)：

$$a_k^c(u_i)=(-\infty,l_i^k)\cup(u_i^k,+\infty)$$

(4) 排斥并运算(Exclusive Join)：

$$a_k(u_i)\oplus a_k(u_j)=\begin{cases}\left\{a_k^c(u_i)\cap a_k^c(u_j)\right\}^c, & a_k(u_i)\cap a_k(u_j)=\varnothing\\ \left\{a_k(u_i)\cup a_k(u_j)\right\}\cap\left\{a_k(u_i)\cap a_k(u_j)\right\}^c, & \text{其他}\end{cases}$$

图 3.2 给出区间数间如下 3 种基本位置关系：

(1) 区间数 $a_k(u_i)$ 与 $a_k(u_j)$ 相交，相交部分的长度为 $|C_{ij}^k|$；

(2) 区间数 $a_k(u_i)$ 包含区间数 $a_k(u_m)$，相交部分的长度为 $|a_k(u_m)|$；

(3) 区间数 $a_k(u_i)$ 与区间数 $a_k(u_n)$ 相离，相交部分的长度为 0。

其中，$|C_{ij}^k|$ 与 $|a_k(u_m)|$ 分别表示区间 C_{ij}^k 与 $a_k(u_m)$ 的长度。

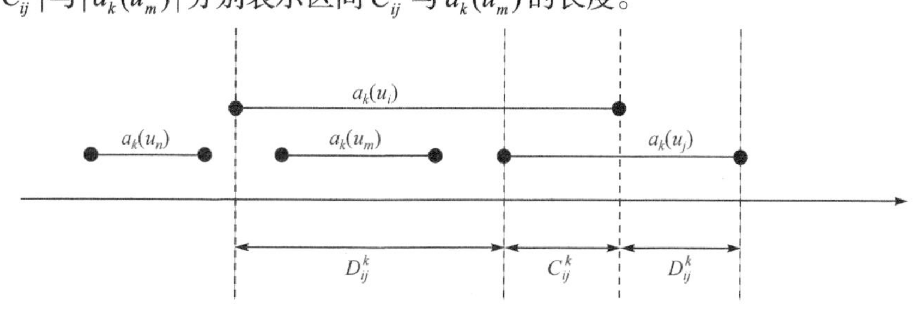

图 3.2　区间数间的关系

下面给出区间值相似率的概念。

定义 3.2　设区间值信息系统 $\zeta=(U,\mathrm{AT},V,f)$，对任意的 $u_i,u_j\in U$，$a_k\in\mathrm{AT}$，区间值 $a_k(u_i)=[l_i^k,u_i^k]$ 和 $a_k(u_j)=[l_j^k,u_j^k]$ 的相似率 α_{ij}^k 定义为

$$\alpha_{ij}^k=\begin{cases}\dfrac{\min\left\{u_i^k-l_i^k,u_j^k-l_j^k\right\}}{\max\left\{u_i^k-l_i^k,u_j^k-l_j^k\right\}}, & \left[l_i^k,u_i^k\right]\subseteq\left[l_j^k,u_j^k\right]\vee\left[l_j^k,u_j^k\right]\subseteq\left[l_i^k,u_i^k\right]\\ 1-\min\left\{\dfrac{H\left\{a_k(u_i),a_k(u_j)\right\}}{\max\left\{u_i^k-l_i^k,u_j^k-l_j^k\right\}},1\right\}, & \text{其他}\end{cases}\tag{3.1}$$

其中，$H\left\{a_k(u_i),a_k(u_j)\right\}=\max\left\{D_{ij}^k,D_{ji}^k\right\}$，$D_{ij}^k=\max\limits_{a\in a_k(u_i)}\left\{\min\limits_{b\in a_k(u_j)}\left\{d(a,b)\right\}\right\}$，$D_{ji}^k=\max\limits_{a\in a_k(u_j)}\left\{\min\limits_{b\in a_k(u_i)}\left\{d(a,b)\right\}\right\}$，$d(a,b)$ 为 a 、b 两点间的欧氏距离。显然有 $\alpha_{ij}^k\in[0,1]$。

关于相似率 α_{ij}^k 的取值与区间值位置关系的几点讨论如下：

(1) 若 $\alpha_{ij}^k=0$，区间值 $a_k(u_i)$ 和 $a_k(u_j)$ 相离；

(2) 若 $0<\alpha_{ij}^k<1$，区间值 $a_k(u_i)$ 和 $a_k(u_j)$ 部分相交或真包含；

(3) 若 $\alpha_{ij}^k=1$，区间值 $a_k(u_i)$ 和 $a_k(u_j)$ 相同，即 $l_i^k=l_j^k$，$u_i^k=u_j^k$。

3.2.3　α -极大相容类

相似率为区间值的相似程度提供了度量标准。通过量化区间值的相似程度，给出区间值信息系统中的 α -相容关系。与经典粗糙集论域中的等价关系相比，采用 α -相容关系对论域进行分类可将足够相似的(相似度在 α 以上)不同对象分为一类，借此发现论域中对象间潜在的“抱团现象”。

定义 3.3　设区间值信息系统 $\zeta=(U,\mathrm{AT},V,f)$，$A\subseteq\mathrm{AT}$，$\alpha\in[0,1]$，则 ζ 中关于属性集 A 的 α -相容关系定义为

$$T_A^\alpha=\left\{(u_i,u_j)\in U\times U:\alpha_{ij}^k>\alpha,\forall a_k\in A\right\}\tag{3.2}$$

性质 3.1　设区间值信息系统 $\zeta=(U,\mathrm{AT},V,f)$，$A\subseteq\mathrm{AT}$，$\alpha\in[0,1]$，则

(1) T_A^α 具有自反性，即对任意的 $u_i\in U$，有 $(u_i,u_i)\in T_A^\alpha$；

(2) T_A^α 具有对称性，即对任意的 $u_i,u_j\in U$，若 $(u_i,u_j)\in T_A^\alpha$，有 $(u_j,u_i)\in T_A^\alpha$；

(3) T_A^α 不一定具有传递性，即对任意的 $u_i,u_j,u_m\in U$，若 $(u_i,u_m)\in T_A^\alpha$，$(u_m,u_j)\in T_A^\alpha$，不一定有 $(u_i,u_j)\in T_A^\alpha$。

性质 3.2　设区间值信息系统 $\zeta=(U,\mathrm{AT},V,f)$，$A\subseteq\mathrm{AT}$，$\alpha\in[0,1]$，则

$$T_A^\alpha=\bigcap_{a_k\in A}T_{\{a_k\}}^\alpha$$

文献[107]和文献[115]中，往往采用相似类作为论域 U 的分类，定义如下。

定义 3.4　设区间值信息系统 $\zeta=(U,\mathrm{AT},V,f)$，$A\subseteq\mathrm{AT}$，$\alpha\in[0,1]$，定义对象 u_i 关于属性集 A 的 α -相似类为

$$S_A^\alpha(u_i)=\left\{u_j\in U:(u_i,u_j)\in T_A^\alpha\right\}\tag{3.3}$$

$S_A^\alpha(u_i)$ $(u_i\in U)$ 形成对论域 U 的覆盖：

$$S^\alpha(A)=\left\{S_A^\alpha(u_1),S_A^\alpha(u_2),\cdots,S_A^\alpha(u_n)\right\}\tag{3.4}$$

采用相似类作为论域 U 的分类是将与对象 u_i 满足相容关系 T_A^α 的所有对象分为一类。这种分类方法存在两个问题：①分类粒度粗、数目多、冗余度高；②同一类中任意两个对象不一定满足相容关系 T_A^α，即同一类中任意两个对象不一定具有相同的属性特征，容

易造成误分类。

为了解决以上两个问题，提高分类精度，在对象集的分类中引入了 α -极大相容类的概念。

定义 3.5　设 $\zeta=(U,\mathrm{AT},V,f)$ 是区间值信息系统，$A\subseteq \mathrm{AT}$。若 $M\subseteq U$，对于任意的 $u_i,u_j\in M$ 均满足 $(u_i,u_j)\in T_A^\alpha$，则称 M 是 ζ 中关于属性集 A 的 α -相容类。若对于任意的 $u_m\in U-M$，必存在 $u_i\in M$ 使 $(u_i,u_m)\notin T_A^\alpha$。此时，称 M 为 ζ 中关于属性集 A 的 α -极大相容类。

由定义 3.5 可得如下结论：

(1) α -极大相容类是论域中对象满足两两相容的最大集合，任意 α -相容类必可扩展成 α -极大相容类；

(2) α -极大相容类是论域 U 中对象满足传递关系的最大子集；

(3) α -极大相容类的集合构成了论域 U 上的一个完全覆盖 $\xi^\alpha(A)=\{M_A^\alpha(u_1),M_A^\alpha(u_2),\cdots,M_A^\alpha(u_n)\}$，其中，$M_A^\alpha(u_i)$ 为对象 u_i 关于属性集 A 的 α -极大相容类。

采用 α -极大相容类作为论域 U 的分类克服了采用相似类作为分类产生的两个问题，提高了分类精度。同时，采用 α -极大相容类可根据不同的用户需求和数据集的分布特点对阈值 α 进行动态调整，也可作为经典极大相容类应用的有益扩展。

例 3.1　表 3.1 所示的区间值信息系统 $\zeta=(U,\mathrm{AT},V,f)$，令 $\alpha=0.7$，$T_{\mathrm{AT}}^{0.7}$ 对应的相似率布尔矩阵如下，

$$T_{\mathrm{AT}}^{0.7}=\begin{pmatrix}1&0&0&0&0&0&1&0&0&0\\0&1&0&0&1&0&0&1&0&0\\0&0&1&0&0&0&0&0&0&0\\0&0&0&1&0&0&0&0&0&0\\0&1&0&0&1&0&0&0&0&0\\0&0&0&0&0&1&0&0&0&0\\1&0&0&0&0&0&1&0&0&0\\0&1&0&0&0&0&0&1&0&0\\0&0&0&0&0&0&0&0&1&0\\0&0&0&0&0&0&0&0&0&1\end{pmatrix}$$

则

$$S^{0.7}(\mathrm{AT})=\{S_{\mathrm{AT}}^{0.7}(u_1),S_{\mathrm{AT}}^{0.7}(u_2),\cdots,S_{\mathrm{AT}}^{0.7}(u_{10})\}$$

其中：

$$S_{AT}^{0.7}(u_1)=\{u_1,u_7\},\quad S_{AT}^{0.7}(u_2)=\{u_2,u_5,u_8\},\quad S_{\mathrm{AT}}^{0.7}(u_3)=\{u_3\},\quad S_{\mathrm{AT}}^{0.7}(u_4)=\{u_4\}$$
$$S_{\mathrm{AT}}^{0.7}(u_5)=\{u_2,u_5\},\quad S_{\mathrm{AT}}^{0.7}(u_6)=\{u_6\},\quad S_{\mathrm{AT}}^{0.7}(u_7)=\{u_1,u_7\},\quad S_{\mathrm{AT}}^{0.7}(u_8)=\{u_2,u_8\}$$
$$S_{\mathrm{AT}}^{0.7}(u_9)=\{u_9\},\quad S_{\mathrm{AT}}^{0.7}(u_{10})=\{u_{10}\}$$

有

$$\xi^{0.7}(\mathrm{AT})=\left\{M_{\mathrm{AT}}^{0.7}(u_1),M_{\mathrm{AT}}^{0.7}(u_2),\cdots,M_{\mathrm{AT}}^{0.7}(u_{10})\right\}$$

其中：

$$M_{\mathrm{AT}}^{0.7}(u_1)=\{u_1,u_7\},\quad M_{\mathrm{AT}}^{0.7}(u_2)=\{u_2,u_5\},\quad M_{\mathrm{AT}}^{0.7}(u_3)=\{u_3\}$$

$$M_{\mathrm{AT}}^{0.7}(u_4)=\{u_4\},\quad M_{\mathrm{AT}}^{0.7}(u_6)=\{u_6\},\quad M_{\mathrm{AT}}^{0.7}(u_8)=\{u_2,u_8\}$$

$$M_{\mathrm{AT}}^{0.7}(u_9)=\{u_9\},\quad M_{\mathrm{AT}}^{0.7}(u_{10})=\{u_{10}\}$$

$\xi_{\mathrm{AT}}^{\alpha}(u_i)$是区间值信息系统$\zeta$中关于属性集AT的所有包含对象$u_i$的$\alpha$-极大相容类的集合。

$$\xi_{\mathrm{AT}}^{0.7}(u_1)=\left\{M_{\mathrm{AT}}^{0.7}(u_1)=\{u_1,u_7\}\right\}$$

$$\xi_{\mathrm{AT}}^{0.7}(u_2)=\left\{M_{\mathrm{AT}}^{0.7}(u_2)=\{u_2,u_5\},M_{\mathrm{AT}}^{0.7}(u_8)=\{u_2,u_8\}\right\}$$

$$\xi_{\mathrm{AT}}^{0.7}(u_3)=\left\{M_{\mathrm{AT}}^{0.7}(u_3)=\{u_3\}\right\},\quad \xi_{\mathrm{AT}}^{0.7}(u_4)=\left\{M_{\mathrm{AT}}^{0.7}(u_4)=\{u_4\}\right\}$$

$$\xi_{\mathrm{AT}}^{0.7}(u_5)=\left\{M_{\mathrm{AT}}^{0.7}(u_2)=\{u_2,u_5\}\right\},\quad \xi_{\mathrm{AT}}^{0.7}(u_6)=\left\{M_{\mathrm{AT}}^{0.7}(u_6)=\{u_6\}\right\}$$

$$\xi_{\mathrm{AT}}^{0.7}(u_7)=\left\{M_{\mathrm{AT}}^{0.7}(u_1)=\{u_1,u_7\}\right\},\quad \xi_{\mathrm{AT}}^{0.7}(u_8)=\left\{M_{\mathrm{AT}}^{0.7}(u_8)=\{u_2,u_8\}\right\}$$

$$\xi_{\mathrm{AT}}^{0.7}(u_9)=\left\{M_{\mathrm{AT}}^{0.7}(u_9)=\{u_9\}\right\},\quad \xi_{\mathrm{AT}}^{0.7}(u_{10})=\left\{M_{\mathrm{AT}}^{0.7}(u_{10})=\{u_{10}\}\right\}$$

$S_A^{\alpha}(u_i)$和$\xi_A^{\alpha}(u_i)$具有如下性质。

性质 3.3　设区间值信息系统$\zeta=(U,\mathrm{AT},V,f)$，对于任意的$u_i\in U$，$A\subseteq\mathrm{AT}$，则有$S_A^{\alpha}(u_i)=\cup\left\{M\in\xi_A^{\alpha}(u_i)\right\}$。

证明　(1) 由定义 3.4 和定义 3.5 可知，对于任意的$u_j\in S_A^{\alpha}(u_i)$，易得$u_j\in\cup\left\{M\in\xi_A^{\alpha}(u_i)\right\}$，故$S_A^{\alpha}(u_i)\subseteq\cup\left\{M\in\xi_A^{\alpha}(u_i)\right\}$。

(2) 对于任意的$u_j\in M$，$M\in\xi_A^{\alpha}(u_i)$，即u_i，u_j满足α-相容关系T_A^{α}，故$u_j\in S_A^{\alpha}(u_i)$。进而$\cup\left\{M\in\xi_A^{\alpha}(u_i)\right\}\subseteq S_A^{\alpha}(u_i)$。

由(1)、(2)可得$S_A^{\alpha}(u_i)=\cup\left\{M\in\xi_A^{\alpha}(u_i)\right\}$。

性质 3.4　设$\zeta=(U,\mathrm{AT},V,f)$是区间值信息系统，$B\subseteq A\subseteq\mathrm{AT}$。对于任意的$M\in\xi_A^{\alpha}(u_i)$，$u_i\in U$，总存在$M'\in\xi_B^{\alpha}(u_i)$满足$M\subseteq M'$。

性质 3.5　设$\zeta=(U,\mathrm{AT},V,f)$是区间值信息系统，$B\subseteq A\subseteq\mathrm{AT}$。对于任意的$M\in\xi^{\alpha}(A)$，总存在$M'\in\xi^{\alpha}(B)$满足$M\subseteq M'$。

性质 3.6　设区间值信息系统$\zeta=(U,\mathrm{AT},V,f)$，$A\subseteq\mathrm{AT}$，$0\leqslant\alpha\leqslant\beta\leqslant1$。对于任意的$M\in\xi_A^{\beta}(u_i)$，总存在$M'\in\xi_A^{\alpha}(u_i)$满足$M\subseteq M'$。

性质 3.7　设区间值信息系统$\zeta=(U,\mathrm{AT},V,f)$，$A\subseteq\mathrm{AT}$，$0\leqslant\alpha\leqslant\beta\leqslant1$。对于任意的$M\in\xi^{\beta}(A)$，总存在$M'\in\xi^{\alpha}(A)$满足$M\subseteq M'$。

性质 3.4～性质 3.7 说明增加区间值信息系统的属性数目或者提高α值，论域U的分类变细，知识粒度减小，分辨度增加。

3.3　区间值信息系统中的粗糙近似

经典粗糙集理论中，论域中的不可定义集合可以用上下近似算子来描述。通过拓广经典粗糙集的粗糙近似理论，给出了相关模型的上下近似定义，如表 3.2 所示。

表 3.2　相关模型的粗糙近似

模型	粗糙近似
Pawlak [6] 粗糙集(Rough Sets)	$R^*(X)=\{x\in U:[x]_R\cap X\neq\varnothing\}$ $R_*(X)=\{x\in U:[x]_R\subseteq X\}$ U : the universal set X : a subset of U $[x]_R$: an equivalence class of relation R
Slowinski 等[18] 广义粗糙近似(A Generalized Rough Approximation)	$R^*(X)=\bigcup_{x\in X}R(x)$ $R_*(X)=\{x\in U:R^{-1}(x)\subseteq X\}$ U : the universal set X : a subset of U R : the reflexive relation $R^{-1}(x)=\{y\in U:xRy\}$
Yao [123] 区间集(Interval-Sets)	$A=[A_l,A_u]$ A_l is called the lower bound of the interval set A_u is called the upper bound of the interval set
Kryszkiewicz [17] 不完备信息系统(Incomplete Information Systems)	$\underline{A}X=\{x\in U:S_A(x)\subseteq X\}$ $\overline{A}X=\{x\in U:S_A(x)\cap X\neq\varnothing\}$ U : the universal set X : a subset of U $S_A(x)=\{y\in U:(x,y)\in \mathrm{SIM}(A)\}$
Guan 等[106] 集值系统(Set-Valued Information Systems)	$\underline{\mathrm{ET}}_B(X)=\{x\in U:\exists K\in \mathrm{CCT}_B(x),K\in X\}$ $\underline{\mathrm{AT}}_B(X)=\{x\in U:\forall K\in \mathrm{CCT}_B(x),K\in X\}$ $\overline{\mathrm{ET}}_B(X)=\{x\in U:\exists K\in \mathrm{CCT}_B(x),K\cap X\neq\varnothing\}$ $\overline{\mathrm{AT}}_B(X)=\{x\in U:\forall K\in \mathrm{CCT}_B(x),K\cap X\neq\varnothing\}$ U : the universal set X : a subset of U B : a subset of attribute set C $\mathrm{CCT}_B(x)=\{K:K\in \mathrm{CCT}_C(U),x\in K\}$

续表

模型	粗糙近似
Yamaguchi 等[111] 灰色粗糙集(Grey-Rough Sets)	$GW^*(S) \rightleftarrows [\cap_{i=1}^{n} GL^*(f_\otimes(s,a_i)), \cup_{i=1}^{n} GL^*(f_\otimes(s,a_i))]$ $GW_*(S) \rightleftarrows [\cap_{i=1}^{n} GL_*(f_\otimes(s,a_i)), \cup_{i=1}^{n} GL_*(f_\otimes(s,a_i))]$ $GL^*(f_\otimes(s,a_i)) = [x \in U : f_\otimes(x,a_i) \wedge f_\otimes(s,a_i) \neq \varnothing]$ $GL_*(f_\otimes(s,a_i)) = [x \in U : f_\otimes(x,a_i) \to f_\otimes(s,a_i)]$ x : an object of U s : an objective holding n values a_i : the i th attribute of n $f_\otimes(x,a_i)$: a value of an object x on a_i $f_\otimes(s,a_i)$: the i th value of n for approximation

下面给出由相似类定义的粗糙近似算子。

定义 3.6 区间值信息系统$\zeta = (U, \mathrm{AT}, V, f)$，对于任意的$X \subseteq U$，$A \subseteq \mathrm{AT}$，粗糙上下近似算子为

$$\overline{\mathrm{APR}}_A^\alpha(X) = \{u_i \in U : S_A^\alpha(u_i) \cap X \neq \varnothing\} \tag{3.5}$$

$$\underline{\mathrm{APR}}_A^\alpha(X) = \{u_i \in U : S_A^\alpha(u_i) \subseteq X\} \tag{3.6}$$

由定义 3.6 可得性质 3.8。

性质 3.8 设区间值信息系统$\zeta = (U, \mathrm{AT}, V, f)$，对于任意的$X \subseteq U$，$A \subseteq \mathrm{AT}$，有

$$\begin{aligned}\overline{\mathrm{APR}}_A^\alpha(X) &= \{u_i \in U : S_A^\alpha(u_i) \cap X \neq \varnothing\} \\ &= \cup\{S_A^\alpha(u_i) : u_i \in X\} \\ &\neq \cup\{S_A^\alpha(u_i) : S_A^\alpha(u_i) \cap X \neq \varnothing\}\end{aligned}$$

$$\begin{aligned}\underline{\mathrm{APR}}_A^\alpha(X) &= \{u_i \in U : S_A^\alpha(u_i) \subseteq X\} \\ &= \{u_i \in X : S_A^\alpha(u_i) \subseteq X\} \\ &\neq \cup\{S_A^\alpha(u_i) : S_A^\alpha(u_i) \subseteq X\}\end{aligned}$$

由性质 3.8 可知，在论域U的分类中，α-极大相容类的采用使同一类中的对象具有相同的属性特征，细分了α-相似类，提高了分类精度，从而使上下近似对任意集合X的刻画更加准确。为此，提出了由α-极大相容类定义的区间值信息系统的粗糙上下近似算子。

定义 3.7 设区间值信息系统$\zeta = (U, \mathrm{AT}, V, f)$，对于任意的$X \subseteq U$，$A \subseteq \mathrm{AT}$，定义集合$X$的粗糙上下近似算子为

$$\overline{\mathrm{apr}}_A^\alpha(X) = \{u_i \in U : M_A^\alpha(u_i) \cap X \neq \varnothing\} \tag{3.7}$$

$$\underline{\mathrm{apr}}_A^\alpha(X) = \{u_i \in U : M_A^\alpha(u_i) \subseteq X\} \tag{3.8}$$

在区间值信息系统中，考虑任意的$X \subseteq U$，则有如下结论。

(1) X 的正域(确定属于 X 的对象集合):

$$\mathrm{pos}_A^{\alpha}(X)=\underline{\mathrm{apr}}_A^{\alpha}(X) \tag{3.9}$$

(2) X 的负域(确定不属于 X 的对象集合):

$$\mathrm{bnr}_A^{\alpha}(X)=\overline{\mathrm{apr}}_A^{\alpha}(X)-\underline{\mathrm{apr}}_A^{\alpha}(X) \tag{3.10}$$

(3) X 的边界域(不能完全确定是否属于 X 的对象组成的集合):

$$\mathrm{neg}_A^{\alpha}(X)=U-\overline{\mathrm{apr}}_A^{\alpha}(X)=U-\mathrm{pos}_A^{\alpha}(X)\cup\mathrm{bnr}_A^{\alpha}(X) \tag{3.11}$$

定义 3.7 的重要性质介绍如下。

性质 3.9　设区间值信息系统 $\zeta=(U,AT,V,f)$，对任意的 $X\subseteq U$ ，$A\subseteq AT$，则

$$\begin{aligned}\overline{\mathrm{apr}}_A^{\alpha}(X)&=\{u_i\in U:M_A^{\alpha}(u_i)\cap X\neq\varnothing\}\\&=\bigcup\{M_A^{\alpha}(u_i):M_A^{\alpha}(u_i)\cap X\neq\varnothing\}\end{aligned}$$

$$\begin{aligned}\underline{\mathrm{apr}}_A^{\alpha}(X)&=\{u_i\in U:M_A^{\alpha}(u_i)\subseteq X\}\\&=\bigcup\{M_A^{\alpha}(u_i):M_A^{\alpha}(u_i)\subseteq X\}\end{aligned}$$

定义 3.7 给出了区间值信息系统中基于对象的粗糙上下近似算子的定义。由性质 3.9 可知，基于对象和粒定义的粗糙上下近似算子是等价的。

性质 3.10　设区间值信息系统 $\zeta=(U,\mathrm{AT},V,f)$，对于任意的 $X\subseteq Y\subseteq U$ ，$A\subseteq\mathrm{AT}$，$\alpha\in[0,1]$，则有

(1) $\underline{\mathrm{apr}}_A^{\alpha}(X)\subseteq X\subseteq\overline{\mathrm{apr}}_A^{\alpha}(X)$；

(2) $\underline{\mathrm{apr}}_A^{\alpha}(\varnothing)=\overline{\mathrm{apr}}_A^{\alpha}(\varnothing)=\varnothing$，$\underline{\mathrm{apr}}_A^{\alpha}(U)=\overline{\mathrm{apr}}_A^{\alpha}(U)=U$；

(3) $\overline{\mathrm{apr}}_A^{\alpha}(\overline{\mathrm{apr}}_A^{\alpha}(X))=\underline{\mathrm{apr}}_A^{\alpha}(\overline{\mathrm{apr}}_A^{\alpha}(X))=\overline{\mathrm{apr}}_A^{\alpha}(X)$，

$\underline{\mathrm{apr}}_A^{\alpha}(\underline{\mathrm{apr}}_A^{\alpha}(X))=\overline{\mathrm{apr}}_A^{\alpha}(\underline{\mathrm{apr}}_A^{\alpha}(X))=\underline{\mathrm{apr}}_A^{\alpha}(X)$；

(4) $\overline{\mathrm{apr}}_A^{\alpha}(X)=\sim\underline{\mathrm{apr}}_A^{\alpha}(\sim X)$，$\underline{\mathrm{apr}}_A^{\alpha}(X)=\sim\overline{\mathrm{apr}}_A^{\alpha}(\sim X)$；

(5) $\underline{\mathrm{apr}}_A^{\alpha}(X)\subseteq\underline{\mathrm{apr}}_A^{\alpha}(Y)$，$\overline{\mathrm{apr}}_A^{\alpha}(X)\subseteq\overline{\mathrm{apr}}_A^{\alpha}(Y)$；

(6) $\underline{\mathrm{apr}}_A^{\alpha}(X\cap Y)=\underline{\mathrm{apr}}_A^{\alpha}(X)\cap\underline{\mathrm{apr}}_A^{\alpha}(Y)$，

$\underline{\mathrm{apr}}_A^{\alpha}(X\cup Y)\supseteq\underline{\mathrm{apr}}_A^{\alpha}(X)\cup\underline{\mathrm{apr}}_A^{\alpha}(Y)$；

(7) $\overline{\mathrm{apr}}_A^{\alpha}(X\cup Y)=\overline{\mathrm{apr}}_A^{\alpha}(X)\cup\overline{\mathrm{apr}}_A^{\alpha}(Y)$，

$\overline{\mathrm{apr}}_A^{\alpha}(X\cap Y)\subseteq\overline{\mathrm{apr}}_A^{\alpha}(X)\cap\overline{\mathrm{apr}}_A^{\alpha}(Y)$。

性质 3.11　设区间值信息系统 $\zeta=(U,\mathrm{AT},V,f)$，对于任意的 $A\subseteq B\subseteq\mathrm{AT}$，$0\leqslant\alpha\leqslant\beta\leqslant1$，则

(1) $\overline{\mathrm{apr}}_A^{\beta}(X)\subseteq\overline{\mathrm{apr}}_A^{\alpha}(X)$，但不一定总有 $\underline{\mathrm{apr}}_A^{\alpha}(X)\subseteq\underline{\mathrm{apr}}_A^{\beta}(X)$ 成立；

(2) $\overline{\mathrm{apr}}_B^{\alpha}(X)\subseteq\overline{\mathrm{apr}}_A^{\alpha}(X)$，但不一定总有 $\underline{\mathrm{apr}}_A^{\alpha}(X)\subseteq\underline{\mathrm{apr}}_B^{\alpha}(X)$ 成立。

集合的不精确性是由边界域的存在引起的。集合的边界域越大，其精确性越低。为

了准确表达这一点，我们引入由 α -极大相容类定义的集合 X 的粗糙近似精度如下。

定义 3.8 设区间值信息系统 $\zeta=(U,\mathrm{AT},V,f)$，对于任意的 $X\subseteq U$ ， $A\subseteq \mathrm{AT}$ ， $\alpha\in[0,1]$ ，定义集合 X 的粗糙近似精度为

$$\mu_A^\alpha(X)=\frac{\left|\underline{\mathrm{apr}}_A^\alpha(X)\right|}{\left|\overline{\mathrm{apr}}_A^\alpha(X)\right|}=\frac{\left|\underline{\mathrm{apr}}_A^\alpha(X)\right|}{|U|-\left|\underline{\mathrm{apr}}_A^\alpha(\sim X)\right|} \tag{3.12}$$

其中，$|S|$表示集合 S 的基数。

定理 3.1 设区间值信息系统 $\zeta=(U,\mathrm{AT},V,f)$， $A\subseteq \mathrm{AT}$， $X\subseteq U$ ，则

$$\mu_A^{\alpha\prime}(X)=\frac{\left|\underline{\mathrm{APR}}_A^\alpha(X)\right|}{\left|\overline{\mathrm{APR}}_A^\alpha(X)\right|}\leqslant\frac{\left|\underline{\mathrm{apr}}_A^\alpha(X)\right|}{\left|\overline{\mathrm{apr}}_A^\alpha(X)\right|}=\mu_A^\alpha(X) \tag{3.13}$$

证明 (1) 首先，证明 $\underline{\mathrm{APR}}_A^\alpha(X)\subseteq\underline{\mathrm{apr}}_A^\alpha(X)$ 。由定义 3.6 和性质 3.8 可得

$$\begin{aligned}\underline{\mathrm{APR}}_A^\alpha(X)&=\left\{u_i\in U:S_A^\alpha(u_i)\subseteq X\right\}\\&=\left\{u_i\in X:S_A^\alpha(u_i)\subseteq X\right\}\\&=\left\{u_i\in X:\cup\left\{M\in\xi_A^\alpha(u_i)\right\}\subseteq X\right\}\end{aligned}$$

$$\begin{aligned}\underline{\mathrm{apr}}_A^\alpha(X)&=\bigcup\left\{M_A^\alpha(u_i):M_A^\alpha(u_i)\subseteq X\right\}\\&=\bigcup\left\{M\in\xi_A^\alpha(u_i):M\subseteq X\right\}\\&=\left\{u_i\in X:M\in\xi_A^\alpha(u_i)\subseteq X\right\}\end{aligned}$$

又由 $\left\{u_i\in X:\bigcup\left\{M\in\xi_A^\alpha(u_i)\right\}\subseteq X\right\}\subseteq\left\{u_i\in X:M\in\xi_A^\alpha(u_i)\subseteq X\right\}$ 可得

$$\underline{\mathrm{APR}}_A^\alpha(X)\subseteq\underline{\mathrm{apr}}_A^\alpha(X)$$

(2) 其次，证明 $\overline{\mathrm{APR}}_A^\alpha(X)=\overline{\mathrm{apr}}_A^\alpha(X)$ 。

$$\begin{aligned}\overline{\mathrm{APR}}_A^\alpha(X)&=\left\{u_i\in U:S_A^\alpha(u_i)\cap X\neq\varnothing\right\}\\&=\left\{u_i\in U:\cup\left\{M\in\xi_A^\alpha(u_i)\right\}\cap X\neq\varnothing\right\}\\&=\bigcup\left\{M\in\xi^\alpha(A):M\cap X\neq\varnothing\right\}\\&=\overline{\mathrm{apr}}_A^\alpha(X)\end{aligned}$$

综上有 $\underline{\mathrm{APR}}_A^\alpha(X)\subseteq\underline{\mathrm{apr}}_A^\alpha(X)$ ， $\overline{\mathrm{APR}}_A^\alpha(X)=\overline{\mathrm{apr}}_A^\alpha(X)$ 成立，故

$$\frac{\left|\underline{\mathrm{APR}}_A^\alpha(X)\right|}{\left|\overline{\mathrm{APR}}_A^\alpha(X)\right|}\leqslant\frac{\left|\underline{\mathrm{apr}}_A^\alpha(X)\right|}{\left|\overline{\mathrm{apr}}_A^\alpha(X)\right|}$$

定理 3.1 表明相对于定义 3.6，定义 3.7 给出的粗糙上下近似算子可以获得更高的粗糙近似精度。下面给出一个例子来说明定理 3.1。

例 3.2 如表 3.1 所示的区间值信息系统 $\zeta=(U,\mathrm{AT},V,f)$。令 $X=\{u_2,u_4,u_5,u_6,u_7\}$ ，

集合 X 的粗糙上下近似为

$$\overline{\mathrm{APR}}_{\mathrm{AT}}^{0.7}(X)=\left\{u_i\in U:S_{\mathrm{AT}}^{0.7}(u_i)\cap X\neq\varnothing\right\}$$
$$=\left\{u_1,u_2,u_4,u_5,u_6,u_7,u_8\right\}$$
$$\underline{\mathrm{APR}}_{\mathrm{AT}}^{0.7}(X)=\left\{u_i\in U:S_{\mathrm{AT}}^{0.7}(u_i)\subseteq X\right\}$$
$$=\left\{u_4,u_5,u_6\right\}$$
$$\overline{\mathrm{apr}}_{\mathrm{AT}}^{0.7}(X)=\left\{u_i:M_{\mathrm{AT}}^{0.7}(u_i)\cap X\neq\varnothing\right\}$$
$$=\left\{u_1,u_2,u_4,u_5,u_6,u_7,u_8\right\}$$
$$\underline{\mathrm{apr}}_{\mathrm{AT}}^{0.7}(X)=\left\{u_i:M_{A}^{\alpha}(u_i)\subseteq X\right\}$$
$$=\left\{u_2,u_4,u_5,u_6\right\}$$

则集合 X 的粗糙近似精度 $\mu_{\mathrm{AT}}^{0.7\prime}(X)$ 和 $\mu_{\mathrm{AT}}^{0.7}(X)$ 分别为

$$\mu_{\mathrm{AT}}^{0.7\prime}(X)=\frac{\left|\underline{\mathrm{APR}}_{\mathrm{AT}}^{0.7}(X)\right|}{\left|\overline{\mathrm{APR}}_{\mathrm{AT}}^{0.7}(X)\right|}=\frac{3}{7},\qquad \mu_{\mathrm{AT}}^{0.7}(X)=\frac{\left|\underline{\mathrm{apr}}_{\mathrm{AT}}^{0.7}(X)\right|}{\left|\overline{\mathrm{apr}}_{\mathrm{AT}}^{0.7}(X)\right|}=\frac{4}{7}$$

显然有 $\mu_{\mathrm{AT}}^{0.7\prime}(X)<\mu_{\mathrm{AT}}^{0.7}(X)$ 。

3.4　区间值信息系统的知识约简

基于相容关系的广义粗糙集模型研究中，Leung 等[107]提出了 α -区分集(α -Discernibility Set)，用于构造区间值信息系统的 α -区分函数(α -Discernibility Function)。文献[124]给出了一种基于极大相容块(Maximal Consistent Block，MCB)的不完备信息系统的知识获取模型。结合上述工作，本节给出两种区间值信息系统的知识约简定义，并在定理 3.2 和定理 3.3 中提出对应的知识约简方法。最后，在定理 3.4 中讨论两种知识约简之间的关系。

定义 3.9　设 $\zeta=(U,\mathrm{AT},V,f)$ 是区间值信息系统，$A\subseteq\mathrm{AT}$ 。若属性子集 A 满足：

(1) $\xi^{\alpha}(A)=\xi^{\alpha}(\mathrm{AT})$;

(2) 不存在任何 $B\subset A$ ，满足 $\xi^{\alpha}(B)=\xi^{\alpha}(\mathrm{AT})$ 。

则称属性子集 A 为区间值信息系统 ζ 的一个约简。ζ 中所有约简的集合记作 $\mathrm{red}^{\alpha}(\mathrm{AT})$ ；所有约简的交集称为核属性集，记作 $\mathrm{cor}^{\alpha}(\mathrm{AT})$ 。

实际上，定义 3.9 给出了判断任意属性子集 A 是否为区间值信息系统 ζ 约简的方法，由此可以进一步得到采用区分函数进行区间值信息系统知识约简的计算方法。

定理 3.2　设区间值信息系统 $\zeta=(U,\mathrm{AT},V,f)$ ，若 $A\subseteq\mathrm{AT}$ 是 ζ 的一个约简，当且仅当 $\wedge A$ 是区分函数

$$\psi^{\alpha}(\mathrm{AT})=\bigwedge_{(u_i,M_{\mathrm{AT}}^{\alpha}(u_j))\in U\times\left\{M_{\mathrm{AT}}^{\alpha}(u_j)\in\xi^{\alpha}(\mathrm{AT})-\xi_{\mathrm{AT}}^{\alpha}(u_i)\right\}}\alpha_{\mathrm{AT}}\left\{u_i,M_{\mathrm{AT}}^{\alpha}(u_j)\right\}\tag{3.14}$$

的一个素蕴涵。其中：

$$\alpha_{\mathrm{AT}}\left\{u_i,M_{\mathrm{AT}}^{\alpha}(u_j)\right\}=\bigwedge_{u_j\in M_{\mathrm{AT}}^{\alpha}(u_j)}\vee\alpha(u_i,u_j)$$

$$\alpha(u_i,u_j)=\left\{a_k\in\mathrm{AT}:\alpha_{ij}^k\leqslant\alpha\right\}。$$

证明　设

$$\mathbb{C}=\{A\subseteq\mathrm{AT}:\text{对}\forall u_i\in U,\text{有 }\forall M'\in\xi^{\alpha}(\mathrm{AT})-\xi_{\mathrm{AT}}^{\alpha}(u_i),\forall u_j\in M',A\cap\alpha(u_i,u_j)\neq\varnothing;$$

$$\forall M_{\mathrm{AT}}^{\alpha}(u_m),M_{\mathrm{AT}}^{\alpha}(u_n)\in\xi_{\mathrm{AT}}^{\alpha}(u_i),M_{\mathrm{AT}}^{\alpha}(u_m)\neq M_{\mathrm{AT}}^{\alpha}(u_n),$$

$$\forall(u_m,u_n)\in M_{\mathrm{AT}}^{\alpha}(u_m)\times M_{\mathrm{AT}}^{\alpha}(u_n),\ A\cap\alpha(u_m,u_n)\neq\varnothing,\alpha(u_m,u_n)\neq\varnothing\}$$

$$\mathbb{R}=\left\{A\subseteq\mathrm{AT}:\xi^{\alpha}(A)=\xi^{\alpha}(\mathrm{AT})\right\}$$

现证明“$\mathbb{C}\Rightarrow\mathbb{R}$”，利用反证法。若$M=M_A^{\alpha}(u_i)\in\xi^{\alpha}(A)$，对于任意的$u_j,u_m\in M$，属性集$A$中任何一个属性都不能区分对象$u_i$、$u_j$和$u_m$，故$A\cap\alpha(u_i,u_j)=\varnothing$，$A\cap\alpha(u_j,u_m)=\varnothing$。假设$M\notin\xi^{\alpha}(\mathrm{AT})$，存在$u_m$满足$u_m\in M'$，$M'\in\xi^{\alpha}(\mathrm{AT})-\xi_{\mathrm{AT}}^{\alpha}(u_i)$或者$u_m\in M''$，$M''\in\xi_{\mathrm{AT}}^{\alpha}(u_i)$，$M''\neq M$，则$A\cap\alpha(u_i,u_j)\neq\varnothing$或$A\cap\alpha(u_j,u_m)\neq\varnothing$，推出矛盾，故$\xi^{\alpha}(A)\subseteq\xi^{\alpha}(\mathrm{AT})$。又由性质 3.5 易得$\xi^{\alpha}(\mathrm{AT})\subseteq\xi^{\alpha}(A)$，故$\xi^{\alpha}(A)=\xi^{\alpha}(\mathrm{AT})$。

接着证明“$\mathbb{R}\Rightarrow\mathbb{C}$”。对于任意的$u_i\in U$，若$M=M_{\mathrm{AT}}^{\alpha}(u_i)\in\xi_{\mathrm{AT}}^{\alpha}(u_i)$，$u_i,u_j\in M$，$u_m\notin M$。则有$u_m\in M'$，$M'\in\xi^{\alpha}(\mathrm{AT})-\xi_{\mathrm{AT}}^{\alpha}(u_i)$或$u_m\in M''$，$M''\in\xi_{\mathrm{AT}}^{\alpha}(u_i)$，$M''\neq M$。两种情况下，分别有$\mathrm{AT}\cap\alpha(u_i,u_j)\neq\varnothing$，$\mathrm{AT}\cap\alpha(u_j,u_m)\neq\varnothing$。由于$\xi^{\alpha}(A)=\xi^{\alpha}(\mathrm{AT})$，即属性集$A$与属性集AT对任意对象$u_i\in U$有相同的区分能力，故$A\cap\alpha(u_i,u_j)\neq\varnothing$，$A\cap\alpha(u_j,u_m)\neq\varnothing$。

在实际应用中，常常需要将论域中某个对象与剩余对象区分开，不考虑剩余对象之间的差异。为此，引入区间值信息系统中关于对象u_i的知识约简定义。

定义 3.10　设$\zeta=(U,\mathrm{AT},V,f)$是区间值信息系统，$A\subseteq\mathrm{AT}$。若属性子集$A$满足：

(1) $\xi_A^{\alpha}(u_i)=\xi_{\mathrm{AT}}^{\alpha}(u_i)$；

(2) 不存在任何$B\subset A$，满足$\xi_B^{\alpha}(u_i)=\xi_{\mathrm{AT}}^{\alpha}(u_i)$。

则称属性子集A是区间值信息系统ζ中关于对象u_i的一个约简。关于对象u_i所有约简的集合，记作$\mathrm{red}_{\mathrm{AT}}^{\alpha}(u_i)$；所有约简的交集称为核属性集，记作$\mathrm{cor}_{\mathrm{AT}}^{\alpha}(u_i)$。

定理 3.3　设$\zeta=(U,\mathrm{AT},V,f)$是区间值信息系统，若$A\subseteq\mathrm{AT}$是$\zeta$中关于$u_i$的一个约简，当且仅当$\wedge A$是区分函数

$$\psi_{\mathrm{AT}}^{\alpha}(u_i)=\bigwedge_{M_{\mathrm{AT}}^{\alpha}(u_j)\in\xi^{\alpha}(\mathrm{AT})-\xi_{\mathrm{AT}}^{\alpha}(u_i)}\alpha_{\mathrm{AT}}\left\{u_i,M_{\mathrm{AT}}^{\alpha}(u_j)\right\}$$

$$\bigwedge_{\left\{M_{\mathrm{AT}}^{\alpha}(u_m),M_{\mathrm{AT}}^{\alpha}(u_n)\right\}\in\xi_{\mathrm{AT}}^{\alpha}(u_i)\times\xi_{\mathrm{AT}}^{\alpha}(u_i)}\alpha_{\mathrm{AT}}\left\{M_{\mathrm{AT}}^{\alpha}(u_m),M_{\mathrm{AT}}^{\alpha}(u_n)\right\}\tag{3.15}$$

的一个素蕴涵。其中：

$$\alpha_{\mathrm{AT}}\left\{u_i,M_{\mathrm{AT}}^{\alpha}(u_j)\right\}=\bigwedge_{u_j\in M_{\mathrm{AT}}^{\alpha}(u_j)}\vee\alpha(u_i,u_j)$$

$$\alpha(u_i,u_j)=\left\{a_k\in \mathrm{AT}:\alpha_{ij}^k\leqslant\alpha\right\}$$

$$\alpha_{\mathrm{AT}}\left\{M_{\mathrm{AT}}^{\alpha}(u_m),M_{\mathrm{AT}}^{\alpha}(u_n)\right\}=\bigwedge_{(u_m,u_n)\in\left\{M_{\mathrm{AT}}^{\alpha}(u_m)-\{u_i\}\right\}\times\left\{M_{\mathrm{AT}}^{\alpha}(u_n)-\{u_i\}\right\}}\vee\alpha(u_m,u_n)$$

$$\alpha(u_m,u_n)=\left\{a_k\in \mathrm{AT}:\alpha_{mn}^k\leqslant\alpha\right\}$$

证明　设

$$\begin{aligned}\mathbb{C}=\{&A\subseteq \mathrm{AT}:\forall M'\in\xi^{\alpha}(\mathrm{AT})-\xi_{\mathrm{AT}}^{\alpha}(u_i),\forall u_j\in M',A\cap\alpha(u_i,u_j)\neq\varnothing;\\&\forall M_{\mathrm{AT}}^{\alpha}(u_m),M_{\mathrm{AT}}^{\alpha}(u_n)\in\xi_{\mathrm{AT}}^{\alpha}(u_i),M_{\mathrm{AT}}^{\alpha}(u_m)\neq M_{\mathrm{AT}}^{\alpha}(u_n),\\&\forall(u_m,u_n)\in\left\{M_{\mathrm{AT}}^{\alpha}(u_m)-\{u_i\}\right\}\times\left\{M_{\mathrm{AT}}^{\alpha}(u_n)-\{u_i\}\right\},\\&A\cap\alpha(u_m,u_n)\neq\varnothing,\alpha(u_m,u_n)\neq\varnothing\}\end{aligned}$$

$$\mathbb{R}=\left\{A\subseteq \mathrm{AT}:\xi_A^{\alpha}(u_i)=\xi_{\mathrm{AT}}^{\alpha}(u_i)\right\}$$

现证明“$\mathbb{C}\Rightarrow\mathbb{R}$”，利用反证法。如果$M\in\xi_A^{\alpha}(u_i)$，$u_i,u_m,u_n\in M$，即属性集$A$中任何属性都不能区分对象$u_i$、$u_m$和$u_n$，即$A\cap\alpha(u_i,u_n)=\varnothing$，$A\cap\alpha(u_m,u_n)=\varnothing$。假设$M\notin\xi_{\mathrm{AT}}^{\alpha}(u_i)$，存在$u_n$满足$M-\{u_n\}\in\xi_{\mathrm{AT}}^{\alpha}(u_i)$。有如下两种情况：①若$u_n\in M'$，其中$M'\in\xi^{\alpha}(\mathrm{AT})-\xi_{\mathrm{AT}}^{\alpha}(u_i)$，则$A\cap\alpha(u_i,u_n)\neq\varnothing$，推出矛盾；②若$u_n\in M''$，$M''\in\xi_{\mathrm{AT}}^{\alpha}(u_i)$，则$A\cap\alpha(u_m,u_n)\neq\varnothing$，推出矛盾，故$\xi_A^{\alpha}(u_i)\subseteq\xi_{\mathrm{AT}}^{\alpha}(u_i)$。由性质 3.4 易得$\xi_{\mathrm{AT}}^{\alpha}(u_i)\subseteq\xi_A^{\alpha}(u_i)$，故$\xi_A^{\alpha}(u_i)=\xi_{\mathrm{AT}}^{\alpha}(u_i)$。

接着证明“$\mathbb{R}\Rightarrow\mathbb{C}$”。若$M\in\xi_{\mathrm{AT}}^{\alpha}(u_i)$，$u_i,u_m\in M$，$u_n\notin M$，则有$u_n\in M'$，$M'\in\xi^{\alpha}(\mathrm{AT})-\xi_{\mathrm{AT}}^{\alpha}(u_i)$或$u_n\in M''$，$M''\in\xi_{\mathrm{AT}}^{\alpha}(u_i)$，$M''\neq M$。两种情况下，分别有$\mathrm{AT}\cap\alpha(u_i,u_n)\neq\varnothing$，$\mathrm{AT}\cap\alpha(u_m,u_n)\neq\varnothing$。由于$\xi_{\mathrm{AT}}^{\alpha}(u_i)=\xi_A^{\alpha}(u_i)$，即属性集$A$与属性集AT对$u_i$有相同的区分能力，故$A\cap\alpha(u_i,u_n)\neq\varnothing$，$A\cap\alpha(u_m,u_n)\neq\varnothing$。

定理 3.4　设区间值信息系统$\zeta=(U,\mathrm{AT},V,f)$，有

$$\psi^{\alpha}(\mathrm{AT})=\bigwedge_{u_i\in U}\psi_{\mathrm{AT}}^{\alpha}(u_i)\tag{3.16}$$

证明　由定理 3.2 定理 3.3 易证。

定理 3.2 和定理 3.3 给出了区间值信息系统知识约简的计算方法，下面给出一个数值计算的例子。

例 3.3　表 3.1 所示区间值信息系统$\zeta=(U,\mathrm{AT},V,f)$的知识约简$\psi^{0.7}(\mathrm{AT})$为

$$\begin{aligned}\psi^{0.7}(\mathrm{AT})&=a_1\wedge a_4\wedge(a_2\vee a_5)\\&=(a_1\wedge a_2\wedge a_4)\vee(a_1\wedge a_4\wedge a_5)\end{aligned}$$

$$\mathrm{red}^{0.7}(\mathrm{AT})=\left\{\{a_1,a_2,a_4\},\{a_1,a_4,a_5\}\right\}$$

$$\mathrm{cor}^{0.7}(\mathrm{AT})=\{a_1,a_2,a_4\}\cap\{a_1,a_4,a_5\}=\{a_1,a_4\}$$

论域U中任意对象u_i的约简为

$$\psi_{\mathrm{AT}}^{0.7}(u_1)=a_1\wedge(a_2\vee a_5)=(a_1\wedge a_2)\vee(a_1\wedge a_5),\quad \mathrm{red}_{\mathrm{AT}}^{0.7}(u_1)=\left\{\{a_1,a_2\},\{a_1,a_5\}\right\}$$

$$\psi_{\mathrm{AT}}^{0.7}(u_2)=a_1\wedge a_4,\quad \mathrm{red}_{\mathrm{AT}}^{0.7}(u_2)=\{\{a_1,a_4\}\}$$

$$\psi_{\mathrm{AT}}^{0.7}(u_3)=a_2\vee a_5,\quad \mathrm{red}_{\mathrm{AT}}^{0.7}(u_3)=\{\{a_2\},\{a_5\}\}$$

$$\begin{aligned}\psi_{\mathrm{AT}}^{0.7}(u_4)&=(a_1\vee a_2)\wedge(a_3\vee a_4\vee a_5)\\&=(a_1\wedge a_3)\vee(a_1\wedge a_4)\vee(a_1\wedge a_5)\wedge(a_2\wedge a_3)\vee(a_2\wedge a_4)\vee(a_2\wedge a_5)\end{aligned}$$

$$\mathrm{red}_{\mathrm{AT}}^{0.7}(u_4)=\{\{a_1,a_3\},\{a_1,a_4\},\{a_1,a_5\},\{a_2,a_3\},\{a_2,a_4\},\{a_2,a_5\}\}$$

$$\psi_{\mathrm{AT}}^{0.7}(u_5)=a_1\wedge a_4,\quad \mathrm{red}_{\mathrm{AT}}^{0.7}(u_5)=\{\{a_1,a_4\}\}$$

$$\psi_{\mathrm{AT}}^{0.7}(u_6)=a_1,\quad \mathrm{red}_{\mathrm{AT}}^{0.7}(u_6)=\{\{a_1\}\}$$

$$\psi_{\mathrm{AT}}^{0.7}(u_7)=a_1\wedge(a_2\vee a_5)=(a_1\wedge a_2)\vee(a_1\wedge a_5),\quad \mathrm{red}_{\mathrm{AT}}^{0.7}(u_7)=\{\{a_1,a_2\},\{a_1,a_5\}\}$$

$$\psi_{\mathrm{AT}}^{0.7}(u_8)=a_1\wedge a_4,\quad \mathrm{red}_{\mathrm{AT}}^{0.7}(u_8)=\{\{a_1,a_4\}\}$$

$$\psi_{\mathrm{AT}}^{0.7}(u_9)=a_4,\quad \mathrm{red}_{\mathrm{AT}}^{0.7}(u_9)=\{\{a_4\}\}$$

$$\psi_{\mathrm{AT}}^{0.7}(u_{10})=a_1\vee a_2,\quad \mathrm{red}_{\mathrm{AT}}^{0.7}(u_{10})=\{\{a_1\},\{a_2\}\}$$

3.5 区间值决策系统的知识约简

作为区间值信息系统知识约简的特例，本节将重点讨论区间值决策系统的知识约简。首先给出区间值决策系统中粗糙近似的定义。

定义 3.11 设区间值决策系统 $\zeta=(U,\mathrm{AT}\cup D,V,f)$，对于任意的 $D_i\subseteq\mathrm{IND}(d)$，$A\subseteq\mathrm{AT}$，则有

$$\begin{aligned}\overline{\mathrm{apr}}_A^{\alpha}(D_i)&=\{u_i\in U:M_A^{\alpha}(u_i)\cap D_i\neq\varnothing\}\\&=\bigcup\{M_A^{\alpha}(u_i):M_A^{\alpha}(u_i)\cap D_i\neq\varnothing\}\end{aligned}\tag{3.17}$$

$$\begin{aligned}\underline{\mathrm{apr}}_A^{\alpha}(D_i)&=\{u_i\in U:M_A^{\alpha}(u_i)\subseteq D_i\}\\&=\bigcup\{M_A^{\alpha}(u_i):M_A^{\alpha}(u_i)\subseteq D_i\}\end{aligned}\tag{3.18}$$

决策的正域、边界域分别记作

$$\mathrm{pos}_A^{\alpha}(D_i)=\underline{\mathrm{apr}}_A^{\alpha}(D_i)\tag{3.19}$$

$$\mathrm{bnr}_A^{\alpha}(D_i)=\overline{\mathrm{apr}}_A^{\alpha}(D_i)-\underline{\mathrm{apr}}_A^{\alpha}(D_i)\tag{3.20}$$

决策系统中不存在决策的负域。

为了解决不完备决策系统中决策规则的非协调性，Kryszkiewic 提出了广义决策函数。由于区间值的不确定性以及对 α 阈值不恰当的选取也造成了大量的非协调性规则，为此，定义区间值决策系统中的 α-广义决策函数如下。

定义 3.12 区间值决策系统 $\zeta=(U,\mathrm{AT}\cup D,V,f)$，其中，$\mathrm{AT}=\{a_1,a_2,\cdots,a_m\}$ 为条件属性集，$D=\{d\}$ 为决策属性集。对于任意的 $A\subseteq\mathrm{AT}$，称

$$\partial_A^\alpha(u_i)=\left\{f_d(u_j):u_j\in S_A^\alpha(u_i)\right\} \tag{3.21}$$

为区间值决策系统ζ的α-广义决策函数，且

$$\partial^\alpha(A)=\left\{\partial_A^\alpha(u_1),\partial_A^\alpha(u_2),\cdots,\partial_A^\alpha(u_n)\right\} \tag{3.22}$$

类似地，由α-极大相容类定义的α-广义决策函数$\tau_A^\alpha(u_i)$为

$$\tau_A^\alpha(u_i)=\left\{f_d(u_j):u_j\in M_A^\alpha(u_i)\right\} \tag{3.23}$$

性质 3.12 设区间值决策系统$\zeta=(U,\mathrm{AT}\cup D,V,f)$，对于任意的$A\subseteq B\subseteq \mathrm{AT}$，$0\leqslant\alpha\leqslant\beta\leqslant 1$，则有

(1) $\partial_A^\beta(u_i)\subseteq\partial_A^\alpha(u_i)$，$\tau_A^\beta(u_i)\subseteq\tau_A^\alpha(u_i)$；

(2) $\partial_B^\alpha(u_i)\subseteq\partial_A^\alpha(u_i)$，$\tau_B^\alpha(u_i)\subseteq\tau_A^\alpha(u_i)$。

定义 3.13 设区间值决策系统$\zeta=(U,\mathrm{AT}\cup D,V,f)$。对于$A\subseteq \mathrm{AT}$。若属性子集$A$满足：

(1) $\partial_A^\alpha(u_i)=\partial_{\mathrm{AT}}^\alpha(u_i)$；

(2) 不存在任何$B\subset A$，满足$\partial_B^\alpha(u_i)=\partial_{\mathrm{AT}}^\alpha(u_i)$；

则称属性子集A为区间值决策系统ζ中关于对象u_i的一个约简。关于对象u_i所有约简的集合，记作$\mathrm{red}_{\mathrm{AT}\cup D}^\alpha(u_i)$；所有约简的交集称为核属性集，记作$\mathrm{cor}_{\mathrm{AT}\cup D}^\alpha(u_i)$。

定理 3.5 设$\zeta=(U,\mathrm{AT}\cup D,V,f)$是区间值决策系统，若$A\subseteq \mathrm{AT}$是$\zeta$中关于$u_i$的一个约简，当且仅当$\wedge A$是区分函数

$$\varphi_{\mathrm{AT}}^\alpha(u_i)=\bigwedge_{M_{\mathrm{AT}}^\alpha(u_j)\in\xi^\alpha(\mathrm{AT})-\xi_{\mathrm{AT}}^\alpha(u_i)\left(\tau_{\mathrm{AT}}^\alpha(u_j)\subsetneq\partial_{\mathrm{AT}}^\alpha(u_i)\right)}\alpha_{\mathrm{AT}}\left\{u_i,M_{\mathrm{AT}}^\alpha(u_j)\right\} \tag{3.24}$$

的一个素蕴涵。其中：

$$\alpha_{\mathrm{AT}}\left\{u_i,M_{\mathrm{AT}}^\alpha(u_j)\right\}=\bigwedge_{u_j\in M_{\mathrm{AT}}^\alpha(u_j)\left(d(u_j)\notin\partial_{\mathrm{AT}}^\alpha(u_i)\right)}\vee\alpha(u_i,u_j)$$

$$\alpha(u_i,u_j)=\left\{a_k\in \mathrm{AT}:\alpha_{ij}^k\leqslant\alpha\right\}$$

证明 设

$$\mathbb{C}=\left\{A\subseteq \mathrm{AT}:\forall M'\in\xi^\alpha(\mathrm{AT})-\xi_{\mathrm{AT}}^\alpha(u_i),\ \forall u_j\in M',A\cap\alpha(u_i,u_j)\neq\varnothing;\right.$$

$$\left.d(u_j)\notin\partial_{\mathrm{AT}}^\alpha(u_i),\tau_{\mathrm{AT}}^\alpha(u_j)\subsetneq\partial_{\mathrm{AT}}^\alpha(u_i)\right\}$$

$$\mathbb{R}=\left\{A\subseteq \mathrm{AT}:\partial_A^\alpha(u_i)=\partial_{\mathrm{AT}}^\alpha(u_i)\right\}$$

现证明“$\mathbb{C}\Rightarrow\mathbb{R}$”，利用反证法。若$v\in\partial_A^\alpha(u_i)$，则存在$u_j\in M$，$M\in\xi_A^\alpha(u_i)$满足$d(u_j)=v\in\partial_A^\alpha(u_i)$，此时$A\cap\alpha(u_i,u_j)=\varnothing$。假设$v\notin\partial_{\mathrm{AT}}^\alpha(u_i)$，则$u_j\in M'$，$M'\in\xi^\alpha(\mathrm{AT})-\xi_{\mathrm{AT}}^\alpha(u_i)$，且$\tau_{\mathrm{AT}}^\alpha(u_j)\subsetneq\partial_{\mathrm{AT}}^\alpha(u_i)$。由$\mathbb{C}$的定义，有$A\cap\alpha(u_i,u_j)\neq\varnothing$，推出矛盾，则$\partial_A^\alpha(u_i)\subseteq\partial_{\mathrm{AT}}^\alpha(u_i)$。由性质 3.11 易得$\partial_{\mathrm{AT}}^\alpha(u_i)\subseteq\partial_A^\alpha(u_i)$，故$\partial_A^\alpha(u_i)=\partial_{\mathrm{AT}}^\alpha(u_i)$。

接着证明“$\mathbb{R}\Rightarrow\mathbb{C}$”。设$v=d(u_j)\notin\partial_{\mathrm{AT}}^\alpha(u_i)$，那么存在$u_j\in M'$，$M'\in\xi^\alpha(\mathrm{AT})-\xi_{\mathrm{AT}}^\alpha(u_i)$。此时$\tau_{\mathrm{AT}}^\alpha(u_j)\subsetneq\partial_{\mathrm{AT}}^\alpha(u_i)$。由$\partial_A^\alpha(u_i)=\partial_{\mathrm{AT}}^\alpha(u_i)$，得$v=d(u_j)\notin\partial_A^\alpha(u_i)$，表明属性集$A$中存在属

性可以区分对象 u_i 和 u_j，即 $A \cap \alpha(u_i,u_j) \neq \varnothing$。

由定义 3.12 和定理 3.5 易得区间值决策系统 ζ 约简的定义和计算方法如下。

定义 3.14 设 $\zeta = (U, \mathrm{AT} \cup D, V, f)$ 是区间值决策系统，$A \subseteq \mathrm{AT}$，若属性子集 A 满足:

(1) $\partial^{\alpha}(A) = \partial^{\alpha}(\mathrm{AT})$；

(2) 不存在任何 $B \subset A$，满足 $\partial^{\alpha}(B) = \partial^{\alpha}(\mathrm{AT})$；

则称属性子集 A 为区间值决策系统 ζ 的一个约简。ζ 中所有约简的集合，记作 $\mathrm{red}^{\alpha}(\mathrm{AT} \cup D)$；所有约简的交集称为核属性集，记作 $\mathrm{cor}^{\alpha}(\mathrm{AT} \cup D)$。

定理 3.6 设 $\zeta = (U, \mathrm{AT} \cup D, V, f)$ 是区间值决策系统，若 $A \subseteq \mathrm{AT}$ 是 ζ 的一个约简，当且仅当 $\wedge A$ 是区分函数

$$\varphi^{\alpha}(\mathrm{AT}) = \bigwedge_{(u_i, M_{\mathrm{AT}}^{\alpha}(u_j)) \in U \times \{M_{\mathrm{AT}}^{\alpha}(u_j) \in \xi^{\alpha}(\mathrm{AT}) - \xi_{\mathrm{AT}}^{\alpha}(u_i)\} (\tau_A^{\alpha}(u_j) \subsetneq \partial_A^{\alpha}(u_i))} \alpha_{\mathrm{AT}}\{u_i, M_{\mathrm{AT}}^{\alpha}(u_j)\} \tag{3.25}$$

的一个素蕴涵。其中:

$$\alpha_{\mathrm{AT}}\{u_i, M_{\mathrm{AT}}^{\alpha}(u_j)\} = \bigwedge_{u_j \in M_{\mathrm{AT}}^{\alpha}(u_j) (d(u_j) \notin \partial_{\mathrm{AT}}(u_i))} \vee \alpha(u_i, u_j)$$

$$\alpha(u_i, u_j) = \{a_k \in \mathrm{AT} : \alpha_{ij}^{k} \leqslant \alpha\}$$

证明略。

定理 3.7 设区间值决策系统 $\zeta = (U, \mathrm{AT} \cup D, V, f)$，则有

$$\varphi^{\alpha}(\mathrm{AT}) = \bigwedge_{u_i \in U} \varphi_{\mathrm{AT}}^{\alpha}(u_i) \tag{3.26}$$

证明 由定理 3.5 和定理 3.6 易证。

例 3.4 表 3.1 中所示的区间值决策系统 $\zeta = (U, \mathrm{AT} \cup D, V, f)$ 的知识约简 $\varphi^{0.7}(\mathrm{AT})$ 为

$$\varphi^{0.7}(\mathrm{AT}) = a_1 \wedge a_4 \wedge (a_2 \vee a_5) = (a_1 \wedge a_2 \wedge a_4) \vee (a_1 \wedge a_4 \wedge a_5)$$

$$\mathrm{red}^{0.7}(\mathrm{AT} \cup D) = \{\{a_1, a_2, a_4\}, \{a_1, a_4, a_5\}\}$$

$$\mathrm{cor}^{0.7}(\mathrm{AT} \cup D) = \{a_1, a_2, a_4\} \cap \{a_1, a_4, a_5\} = \{a_1, a_4\}$$

ζ 中关于任意对象 u_i 的约简分别为

$$\varphi_{\mathrm{AT}}^{0.7}(u_1) = a_1 \wedge (a_2 \vee a_5) = (a_1 \wedge a_2) \vee (a_1 \wedge a_5)$$

$$\mathrm{red}_{\mathrm{AT} \cup D}^{0.7}(u_1) = \{\{a_1, a_2\}, \{a_1, a_5\}\}$$

$$\varphi_{\mathrm{AT}}^{0.7}(u_2) = a_4, \quad \mathrm{red}_{\mathrm{AT} \cup D}^{0.7}(u_2) = \{\{a_4\}\}$$

$$\varphi_{\mathrm{AT}}^{0.7}(u_3) = a_2 \vee a_5, \quad \mathrm{red}_{\mathrm{AT} \cup D}^{0.7}(u_3) = \{\{a_2\}, \{a_5\}\}$$

$$\varphi_{\mathrm{AT}}^{0.7}(u_4) = a_3 \vee a_4 \vee a_5, \quad \mathrm{red}_{\mathrm{AT} \cup D}^{0.7}(u_4) = \{\{a_3\}, \{a_4\}, \{a_5\}\}$$

$$\varphi_{\mathrm{AT}}^{0.7}(u_5) = a_1 \wedge a_4, \quad \mathrm{red}_{\mathrm{AT} \cup D}^{0.7}(u_5) = \{\{a_1, a_4\}\}$$

$$\varphi_{\mathrm{AT}}^{0.7}(u_6) = a_1, \quad \mathrm{red}_{\mathrm{AT} \cup D}^{0.7}(u_6) = \{\{a_1\}\}$$

$$\varphi_{\mathrm{AT}}^{0.7}(u_7) = a_1 \wedge (a_2 \vee a_5) = (a_1 \wedge a_2) \vee (a_1 \wedge a_5)$$

$$\mathrm{red}_{\mathrm{AT}\cup D}^{0.7}(u_7)=\{\{a_1,a_2\},\{a_1,a_5\}\}$$

$$\varphi_{\mathrm{AT}}^{0.7}(u_8)=a_4,\quad \mathrm{red}_{\mathrm{AT}\cup D}^{0.7}(u_8)=\{\{a_4\}\}$$

$$\varphi_{\mathrm{AT}}^{0.7}(u_9)=a_4,\quad \mathrm{red}_{\mathrm{AT}\cup D}^{0.7}(u_9)=\{\{a_4\}\}$$

$$\varphi_{\mathrm{AT}}^{0.7}(u_{10})=a_1\vee a_2,\quad \mathrm{red}_{\mathrm{AT}\cup D}^{0.7}(u_{10})=\{\{a_1\},\{a_2\}\}$$

定理 3.2 与定理 3.6 分别提供了区间值信息(决策)系统的属性降维方法，可以有效地去除区间值信息(决策)系统中的冗余属性，便于获得更加简洁的区间值信息(决策)系统的表示，进而产生精炼的决策规则。例 3.3 中，通过属性约简，信息系统 $\zeta=(U,\mathrm{AT},V,f)$ 的原属性集合 $\{a_1,a_2,a_3,a_4,a_5\}$ 被约简为 $\{a_1,a_2,a_4\}$ 或 $\{a_1,a_4,a_5\}$；在不影响 α-广义决策分类特征的情况下，例 3.4 中决策系统 $\zeta=(U,\mathrm{AT}\cup D,V,f)$ 的原属性集合 $\{a_1,a_2,a_3,a_4,a_5\}$ 被约简为 $\{a_1,a_2,a_4\}$ 或 $\{a_1,a_4,a_5\}$。类似于 Pawlak 信息系统中绝对约简(信息表约简)与相对约简(决策表约简)间的关系，区间值信息系统中相对约简的约简强度是强于绝对约简的。即对于区间值信息系统中任意一个相对约简的集合 A，总能找到一个绝对约简 B 且满足 $A\subseteq B$。另外，在很多实际应用中，仅对对象集合中的某个对象分类感兴趣。本章通过定理 3.3 和定理 3.5 给出了对象的区间值信息(决策)系统的属性约简。例如，例 3.3 中，$\zeta=(U,\mathrm{AT},V,f)$ 中的对象 u_1 可以通过属性集 $\{a_1,a_2\}$ 或 $\{a_1,a_5\}$ 有效地区分开；例 3.4 中，对于 $\zeta=(U,\mathrm{AT}\cup D,V,f)$ 中的对象 u_2，通过属性 a_4 便可将其与对象集 U 的其他元素有效区分开。另外，在属性约简目标上，本章给出了一种保持区间值决策系统的 α-广义决策函数不变的属性约简方法。根据不同的实际应用需求，可以提出相应的广义决策函数，并在此基础上给出属性约简算法。例如，采用 α-极大相容类来定义广义决策函数，由第 2 章的内容，易得其约简强度高于本章提出的属性约简。

3.6　小　　结

从理论的角度来看，对区间值信息系统的研究，相容关系是等价关系的拓展；从应用的角度来看，区间值信息系统是单值信息系统的拓展。本章首先引入了区间值相似率的概念，采用 α-极大相容类对论域 U 进行分类，得到了论域中唯一确定的完全覆盖，并使具有相同属性特征的对象分在同一类中。然后定义了区间值信息系统的粗糙上下近似算子，并证明其较现有方法提高了粗糙近似精度。最后给出了区间值信息系统的知识约简定义和方法，实例分析表明该方法的有效性，为区间值信息系统的知识发现提供了一条思路。

第 4 章　大数据下 Pawlak 粗糙集模型知识约简

经典的知识约简算法假设所有数据一次性装入内存中，这显然不适合处理海量数据。为此，本章讨论知识约简算法中的 3 种数据并行策略，从属性(集)的可辨识性和不可辨识性出发，给出可辨识和不可辨识对象对计算算法，利用 MapReduce 技术实现等价类计算算法的并行化，提出面向大规模数据的大数据下两类基于差别矩阵的知识约简算法，从而构建大数据环境下知识约简算法框架模型。实验结果表明，大数据下 Pawlak 粗糙集模型知识约简算法是有效可行的，具有较好的可扩展性。

4.1　引　　言

随着数据库技术的迅速发展以及信息系统的广泛应用，各行各业已经积累了海量数据。大量数据背后隐藏着许多重要的信息，人们希望能够对其进行更高层次的分析，以便更好地利用这些数据，但是传统的集中式数据挖掘算法已经无法处理海量数据[1,2]。近几年，Google 公司提出了分布式文件系统[34]和并行编程模式 MapReduce[35]，这为海量数据挖掘提供了基础设施，同时给数据挖掘研究提出了新的挑战。众所周知，粗糙集理论中的知识约简[6,7]是数据挖掘中知识获取的关键步骤，而目前已提出的知识约简算法，如基于正区域的知识约简算法[4,41-43]、基于信息熵的知识约简算法[39,44,50,52]、基于差别矩阵的知识约简算法[38,45-49]等，无法将海量数据集装入单机内存中。因此，许多学者开始探讨面向海量数据的知识约简技术，主要分为以下几类。

(1) 抽样技术。随着海量数据集的出现，各种数据挖掘算法的计算效率不断遇到挑战。为了提高知识约简算法的计算效率，通常采用抽样技术，通过抽取小规模典型数据样本，应用知识约简算法计算一个约简[125]。然而，使用抽样技术的关键是必须要有一个好的抽样方案，既能提高效率又能保证结果的正确性。因此，样本量的大小直接决定了运算时间和模型的正确性。如果抽取出的样本不能满足所有假设空间，那么得到的结果只能是近似的。

(2) 并行知识约简。并行知识约简[24-32]可能是解决海量数据挖掘的一种途径。然而，传统的并行知识约简[24-29]利用任务并行来计算所有约简或最小约简，把计算不同的约简看成不同的任务，将每个任务分发到客户机上(任务并行)，然后每个客户机将整个数据集装入内存中计算约简，最后得到所有约简或最小约简。对于海量数据集，必须使用数据并行策略。文献[30]和文献[31]提出了并行约简的概念，将大规模数据随机划分为若干个子决策表，然后分别对各个子决策表计算正区域的个数，选择一个最优候选属性，重复此过程，直到获取一个约简。文献[32]将数据集中的子决策表作为小粒度，分别计算小粒度上的约简，然后融合各个约简，从而获得一个约简。对于不一致决策表，由于这两种方法在各个子决策表上计算正区域或约简时并不交换信息，故只能得到一个近似约简。文献[89]仅利用 MapReduce 技术进行大规模数据分解，然后对分解后的小数据集进行知识约简，没有充分利用 MapReduce 技术实现知识约简算法中操作的并行性。因此，有必要进一步深入探讨如何利用 MapReduce 技术来实现并行知识约简算法，构建一种大数据下知识约简算法框架模型。

4.2　大数据下知识约简算法中数据和任务并行性

由于无法一次性将海量数据集装入内存中，因此需要对整个数据集进行数据分解。大数据下的 MapReduce 技术能够实现数据并行，故利用它直接进行数据切分，将分解后的每个子决策表称为数据分片。

定义 4.1　在决策表 S 中，若 $S=\cup_{i=1}^{n}\mathrm{DS}_i$， $\mathrm{DS}_i\cap\mathrm{DS}_j=\varnothing\,(i,\ j=1,\cdots,n;\ i\neq j)$，则子决策表 DS_i 称为 S 的数据分片。

定理 4.1　在决策表 S 中，$A\subseteq C$，$U/A=\{A_1,A_2,\cdots,A_r\}$，$\mathrm{DS}_i$ 为 S 的数据分片 $(i=1,\cdots,n)$，$S=\cup_{i=1}^{n}\mathrm{DS}_i$，$\mathrm{DS}_i/A=\{A_{i1},A_{i2},\cdots,A_{ir}\}$，则 $A_k=\cup_{i=1}^{n}A_{ik}\,(k=1,\cdots,r)$。

证明　由 A 导出的 U、DS_i 上划分分别记为 $U/A=\{A_1,A_2,\cdots,A_r\}$，$\mathrm{DS}_i/A=\{A_{i1},A_{i2},\cdots,A_{ir}\}$。假设属性集 A 在某个对象上条件属性组合的映射值为 k，则所有在条件属性集上映射值为 k 的对象形成一个等价类，即在 S 上条件属性集的映射值为 k 的对象数应该等于在各个数据分片上条件属性集的映射值为 k 的对象数之和。由于 $S=\cup_{i=1}^{n}\mathrm{DS}_i$，则有 $A_k=\cup_{i=1}^{n}A_{ik}$。

定理 4.1 表明在一个大规模数据集上计算候选属性集的等价类与在若干个数据分片上分别计算并汇总得到的等价类是等价的。由定理 4.1 可以实现数据并行策略，如图 4.1 所示。

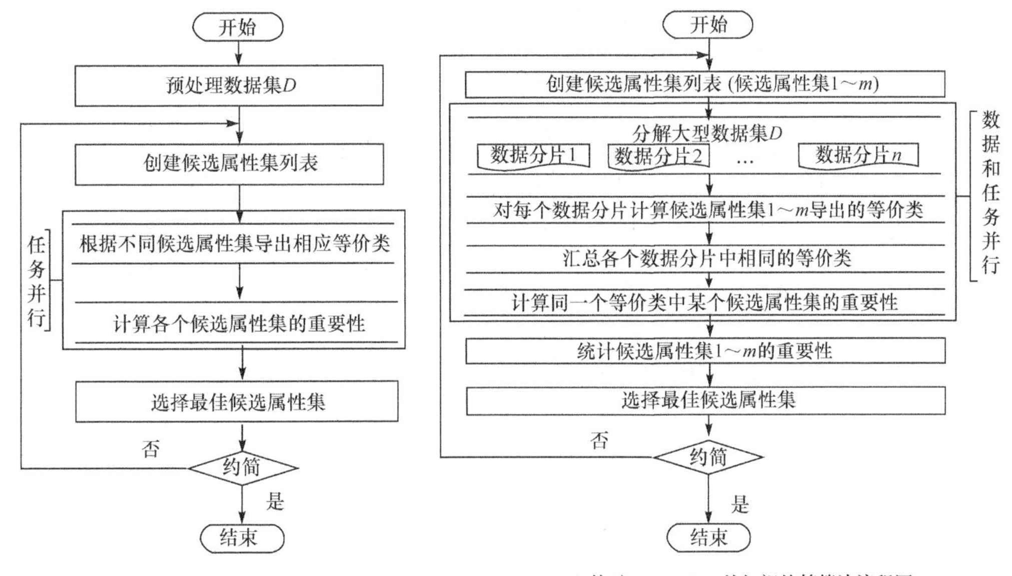

(a) 传统的并行知识约简算法流程图　　(b) 基于MapReduce的知识约简算法流程图

图 4.1　大数据下知识约简算法中数据和任务并行性

传统的知识约简算法是先将所有数据集一次性装入内存中，把条件属性值相同的若干个对象划分为一个等价类，然后根据属性测度公式来计算各个候选属性集的重要性，从而确定最佳候选属性集，重复上述过程，直到获得一个约简。然而，这些算法只能将小规模数据集装入内存中，无法处理海量数据。在一个 MapReduce 编程框架中，用户着重研究算法中的可并行化操作，编写 Map 函数和 Reduce 函数来实现大规模数据的并行处理。在大数据下的知识约简算法中，主要利用 MapReduce 技术将大规模数据分解成若干个数据分片，然后编写 Map 函数来完成不同数据分片中的等价类计算，Reduce 函数用来计算同一个等价类中正区域(边界域)对象的个数、信息熵或不可辨识的对象对个数。图 4.1 显示了大数据下知识约简算法中数据和任务并行性。

下面更加深入地讨论知识约简算法中的并行操作策略(图 4.2)。图 4.2(a)先在每个任务中将大规模数据划分为多个数据分片，并行计算某个候选属性集导出的等价类，然后根据各个任务中计算得到的正区域(边界域)对象的个数、信息熵或不可辨识的对象对个数来确定最佳候选属性。图 4.2(b)先将大规模数据划分为多个数据分片，然后对每个数据分片并行计算多个不同的候选属性集导出的等价类(任务并行)，统计各个任务中正区域(边界域)对象的个数、信息熵或不可辨识的对象对个数来确定最佳候选属性。图 4.2(c)是当知识约简算法面对高维数据集时，任务并行方式将产生存储正区域(边界域)对象的个数、信息熵或不可辨识的对象对个数的大数据，这时可以在图 4.2(b)的基础上再次以数据并行方式统计候选属性集的正区域(边界域)对象的个数、信息熵或不可辨识的对象对个数，最终确定最佳候选属性。

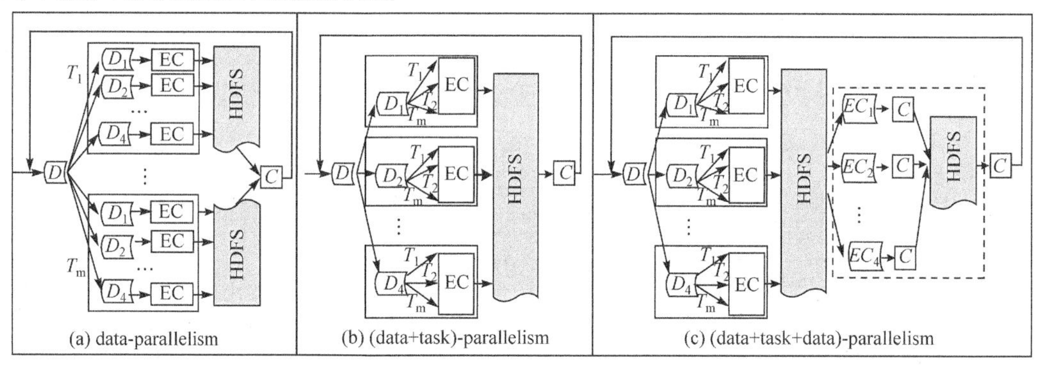

图 4.2　知识约简算法中并行策略

4.3　大数据下知识约简算法中若干关键子算法

4.3.1　大数据下等价类计算算法

正如前所述，等价类计算是知识约简算法中的关键过程，计数排序算法已经无法高效地对海量数据进行排序，故无法快速计算不同等价类。然而，大数据 MapReduce 技术已经实现了数据的并行计算，用户不必关注 MapReduce 如何进行数据分割、负载均衡、容错处理等细节，只需要将实际应用问题分解成若干个可并行操作的子问题，设计好<key,

value>与相应的 Map 和 Reduce 两个函数，就能将自己的应用程序运行在分布式系统上。众所周知，一个候选属性集具有多个不同属性组合值，由此可导出许多不同的等价类，而不同的等价类计算是相互独立的，故可以利用 MapReduce 来并行计算具体的等价类。

算法 4.1　大数据下等价类计算算法

Map (Object key, Text value)
输入：候选属性集 A，数据分片 DS_i。
输出：< A_EquivalenceClass，NewValue >。
//A_EquivalenceClass 为属性集 A 导出的等价类，NewValue 为对象 x 标识 ID

1. NewValue= $\varnothing$ ；　A_EquivalenceClass = $\varnothing$ ；
2. for $x \in \mathrm{DS}_i$ do
3. 　　NewValue = the ID of x;
4. for $a \in A$ do
5. 　A_EquivalenceClass = A_EquivalenceClass + $I_a(x)$ + “ ”;
6. EmitIntermediate　< A_EquivalenceClass，NewValue >;

Reduce(Text A_EquivalenceClass, Iterable<int> ValueList)
输入：等价类 A_EquivalenceClass 及对应的 ID 列表 ValueList。
输出：<A_EquivalenceClass，NewValueSet>。
//A_EquivalenceClass 是由属性集 A 导出的等价类，NewValueSet 是该等价类中所有对象标识 ID

1. for each ID in ValueList do
2. {　NewValueSet = NewValueSet $\cup$ ID；　}
3. Emit <A_EquivalenceClass, NewValueSet>

通过算法 4.1 可以获得大数据下不同候选属性集导出的具体等价类划分。文献[126]利用 MapReduce 技术导出条件属性集和决策属性集的具体等价类，从而计算上下近似。但是，在知识约简算法中，只需要计算同一等价类中正区域(边界域)的对象个数、信息熵、可辨识的对象对个数或不可辨识的对象对个数。因此，在计算候选属性集导出的等价类时需要考虑决策属性带来的信息。

4.3.2　大数据下简化决策表获取算法

众所周知，在 Pawlak 粗糙集模型中，一个适用于一致决策表的约简定义可能不适合不一致决策表。为此，有必要对海量数据集进行预处理，从而获得简化的一致决策表。对于一个等价类中的所有对象，若它们的决策属性值都相同，则这些对象都属于正区域。下面具体探讨大数据下简化决策表获取算法。

算法 4.2　大数据下简化决策表获取算法

Map (Object key, Text value)
输入：条件属性集 C，数据分片 DS_i。
输出：< C_EquivalenceClass，DecValue >。

1. C_EquivalenceClass = $\varnothing$;
2. for $x \in$ DS_i do
3. {　　for $a \in C$ do
4. 　　{ C_EquivalenceClass = C_EquivalenceClass + $I_a(x)$ + “ ”; }
5. 　　DecValue = $I_d(x)$;
6. EmitIntermediate < C_EquivalenceClass，DecValue >; }

Reduce(Text C_EquivalenceClass, Iterable <Text> DecValueList)
输入：等价类 C_EquivalenceClass 及对应的决策值列表 DecValueList。
输出：<C_EquivalenceClass，DecValue >。
//C_EquivalenceClass 是由属性集 C 导出的等价类，DecValue 是该等价类中对象决策值

1. for each dv in DecValueList do
2. 　　统计不同的对象决策值出现的次数$(n_p^1, n_p^2, \cdots, n_p^{k+1})$;
3. if $\sum_{1 \leqslant i < j \leqslant k+1} n_p^i n_p^j = 0$
4. { C_EquivalenceClass = C_EquivalenceClass + “ ” + DecValueList[0];
5. 　Emit < C_EquivalenceClass, null >; }
6. else
7. { C_EquivalenceClass = C_EquivalenceClass + “ ” + “?”;
8. 　Emit <C_EquivalenceClass, null>; }

通过算法 4.2 可以将整个数据集转化为简化的一致决策表，原数据集中所有不相容对象的决策属性值标记为“？”。

例 4.1　给定一个决策表 S，如表 4.1 所示。假定利用 MapReduce 技术已将数据集切分成两个数据分片 DS1(第 1～5 条对象)和 DS2(第 6～9 条对象),计算简化的一致决策表，过程如图 4.3 所示。

表 4.1　一个决策表 S

U	c_1	c_2	c_3	c_4	c_5	d
1	1	1	2	1	3	3
2	2	1	1	1	3	4
3	2	1	1	2	1	2
4	3	1	3	1	2	2
5	3	3	3	3	3	2
6	3	3	3	3	2	2
7	2	1	1	2	1	1
8	3	1	2	2	2	1
9	3	1	3	1	2	3

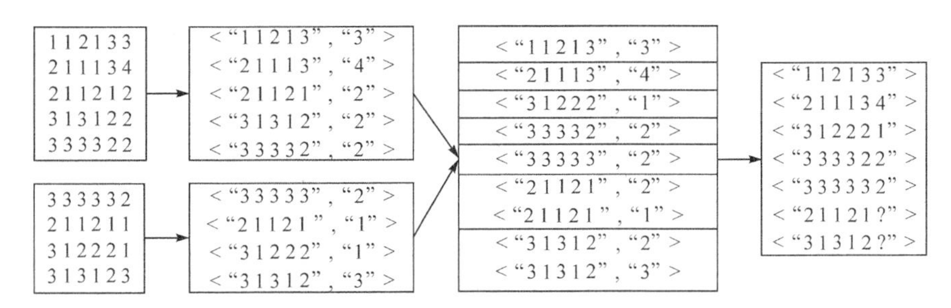

图 4.3　大数据下简化一致决策表计算过程

通过算法 4.2 可以得到简化的一致决策表，如表 4.2 所示。

表 4.2　一个"相容"决策表 DT

U	c_1	c_2	c_3	c_4	c_5	d
1	1	1	2	1	3	3
2	2	1	1	1	3	4
3	3	1	2	2	2	1
4	3	3	3	3	2	2
5	3	3	3	3	3	2
6	2	1	1	2	1	?
7	3	1	3	1	2	?

4.3.3　大数据下核属性计算算法

经典的知识约简算法通常从核属性开始增加候选属性，这样能够快速降低子集搜索空间。对于正区域知识约简算法，若删除一个属性 c 后，其正区域对象个数不变，则属性 c 是多余的，否则属性 c 为核属性。下面设计一种大数据下基于正区域的核属性计算算法。

算法 4.3　大数据下核属性计算算法

Map (Object key, Text value)

输入：条件属性集 C, 数据分片 DS_i 。

输出：< c_EquivalenceClass，DecValue>。

1.　c_EquivalenceClass = $\varnothing$;

2.　for $x \in DS_i$ do

3.　{　for $c \in C$ do

4.　　{　c_EquivalenceClass = c + " ";

5.　　for $a \in C\backslash\{c\}$ do

6.　　　{c_EquivalenceClass = c_EquivalenceClass + $I_a(x)$ + " ";　}

7.　　EmitIntermediate　<c_EquivalenceClass, <$I_d(x)$, 1>>;　}

8. }

Reduce(Text c_EquivalenceClass, Interable<Text> DecValueList)

输入：等价类 c_EquivalenceClass 及对应的决策值列表 DecValueList。

输出：<c_EquivalenceClass，c_AttriSig>。

//c_EquivalenceClass 是由属性集 $C\backslash\{c\}$导出的等价类，c_AttriSig 是该等价类中属性 c 的重要性

1. c_AttriSig = 0;
2. for each <d, l> in DecValueList do
3. 统计不同决策值出现的次数$(n_p^1, n_p^2, \cdots, n_p^{k+1})$;
4. c_AttriSig = $\sum\limits_{1\leqslant i\leqslant k+1} n_p^i$;
5. if $\sum\limits_{1\leqslant i<j\leqslant k+1} n_p^i n_p^j = 0$
6. Emit <c_EquivalenceClass, c_AttriSig>

说明 对于基于差别矩阵的知识约简算法，修改 Reduce 中的第 4 和第 5 步，第 4 步改为"c_AttriSig = $\sum\limits_{1\leqslant i<j\leqslant k+1} n_p^i n_p^j$"，第 5 步改为"if c_AttriSig $\neq 0$"；对于基于信息熵的知识约简算法来说，修改 Reduce 中的第 4 和 5 步，第 4 步改为"c_AttriSig= $-\dfrac{n_p}{n}\sum\limits_{1\leqslant i\leqslant k+1}\dfrac{n_p^i}{n_p}\log\dfrac{n_p^i}{n_p}$"，第 5 步改为"if c_AttriSig $\neq 0$"。对于一致决策表，3 种知识约简算法所获得的核属性集是相同的。

4.4 大数据下 Pawlak 粗糙集模型知识约简算法

4.4.1 大数据下基于差别矩阵的知识约简算法

基于差别矩阵的知识约简算法可以计算一个约简或所有约简，而计算所有约简是 NP-Hard 问题，因此这里仅计算一个约简。对于海量数据集，无法生成差别矩阵，只能通过计算差别对象对的个数来评价属性(集)的重要性。下面主要探讨大数据下如何计算可辨识的对象对或不可辨识的对象对个数，从而设计一种大数据下基于差别矩阵的知识约简算法。

假设决策表 S 共有 k 个不同决策属性值，相容对象的决策属性值分别映射为 $1,\cdots,k$，将所有不相容对象的决策属性值映射为 $k+1$。这样，整个决策表 S 可以看成由 $k+1$ 个决策为 $D_1, D_2, \cdots, D_k, D_{k+1}$ 的子决策表组成，每个子决策表包含同一类别的对象，其对象个数分别为 $n^1, n^2, \cdots, n^{k+1}$。因此，决策表 S 是相容决策表。假设属性 a 有 r 个不同的属性值，将其映射为 $1,\cdots,r$。记 D_i 中条件属性 a 的属性映射值为 p 的对象个数为 n_p^i。显然，$n_1^j + n_2^j + \cdots + n_r^j = n^j$ ($j=1$，$\cdots$，$k+1$)，$n_1^1 + \cdots + n_r^1 + \cdots + n_1^{k+1} + \cdots + n_r^{k+1} = n$。

1. 大数据下可辨识对象对计算方法

一个可辨识的对象对是由决策属性值不同和条件属性组合值也不同的两个对象生成的。如果两个对象决策值不同，同时条件属性 a 上属性值也不同，则 a 能够辨识这两个对象(一个可辨识的对象对)，即 a 具有一定的相对辨识能力。a 能够辨识的对象对个数越多，说明 a 的相对辨识能力越强。这时，可以用可辨识的对象对个数多少来衡量 a 的相对辨识能力大小。

假设由 A 导出的 U 上划分有 r 个等价类，记 $U/A=\{A_1, A_2,\cdots,A_r\}$，将其属性组合值映射为 $1,\cdots,r$。A 能够辨识的对象对个数可根据定义 4.2 来计算。

定义 4.2　在相容决策表 S 中，$A\subseteq C$，属性集 A 能够辨识的对象对个数为

$$\mathrm{DIS}_A^D=\sum_{1\leqslant i<j\leqslant k+1}\sum_{1\leqslant p<q\leqslant r}n_p^i n_q^j \tag{4.1}$$

由定义 4.2 可知，可辨识对象对个数的计算方法涉及计算属性集 A 和属性 D 在 U 上导出的等价类，然后对它们进行交运算操作，计算相对比较复杂，所以只能在内存中计算面向小规模数据集的属性集 A 所能辨识的对象对个数。然而，在大数据下，由于海量数据的不同等价类存储在若干个节点和文件中，而计算 DIS_A^D 涉及多个不同等价类，因此，无法根据定义 4.2 计算对象对个数。如何快速计算可辨识的对象对个数成为大数据下知识约简算法的关键问题。下面重点研究大数据下可辨识对象对个数的两种计算方法。

1) 大数据下可辨识对象对个数的直接计算方法(DIS)

众所周知，属性集 A 能够区分 U/A 中任意两个等价类，这说明 A 具有一定的辨识能力。如果 A 只能将所有元素划分到一个等价类中，则 A 具有最弱的辨识能力。因此，可以利用属性集 A 的辨识能力大小[127]来计算 A 的相对辨识能力大小 DIS_A^D。

定义 4.3　在相容决策表 S 中，$A\subseteq C$，属性集 A 具有的辨识能力大小定义为

$$\mathrm{DIS}_{U,A}=\sum_{1\leqslant p<q\leqslant r}n_p\times n_q \tag{4.2}$$

定义 4.4　在相容决策表 S 中，$A\subseteq C$，$c\in C\cup D$，则由属性 c 新增加的辨识能力定义为属性 c 分别在 $A_1,A_2,\cdots,A_r$ 中新增加的辨识能力大小之和，即

$$\mathrm{DIS}_{U,A\cup\{c\}}-\mathrm{DIS}_{U,A}=\mathrm{DIS}_{A_1,\{c\}}+\mathrm{DIS}_{A_2,\{c\}}+\cdots+\mathrm{DIS}_{A_r,\{c\}} \tag{4.3}$$

下面，根据属性集 A、D 和 $A\cup D$ 的辨识能力来计算属性集 A 的相对辨识能力大小。

定理 4.2　在相容决策表 S 中，若 $A\subseteq C$，则 $\mathrm{DIS}_A^D=\mathrm{DIS}_{U,A}+\mathrm{DIS}_{U,D}-\mathrm{DIS}_{U,A\cup D}$。

证明　假设 D_i 中条件属性集 A 的属性值映射为 p 的对象个数为 n_p^i，$n_1^j+n_2^j+\cdots+n_r^j=n^j$ $(j=1,\cdots,k+1)$，则有

$$\mathrm{DIS}_{U,A}=\sum_{1\leqslant p<q\leqslant r}n_p\times n_q$$

$$\mathrm{DIS}_{U,D}=\sum_{1\leqslant i<j\leqslant k+1}n^i\times n^j$$

由属性集 $A\cup D$ 导出的等价类细分为 $\{A_1^1, A_1^2,\cdots,A_1^{k+1}, A_2^1, A_2^2,\cdots,A_2^{k+1},\cdots,A_r^1,A_r^2,\cdots,A_r^{k+1}\}$，其对象个数记为 n_l $(l=1,\cdots,(k+1)r)$，则有

$$\mathrm{DIS}_{U,A\cup D}=\sum_{1\leqslant l_1<l_2\leqslant r(k+1)} n_{l_1}n_{l_2}$$

由定义 4.4 得出

$$\mathrm{DIS}_{U,A\cup D}=\mathrm{DIS}_{U,A}+\sum_{1\leqslant p\leqslant r}\sum_{1\leqslant i<j\leqslant k+1} n_p^i n_p^j$$

因此

$$\begin{aligned}
&\mathrm{DIS}_{U,A}+\mathrm{DIS}_{U,D}-\mathrm{DIS}_{U,A\cup D}\\
&=\mathrm{DIS}_{U,A}+\mathrm{DIS}_{U,D}-(\mathrm{DIS}_{U,A}+\sum_{1\leqslant p\leqslant r}\sum_{1\leqslant i<j\leqslant k+1} n_p^i n_p^j)\\
&=\sum_{1\leqslant i<j\leqslant k+1} n^i\times n^j-\sum_{1\leqslant p\leqslant r}\sum_{1\leqslant i<j\leqslant k+1} n_p^i n_p^j\\
&=\sum_{1\leqslant i<j\leqslant k+1}(n_1^i+n_2^i+\cdots+n_r^i)(n_1^j+n_2^j+\cdots+n_r^j)-\sum_{1\leqslant i<j\leqslant k+1}\sum_{1\leqslant p\leqslant r} n_p^i n_p^j\\
&=\sum_{1\leqslant i<j\leqslant k+1}\sum_{1\leqslant p<q\leqslant r} n_p^i n_q^j\\
&=\mathrm{DIS}_A^D
\end{aligned}$$

由于 $\mathrm{DIS}_{U,A}$、$\mathrm{DIS}_{U,D}$ 和 $\mathrm{DIS}_{U,A\cup D}$ 可以统一为 $([(\sum_{1\leqslant i\leqslant l} n_l)^2-\sum_{1\leqslant i\leqslant l}(n_l)^2]/2)$（$n_l$ 为相应等价类中的对象个数)，而<等价类，等价类中对象个数>与<key, value>类似，故可以利用 MapReduce 并行计算等价类，从而可以计算可辨识对象对个数。

2) 大数据下可辨识对象对个数的间接计算方法(NDIS)

一个可辨识的对象对是由决策属性值不同和条件属性组合值也不同的两个对象生成的。而一个不可辨识的对象对则是由条件属性组合值相同但决策属性值不同的两个对象产生的，这说明这些条件属性不能辨识这个对象对。于是，可以利用属性(集)的不可辨识性来间接计算可辨识的对象对个数。

定义 4.5　在决策表 S 中，$A\subseteq C$，属性集 A 不能够辨识的对象对总数为

$$\widetilde{\mathrm{DIS}}_A^D=\sum_{1\leqslant p\leqslant r}\sum_{1\leqslant i<j\leqslant k+1} n_p^i n_p^j \tag{4.4}$$

由定义 4.5 可知，由于 $\sum_{1\leqslant p\leqslant r}\sum_{1\leqslant i<j\leqslant k+1} n_p^i n_p^j$ 能够统一为 $[(\sum_{1\leqslant i\leqslant l} n_l)^2-\sum_{1\leqslant i\leqslant l}(n_l)^2]/2$，故它也能够利用 MapReduce 并行计算等价类，从而计算不可辨识的对象对个数。

说明　DIS_A^D 中一个对象对将产生差别矩阵中包含属性集 A 中属性的一个元素，而 $\widetilde{\mathrm{DIS}}_A^D$ 中一个对象对将生成差别矩阵中不包含属性集 A 中属性的一个元素。对于相容(一致)决策表，两者个数之和正好等于差别矩阵中的元素个数。DIS_A^D 直接计算方法只能适用于相容决策表，而间接计算方法可以适用于任何决策表。尽管两种方法都能够计算相容决策表的属性约简，但是由于 DIS_A^D 需要计算属性 A、D 和 $A\cup D$ 导出的等价类，而 $\widetilde{\mathrm{DIS}}_A^D$ 仅计算出 A 导出的等价类，故两种知识约简算法的效率会相差很大。

2. 大数据下基于差别矩阵的知识约简算法

由定理 4.2 和定义 4.5 可以看出，属性集 A 能够辨识的对象对个数 DIS_A^D 或不可辨识

的对象对个数 $\widetilde{\mathrm{DIS}}_A^D$ 都需要通过计算等价类来获得，而不同等价类是可以并行计算的。因此，可以利用 MapReduce 并行编程技术处理大规模数据。

在一个 MapReduce 编程框架中，用户着重研究算法中的可并行化操作，编写 Map 函数和 Reduce 函数，即可实现大规模数据的并行处理。具体而言，Map 函数主要完成不同数据块中的等价类计算，而 Reduce 函数主要统计同一个等价类个数或计算同一个等价类所不能辨识的对象对个数。根据 DIS_A^D 不同的计算方法，给出大数据下两种基于差别矩阵的知识约简算法。

1) 大数据下基于差别矩阵的知识约简算法之一(DP-DIS)

下面首先给出直接计算方法中一个属性集是否是约简的判断准则。

定理 4.3　在相容决策表 S 中，$A \subseteq C$，A 是 C 相对于决策属性 D 的一个约简的充分必要条件如下：

(1) $\mathrm{DIS}_A^D = \mathrm{DIS}_C^D$；

(2) $\forall a \in A$，$\mathrm{DIS}_{A-\{a\}}^D < \mathrm{DIS}_A^D$。

证明　由定理 4.2 容易证得。

DP-DIS 算法(算法 4.4)包含 Map 函数、Reduce 函数和主程序 DP-DIS 三个子算法，分别叙述如下。

算法 4.4：DP-DIS 算法

Map (Object key, Text value)

输入：已选属性集 A，候选属性 $c \in C - A$，决策属性 D，一个数据分片 DS_i。

输出：<等价类,出现次数>。

// Ac_EquivalenceClass、D_EquivalenceClass、AcD_EquivalenceClass 为属性集 $A \cup c$、D 和 $A \cup c \cup D$ 导出的等价类

1. Ac_EquivalenceClass ="c"; D_EquivalenceClass ="D";　AcD_EquivalenceClass ="c D";
2. for $x \in \mathrm{DS}_i$ do
3. 　　for each attribute a in $A \cup c$ do
4. 　　　Ac_EquivalenceClass = Ac_EquivalenceClass + $I_a(x)$ + " ";
5. 　　EmitIntermediate <Ac_EquivalenceClass, 1>;
6. 　　D_EquivalenceClass = $I_d(x)$;
7. 　　EmitIntermediate <D_EquivalenceClass, 1>;
8. 　　for each attribute a in $A \cup c \cup D$ do
9. 　　　AcD_EquivalenceClass = AcD_EquivalenceClass + $I_a(x)$ + " ";
10. 　　EmitIntermediate <AcD_EquivalenceClass, 1>;

Reduce (Text EquivalenceClass, Iterable<int> ValueList)

输入：等价类 EquivalenceClass，对应的决策属性值出现次数列表 ValueList。

输出：<EquivalenceClass,Total>　//Total 表示等价类出现的次数。

1. Total=0;
2. for $i = 1$ to ValueList.size( )

3. 　　Total = Total + ValueList [i];

4. 　Emit <EquivalenceClass, Total>

主程序 DP-DIS

输入：一个相容决策表 S。

输出：一个约简 Red。

1. Red= $\varnothing$;

2. while($\mathrm{DIS}_{\mathrm{Red}}^{D}$ 不等于 DIS_{C}^{D})

3. 　　for each attribute c in C-Red do

4. 　　　启动一个 Job,调用 Map 和 Reduce 函数,计算 $\mathrm{DIS}_{\mathrm{Red}\cup\{c\}}^{D}$;

5. 　　$c_l = \max\limits_{c\in C-\mathrm{Red}}\ \{\mathrm{DIS}_{\mathrm{Red}\cup\{c\}}^{D}\}$(若这样的 c_l 不唯一,则任选其一);

6. 　　Red = Red $\cup$ { c_l };

7. for each attribute c in Red do

8. 　　启动一个 Job,调用算法 4.4 的 Map 函数和 Reduce 函数;

9. 　　if $\mathrm{DIS}_{\mathrm{Red}-\{c\}}^{D} = \mathrm{DIS}_{\mathrm{Red}}^{D}$

10. 　　　Red = Red - {c};

11. 输出 Red。

算法 4.4 中 Map 函数用来计算各个数据块中的等价类及出现的次数，Reduce 函数将所有数据块中相同的等价类进行汇总，而主程序则分别计算属性集 $A\cup c$ 、D 和 $A\cup c\cup D$ 的辨识能力大小，并根据各个候选属性的相对辨识能力确定最佳候选属性，重复上述过程，直到计算出约简。

2) 大数据下基于差别矩阵的知识约简算法之二(DP-NDIS)

由于同一个等价类的可能决策属性值都相同，因此不可辨识的对象对个数为 0。为了节省存储空间，降低网络传输时间，不输出这类信息。

定理 4.4　在决策表 S 中，$A\subseteq C$，A 是 C 相对于决策属性 D 的一个约简的充分必要条件如下：

(1) $\tilde{\mathrm{DIS}}_{A}^{D} = \tilde{\mathrm{DIS}}_{C}^{D}$;

(2) $\forall a\in A$， $\tilde{\mathrm{DIS}}_{A-\{a\}}^{D} < \tilde{\mathrm{DIS}}_{A}^{D}$ 。

证明　由定义 4.5 容易证得。

下面具体探讨如何实现 DP-NDIS 算法(算法 4.5)，主要包括 Map 函数、Reduce 函数和主程序 DP-NDIS。

算法 4.5　DP-NDIS 算法

Map (Object key, Text value)

输入：已选属性集 A，候选属性 $c\in C-A$，决策属性 D，一个数据分片 DS_i 。

输出：<Ac_ EquivalenceClass, < $I_d(x)$, 1>>。

1. Ac_EquivalenceClass=“c”;

2. 　for x $\in$ DS_i do

3.　　for each attribute a in $A \cup c$ do
4.　　　Ac_EquivalenceClass=Ac_EquivalenceClass + $I_a(x)$ +" ";
5.　　EmitIntermediate < Ac_EquivalenceClass, < $I_d(x)$,1>>;

Reduce(Text key, Iterable<Text> DecValueList)
输入：同一个等价类 key 及对应的决策值与出现次数的列表 DecValueList。
输出：<EquivalenceClass, IndisObjectPairSum>。
//EquivalenceClass 是等价类，IndisObjectPairSum 是该等价类所不能辨识的对象对个数。
1.　IndisObjectPairSum=0;
2.　for i=1 to DecValueList.size( )
3.　　统计不同决策值出现的次数($n^1, n^2, \cdots, n^{k+1}$);
4.　IndisObjectPairSum= $\sum_{1 \leqslant i < j \leqslant k+1} n^i n^j$;
5.　EquivalenceClass= key.toString().split(" ")[0];
6.　if IndisObjectPairSum 不为 0
7.　　Emit <EquivalenceClass, IndisObjectPairSum>;

主程序 DP-NDIS
输入：一个决策表 S。
输出：一个约简 Red。
1.　Red= $\varnothing$;
2.　while($\mathrm{DIS}_{\mathrm{Red}}^{D}$ 不等于 DIS_{C}^{D}) do
3.　{　　for each attribute c in C - Red do
4.　　　　启动一个 Job，调用 Map 函数和 Reduce 函数，计算 $\mathrm{DIS}_{\mathrm{Red}\cup c}^{\tilde{D}}$;
5.　　$c_l = \min_{c \in C-\mathrm{Red}} \{ \mathrm{DIS}_{\mathrm{Red}\cup c}^{\tilde{D}} \}$ (若这样的 c_l 不唯一,则任选其一);
6.　　Red = Red $\cup \{ c_l \}$;　}
7.　for each attribute c in Red do
8.　启动一个 Job，调用 Map 函数和 Reduce 函数，计算 $\mathrm{DIS}_{\mathrm{Red}-\{c\}}^{D}$;
9.　　if $\mathrm{DIS}_{\mathrm{Red}-\{c\}}^{D} = \mathrm{DIS}_{\mathrm{Red}}^{D}$
10.　　Red = Red - $\{c\}$;
11.　输出 Red;

算法 4.5 中 Map 函数计算各个数据块中等价类及其不同决策值的出现次数，Reduce 函数统计同一个等价类中不同决策值的出现次数，并计算不能辨识的对象对个数，而主程序根据各个候选属性产生的不可辨识的对象对个数，确定最优候选属性，重复上述过程，直到计算出约简。

4.4.2 大数据下基于正区域的知识约简算法

基于正区域的知识约简算法通常是计算各个候选属性集导出的等价类，判断它们的正区域大小，从而选择最佳候选属性集。因此，在基于正区域的知识约简算法中，等价类计算成为最关键的操作。正如前所述，等价类计算是可并行化的，故可以构建大数据下基于正区域的知识约简算法。文献[42]利用基数排序算法计算正区域，在已知信息 U/P 的基础上，在内存中任意丢弃或删除无用的对象，从而快速地递归计算 $U/(P\cup\{a\})$。然而，该技术无法应用到大数据下的知识约简算法中。因此，在正区域下属性重要性计算方式就显得更加重要。下面给出两种属性重要性计算方法。

定义 4.6　在决策表 S 中，$A\subseteq C$，$\forall c\in C-A$，在正区域下属性 c 的重要性定义为

$$\mathrm{sig_{Pos}}(c,A,D)=\frac{|\mathrm{POS}_{A\cup\{c\}}(D)|-|\mathrm{POS}_A(D)|}{|U|} \tag{4.5}$$

定义 4.7　在决策表 S 中，$A\subseteq C$，$\forall c\in C-A$，在边界域下属性 c 的重要性定义为

$$\mathrm{sig_{Bnd}}(c,A,D)=\frac{|\mathrm{BND}_A(D)|-|\mathrm{BND}_{A\cup\{c\}}(D)|}{|U|} \tag{4.6}$$

说明　定义 4.6 和定义 4.7 只是计算公式不同，对于小数据集，计算效率差不多，但对于高维数据集，计算效率相差很大，为方便后面讨论，在此列出。利用这两个计算属性重要性的方法可以构建大数据环境下基于正区域的知识约简算法。

4.4.3　大数据下基于信息熵的知识约简算法

基于信息熵的知识约简算法通常也是计算各个候选属性集导出的等价类，判断它们的信息熵大小，选择使信息熵降得最快的候选属性集。因此，在基于信息熵的知识约简算法中，等价类计算同样是最关键的操作。正如前所述，等价类计算是可并行化的，故可以构建大数据下基于信息熵的知识约简算法。

定义 4.8　在决策表 S 中，$A\subseteq C$，$\forall c\in C-A$，在信息熵下属性 c 的重要性定义为

$$\mathrm{sig_{Info}}(c,A,D)=H(D|A)-H(D|A\cup c) \tag{4.7}$$

由于基于正区域的知识约简算法、基于差别矩阵的知识约简算法(相对不可辨识关系)和基于信息熵的知识约简算法等都需要并行计算等价类，而只是计算属性重要性的方法不同，故可以构建大数据下知识约简算法框架模型，如图 4.4 所示。

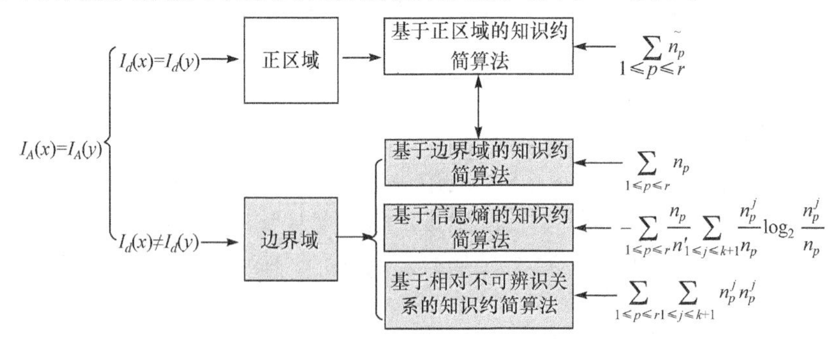

图 4.4　大数据下知识约简算法框架模型

说明　基于边界域的知识约简算法、基于相对不可辨识关系的知识约简算法和基于

信息熵的知识约简算法都是计算边界域中对象的不确定性，所以输出的<key, value>的形式相同，而基于正区域的知识约简算法是输出正区域中对象的个数。因此，大数据下基于边界域的知识约简算法、基于相对不可辨识关系的知识约简算法和基于信息熵的并行知识约简算法可以统一成一种大数据下知识约简算法框架模型。

4.4.4 大数据下知识约简算法框架模型

令 $\varDelta=\{\text{Pos}, \text{Bnd}, \text{Info}, \text{NDIS}\}$，将定义 4.5～定义 4.8 中定义的属性 c 的重要性统一表示为 $\text{Sig}_{\varDelta}(c,A,D)$，$\varDelta(D|C)$ 表示 Pos、Bnd、Info、NDIS 下的分类能力。

定理 4.5　在相容决策表 S 中，$A \subseteq C$，A 是 C 相对于决策属性 D 的一个约简的充分必要条件如下：

(1) $\varDelta(D|A)=\varDelta(D|C)$；

(2) $\forall a \in A, \varDelta(D|[A-\{a\}])<\varDelta(D|A)$。

证明　由定义 4.5～定义 4.8 容易证得。

记基于正区域(边界域)、信息熵和相对不可辨识关系的知识约简算法所获得的约简为 Red_{Pos} (Red_{Bnd})、Red_{Info} 和 Red_{NDIS}，其对应的并行知识约简算法所获得的约简为 $\text{Red}_{\text{DTP-Pos}}$ ($\text{Red}_{\text{DTP-Bnd}}$)、$\text{Red}_{\text{DTP-Info}}$ 和 $\text{Red}_{\text{DTP-NDIS}}$。

定理 4.6　在决策表 S 中，Red_{Pos}、Red_{Bnd}、Red_{Info}、Red_{NDIS} 和 $\text{Red}_{\text{DTP-Pos}}$、$\text{Red}_{\text{DTP-Bnd}}$、$\text{Red}_{\text{DTP-Info}}$、$\text{Red}_{\text{DTP-NDIS}}$ 为 S 约简结果，则有 $\text{Red}_{\text{Pos}}=\text{Red}_{\text{DTP-Pos}}$、$\text{Red}_{\text{Bnd}}=\text{Red}_{\text{DTP-Bnd}}$、$\text{Red}_{\text{Info}}=\text{Red}_{\text{DTP-Info}}$ 和 $\text{Red}_{\text{NDIS}}=\text{Red}_{\text{DTP-NDIS}}$。

证明　由定理 4.1 可知，利用 MapReduce 技术在各个数据分片中计算等价类，最后汇总的等价类与在整个 S 上计算的等价类相同。由定义 4.5～定义 4.8 和定理 4.5 容易证得 $\text{Red}_{\text{Pos}}=\text{Red}_{\text{DTP-Pos}}$、$\text{Red}_{\text{Bnd}}=\text{Red}_{\text{DTP-Bnd}}$、$\text{Red}_{\text{Info}}=\text{Red}_{\text{DTP-Info}}$ 和 $\text{Red}_{\text{NDIS}}=\text{Red}_{\text{DTP-NDIS}}$。

具体而言，大数据环境下知识约简算法框架模型主要包括 Map 函数、Reduce 函数和主程序。

算法 4.6　大数据环境下知识约简算法框架模型

Map (Object key, Text value)

输入：已选属性集 A，候选属性 $c \in C-A$，决策属性 D，一个数据分片 DS_i。

输出：<Ac_EquivalenceClass, <$I_d(x)$, 1>>。

1. Ac_EquivalenceClass="c";
2. for $x \in \text{DS}_i$ do
3. 　　for each attribute a in $A \cup c$ do
4. 　　　Ac_EquivalenceClass=Ac_EquivalenceClass + $I_a(x)$+" ";
5. 　EmitIntermediate < Ac_EquivalenceClass, <$I_d(x)$,1>>;

Reduce(Text key, Iterable<Text> ValueList)

输入：同一个等价类 key 及对应的决策值与出现次数的列 ValueList。

输出：<c_EquivalenceClass，$\text{Sig}_{\varDelta}^{c}$>。

// $\text{Sig}_{\varDelta}^{c}$ 是该等价类中属性 c 的重要性

1. for each <d, n> in ValueList do
2. 　统计不同决策值出现的次数(n_p^1, n_p^2,$\cdots$,n_p^k);
3. 计算该等价类中属性 c 的重要性 Sig_Δ^c;
4. Emit <c_EquivalenceClass, Sig_Δ^c>;

主程序

输入：一个决策表 S。

输出：一个约简 Red。

1. Red=$\varnothing$;
2. 计算 $\Delta(D|C)$;
3. while($\Delta(D|\mathrm{Red}) \neq \Delta(D|C)$) do
4. 　for each attribute c in C-Red do
5. 　　启动一个 Job，调用 Map 函数和 Reduce 函数计算 $\Delta(D|\mathrm{Red}\cup c)$;
6. 　$c_l = \underset{c\in C-\mathrm{Red}}{\mathrm{best}}\{\Delta(D|\mathrm{Red}\cup c)\}$ (若这样的 c_l 不唯一,则任选其一);
7. 　Red = Red $\cup$ { c_l };
8. for each attribute c in Red do
9. 　　启动一个 Job，调用 Map 函数和 Reduce 函数计算 $\Delta(D|\mathrm{Red}-c)$;
10. 　　if $\Delta(D|\mathrm{Red}) = \Delta(D|\mathrm{Red}-c)$
11. 　　　Red = Red - {c};
12. 输出 Red;

大数据下知识约简算法框架模型 Map 函数计算各个数据分片中不同等价类，Reduce 函数统计同一个等价类中不同决策值出现次数，并根据 $\mathrm{Sig}_\Delta(c,A,D)$ 来计算相应属性 c 的重要性，而主程序根据各个单个候选属性的重要性，确定一个最优候选属性，重复上述过程，直到计算出约简。

4.5 大数据下知识约简算法实验分析

本节主要从运行时间、加速比(Speedup)和可扩展性(Scaleup)3 个方面对所提出的大数据下知识约简算法的性能进行评价。

4.5.1 实验环境

为了考察本章提出的算法，选用 UCI 机器学习数据库(http://www.ics.uci.edu/~mlearn/MLRepository.html)和人工数据集，利用开源大数据平台 Hadoop 0.20.2 和 Java 1.6.0_20 在 17 台普通计算机(Intel Pentium Dual-core 2.6GHz CPU, 2GB 内存)构建的大数据环境中进行实验，其中 1 台为主节点，16 台为从节点。

4.5.2 大数据下基于差别矩阵的知识约简算法实验分析

将采用图 4.2(a)～图 4.2(c)并行操作策略的算法分别标记为 DP-DIS/DP-NDIS、

DTP-DIS/DTP-NDIS 和 DTDP-DIS/DTDP-NDIS。

1. 实例分析

用一个相容决策表(表 4.2)说明本节提出的两种算法，其中表 4.2 中的“?”为所有不相容对象的决策属性值。

假设将表 4.2 切分为两个数据分片，第 1 个数据分片包含第 1～4 条对象，第 2 个数据分片包含第 5～7 条对象。下面分别阐述 DIS 算法和 NDIS 算法计算对象对个数的过程。

(1) DP-NDIS 算法计算候选属性 C1 的相对可辨识的对象对过程。在 Map 阶段，对于第 1 个数据分片中第 1 个对象，分别生成属性 C1 导出的等价类< “C_1 1” ,1>、属性 D 导出的等价类<“D 3”, 1>和属性集合{C1, D}导出的等价类<“C1 D 1 3”, 1>3 个<key, value>对，其余对象计算过程类似。在 Reduce 阶段，对属性 C1、属性 D 和属性集合{C1, D}导出的等价类进行合并，如< “C1 2” , 1>和< “C1 2” , 1>合并为< “C1 2” , 2>；< “C1 3” , 1>、< “C1 3” , 1>、< “C1 3” , 1>和< “C1 3” , 1>合并为< “C1 3” , 4>；其余属性导出的等价类合并类似。由此，属性 C1 的相对可辨识的对象对个数为 13，如图 4.5(a)所示。

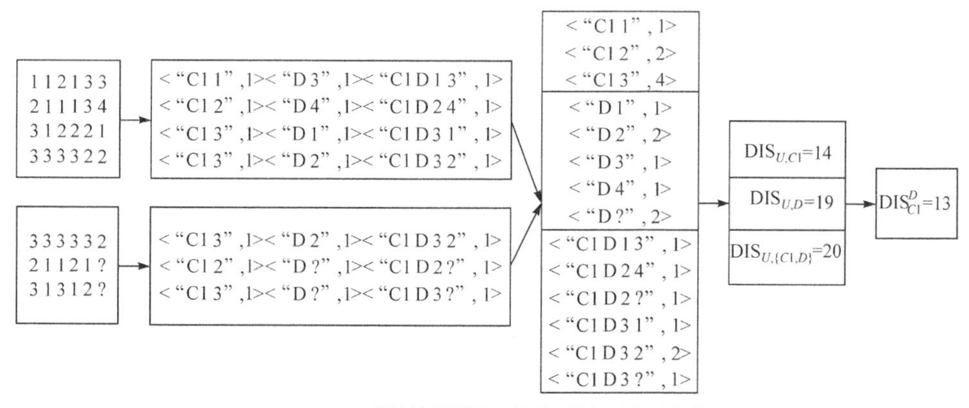

(a) DP-NDIS算法计算属性C1相对可辨识对象对个数

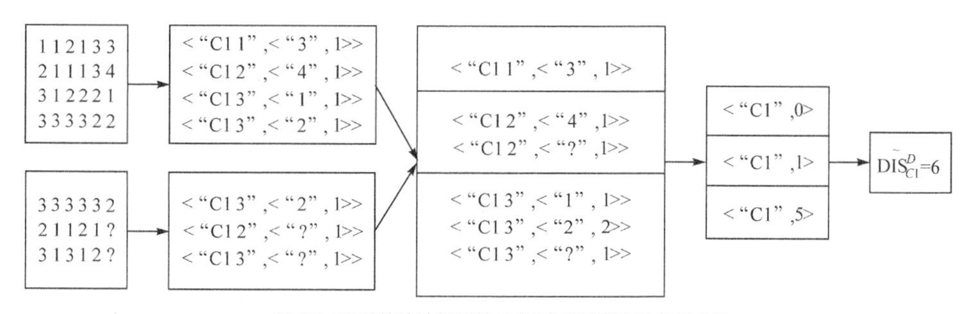

(b) DP-NDIS算法计算属性C1相对不可辨识对象对个数

图 4.5　DP-NDIS 和 DP-NDIS 两种算法计算候选属性 C1 的重要性

(2) DP-NDIS 算法计算候选属性 C1 的相对不可辨识的对象对过程。在 Map 阶段，对于第 1 个数据分片中第 1 个对象，生成属性 C1 导出的等价类< “C1 1” ,<3 1>>，其余对象的计算过程类似。在 Reduce 阶段，对属性 C1 导出的等价类进行合并，如< “C1 3” ,

<2 1>>和< “C1 3” ,<2 1>>合并为< “C1 3” ,<2 2>>；其余等价类合并类似。由此，属性 C1 的相对不可辨识的对象对个数为 6，如图 4.5(b)所示。

DP-DIS 和 DP-NDIS 两种算法整个计算过程如图 4.5 所示。

2. 实验分析

表 4.3 为不同数据集的特性，其中 DS1(Tic-tac-toe-endgame, TicTac)和 DS2(mushroom)两个数据集用于测试算法的正确性，用人工数据集 DS3、DS4、DS5 和 DS7 以及实际数据集 DS6(5000 倍的 DS2)来测试性能。

表 4.3　数据集特性

数据集	对象数	条件属性数	决策属性值个数
DS1	958	9	2
DS2	8124	22	2
DS3	10 000 000	30	10
DS4	20 000 000	30	10
DS5	40 000 000	30	10
DS6	40 620 000	22	2
DS7	100 000	10 000	10

1) 运行时间

首先，在两个小数据集 DS1 (TicTac) 和 DS2 (mushroom)上比较了 DIS(传统方法)、DP-DIS、DP-NDIS、DTP-DIS 和 DTP-NDIS 五种知识约简算法。由图 4.6 可以看出，小数据集不适宜使用 MapReduce 技术，而且使用数据和任务并行的知识约简算法比仅使用数据并行的算法运行时间更短。因此，后面着重讨论 DTP-DIS/DTP-NDIS 和 DTDP-DIS/DTDP- NDIS 两类基于数据和任务同时并行的差别矩阵知识约简算法。

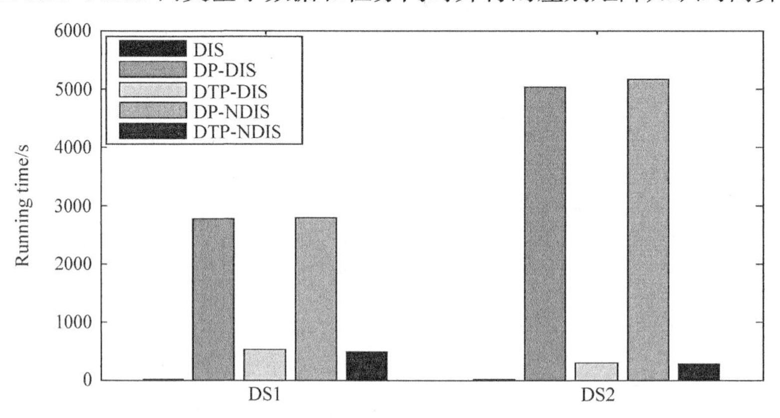

图 4.6　五种差别矩阵知识约简算法的运行时间

其次，分别对 DS3～DS6 四个数据集在 8 个节点上进行测试，运行时间如图 4.7 和图 4.8 所示。由图 4.7 和图 4.8 可以看出，DTP-DIS 的运行时间比 DTP-NDIS 更长。图

4.7 表明，随着所选属性个数的增加，DTP-DIS 运行时间一直呈上升的趋势，而 DTP-NDIS 运行时间呈现先上升后有所下降或较平稳上升的趋势。这是因为 DTP-DIS 生成的可辨识的对象对越来越多，故计算时间一直增加，而 DTP-NDIS 生成的不可辨识的对象对个数随着属性个数的增长先增加而后慢慢变少，故计算时间会先增加后减少，这一点可以从它们各自的计算公式上得到体现。

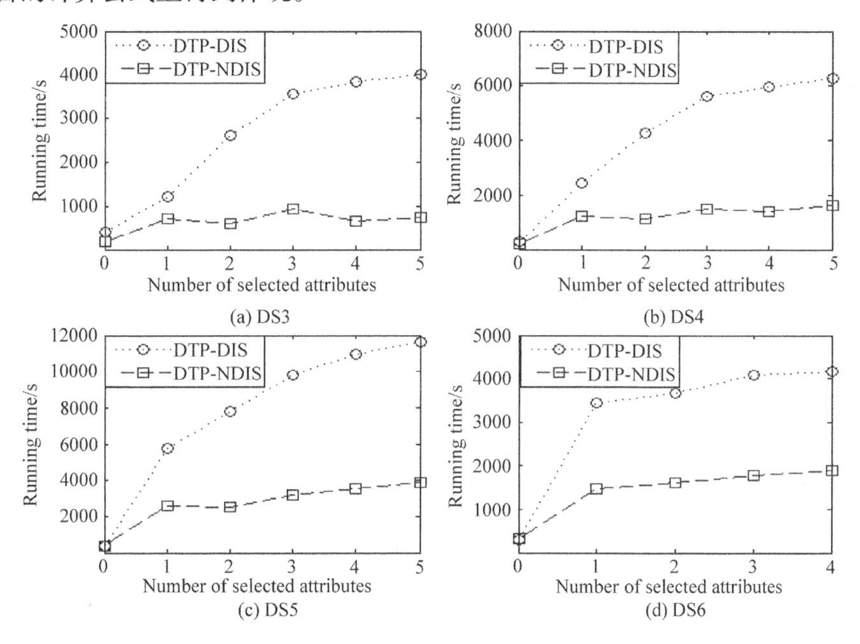

图 4.7　DTP-DIS 和 DTP-NDIS 在单次属性选择中的运行时间

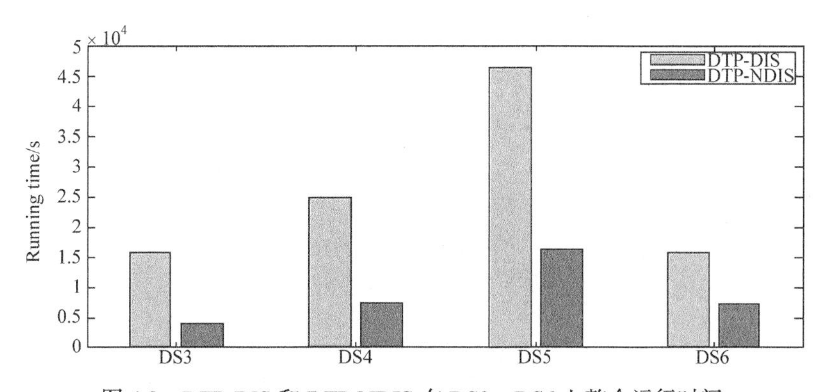

图 4.8　DTP-DIS 和 DTP-NDIS 在 DS3～DS6 上整个运行时间

由于 DTP-NDIS 算法比 DTP-DIS 算法的运行时间更短，下面主要探讨 DTP-NDIS 算法。当 DTP-NDIS 遇到高维数据集时，其串行时间较长，这时可以考虑再次使用数据并行方式(图 4.2(c))。DTP-NDIS 算法和 DTDP-NDIS 算法在 DS7 的运行结果如图 4.9 所示，其中 PT 表示并行计算时间(含通信并行)，ST 表示串行计算时间。由图 4.9(b)可以看出，在第 3、4 和 5 次选择属性时再次使用数据并行方式，算法效率更高，其他情况基本相当或略低。至于何时再次使用数据并行方式值得进一步深入研究。

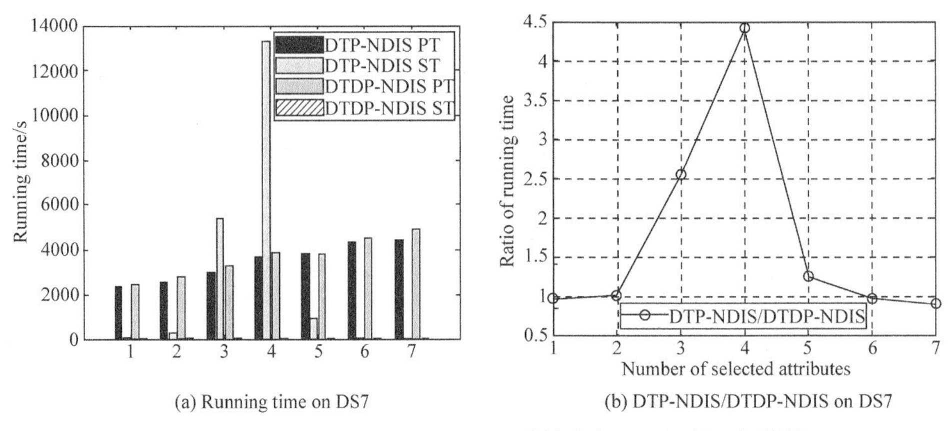

(a) Running time on DS7　　(b) DTP-NDIS/DTDP-NDIS on DS7

图 4.9　DTP-NDIS 和 DTDP-NDIS 两种算法在 DS7 上的运行结果

2) 加速比

加速比是指将数据集规模固定，不断增加计算机节点数时并行算法的性能。为了测定加速比，保持 DS3～DS7 的 5 个数据集大小不变，成倍增加计算机节点数至 16 台。一个理想的并行算法加速比是线性的，即当计算机节点数增加至 m 时，其加速比为 m。然而，由于存在计算机间通信开销、任务启动、任务调度和故障处理等时间，其实际加速比低于理想的加速比。图 4.10 为不同数据集的加速比大小。由图 4.10 可以看出，大数据下知识约简算法具有较好的加速比。图 4.10 中 DTP-NDIS 在高维数据集 DS7 上的加速比较低，是因为产生了大量的不可辨识的对象对，在串行统计候选属性的对象对个数时运行时间过长，导致整个算法并行所占比例过少。

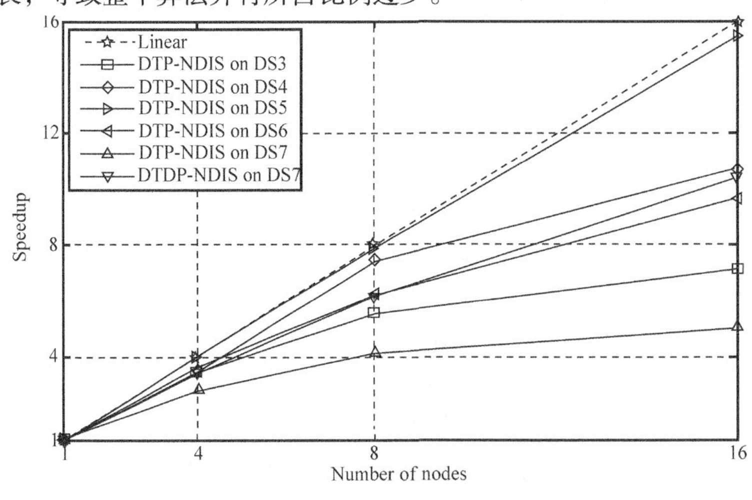

图 4.10　加速比

3) 可扩展性

可扩展性是指按与计算机节点数成比例地增大数据集规模时并行算法的性能。为了测定可扩展性，实验复制 1、2 和 4 倍的数据集 DS3，分别在 4、8 和 16 节点下(8、16、32 cores)运行。图 4.11 为 DS3 在不同节点上的可扩展性结果。实验结果显示，DTP-NDIS 具有较好的可扩展性。

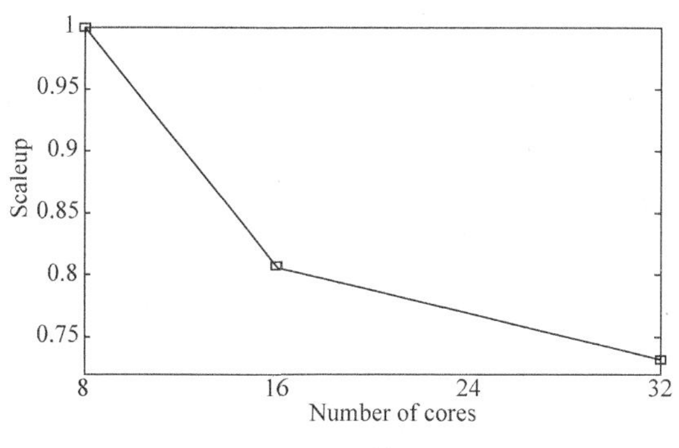

图 4.11　可扩展性

4.5.3　大数据下知识约简算法框架模型实验分析

1. 实例分析

用一个相容决策表(表 4.2)说明本章提出的基于 MapReduce 的并行知识约简算法模型。假设将表 4.2 切分为两个数据分片，第 1 个数据分片包含第 1～4 条对象，第 2 个数据分片包含第 5～7 条对象，则整个计算过程如图 4.12 所示，这与第 3 章的计算结果一致。

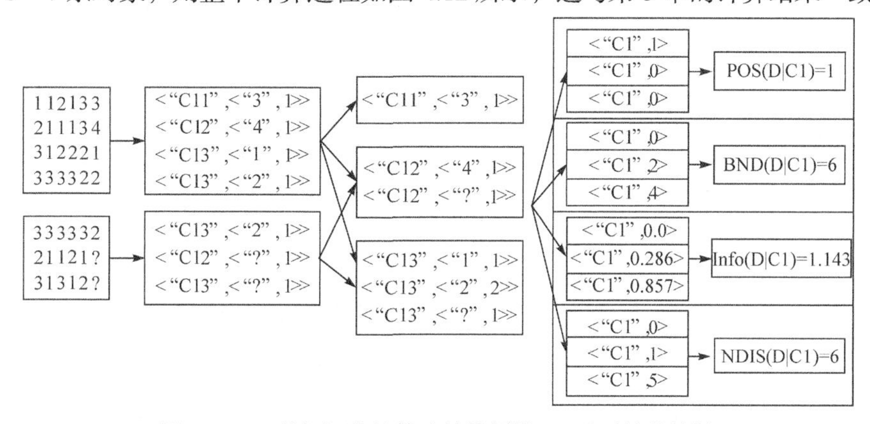

图 4.12　四种知识约简算法计算属性 C1 重要性的结果

2. 实验分析

表 4.4 为不同数据集的特性，其中，采用 DS1(5000 倍 mushroom 数据集)，DS2(17 倍的 gisette 数据集)，以及人工数据集 DS3、DS4、DS5 和 DS6 来测试性能。

表 4.4　数据集特性

数据集	对象数	条件属性数	决策属性值个数
DS1	40620000	22	2
DS2	102000	5000	2
DS3	20000000	30	10
DS4	40000000	50	10
DS5	100000	10000	10
DS6	1000000	2000	10

1) 运行时间

对 DS1～DS6 六个数据集在 16 个从节点下进行测试，运行时间如图 4.13 所示。由图 4.13 可以看出，Bnd 算法、Info 算法和 NDis 算法是十分相似的，因为它们都是计算边界域中信息的不确定性，而 Pos 算法是随着属性个数增加，其单次运行时间不断增长。

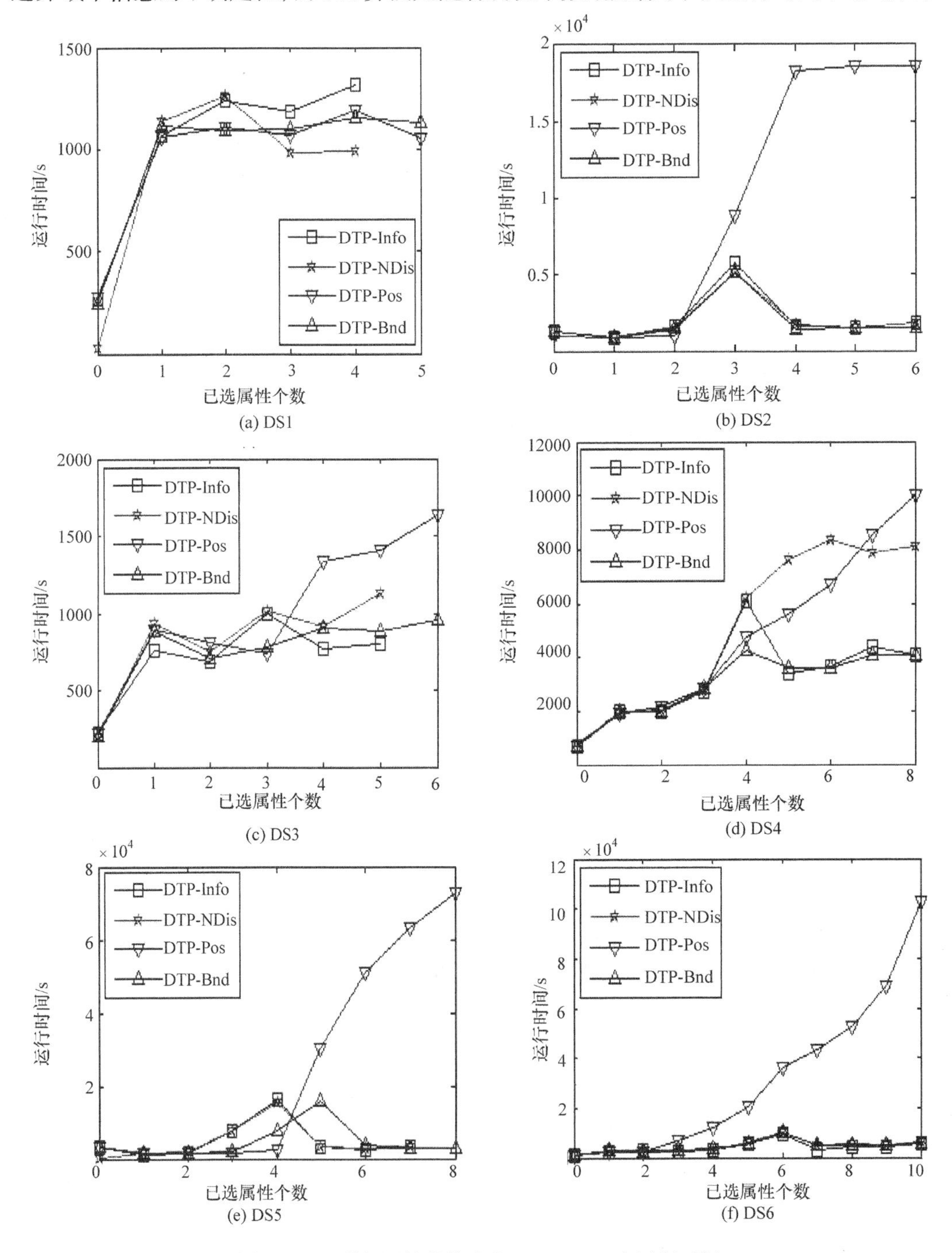

图 4.13　四种知识约简算法在 DS1～DS6 上运行时间

图 4.14 比较了 Pos 和 Bnd 两种算法，加速率= $T_{\mathrm{Pos}}/T_{\mathrm{Bnd}}$ ，当遇到高维数据集时，它们的运行时间存在明显的差异，这是因为 Pos 算法随着属性个数的增加，在 Reduce 阶段生成了巨大的<key, value>，造成串行计算时间过长，而 Bnd 算法随着属性个数的增加运行时间先增加后减少，其串行计算效率较高。

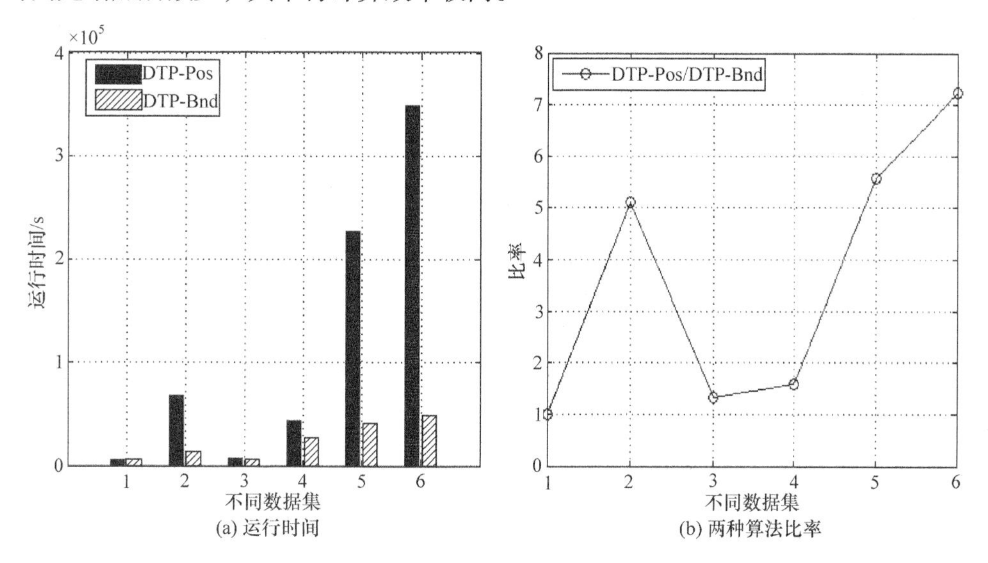

图 4.14　大数据下 Pos 和 Bnd 两种算法实验比较

2) 加速比

分别对数据集 DS1～DS6 计算简化决策表和核属性，其加速比和相对加速比如图 4.15 所示。由图 4.15 可知，计算简化决策表的加速比较低，主要原因是 Reduce 阶段仅 1 个节点在工作(仅生成一个海量简化决策表文件)；对于计算核属性算法，具有较少条件属性的数据集的相对加速比大一些，而高维数据集的相对加速比较小，主要原因是高维数据集生成更大的<key, value>对，造成串行时间过长。

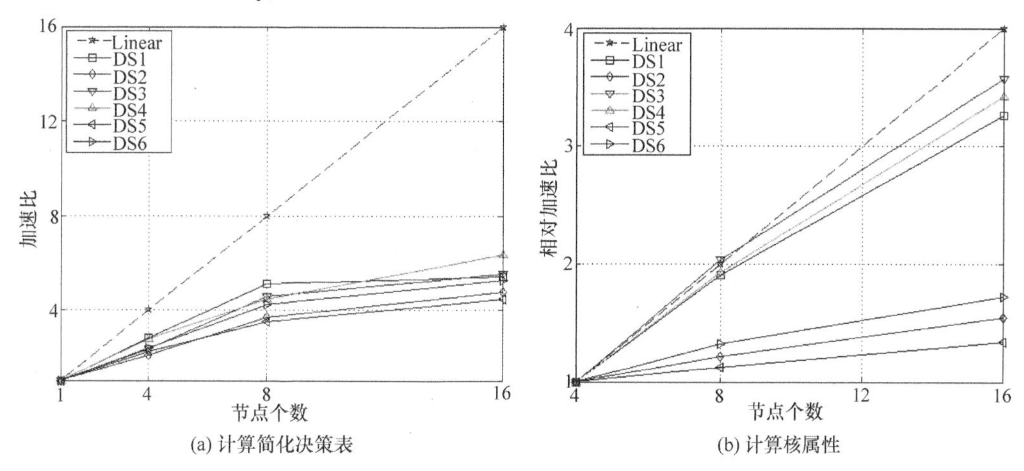

图 4.15　计算简化决策表和核属性算法的加速比

分别对数据集 DS1～DS6 进行测试，其加速比如图 4.16 所示。由图 4.16 可以看出，大数据下知识约简算法的加速比并不呈线性比，这是因为基于 MapReduce 的知识约简算法除了进行 Map 和 Reduce、数据传输和网络通信等并行操作，还存在串行计算。当属性个数较少(数据集 DS1、DS3 和 DS4)，大数据下知识约简算法加速比较好，而当遇到高维的数据集(DS2、DS5 和 DS6)，知识约简算法的加速比较低，主要是因为串行计算时间相对较长。

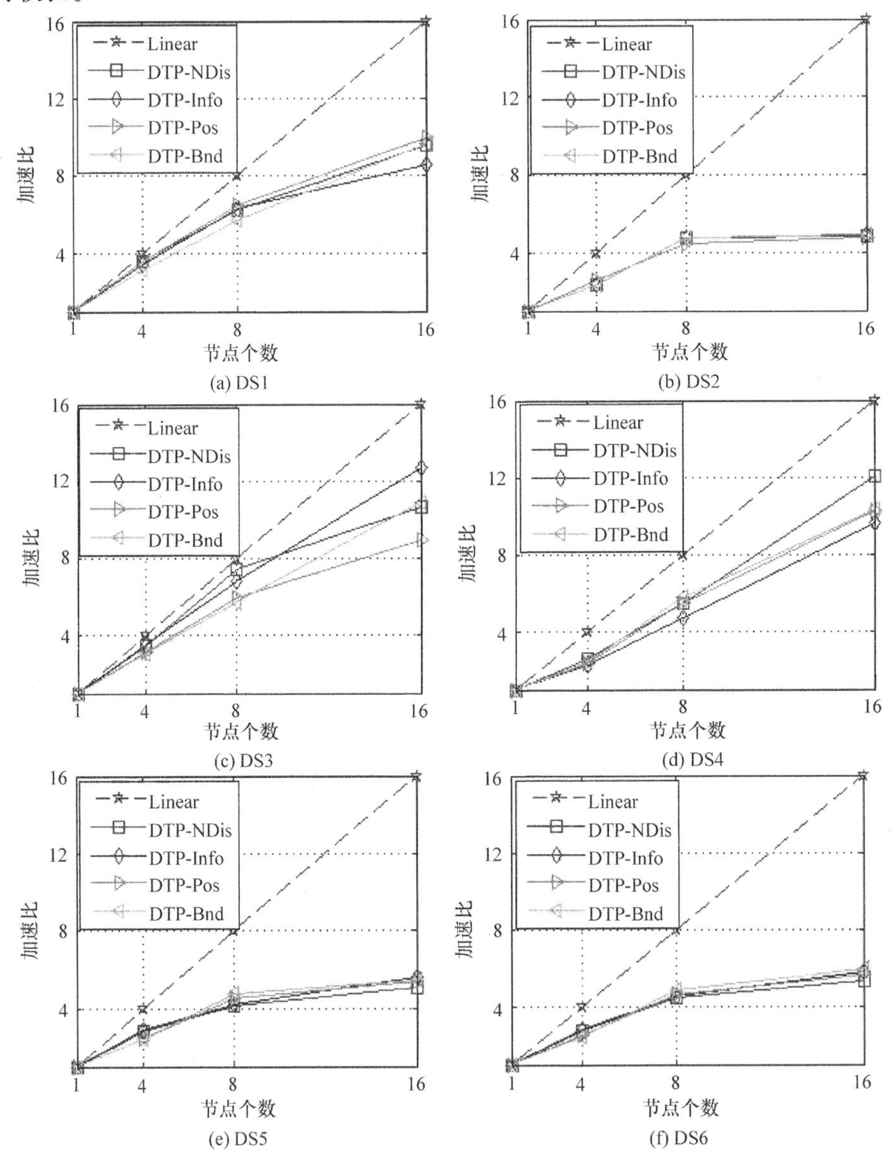

(a) DS1　(b) DS2　(c) DS3　(d) DS4　(e) DS5　(f) DS6

图 4.16　大数据下 6 种知识约简算法加速比

3) 可扩展性

为了测定可扩展性，实验复制 1、2 和 4 倍的数据集 DS3、DS4 和 DS6，分别在 4、8 和 16 节点下运行。图 4.17 为 3 个数据集在不同节点上的可扩展性结果。实验结果显示，

4 种知识约简算法具有较好的可扩展性。

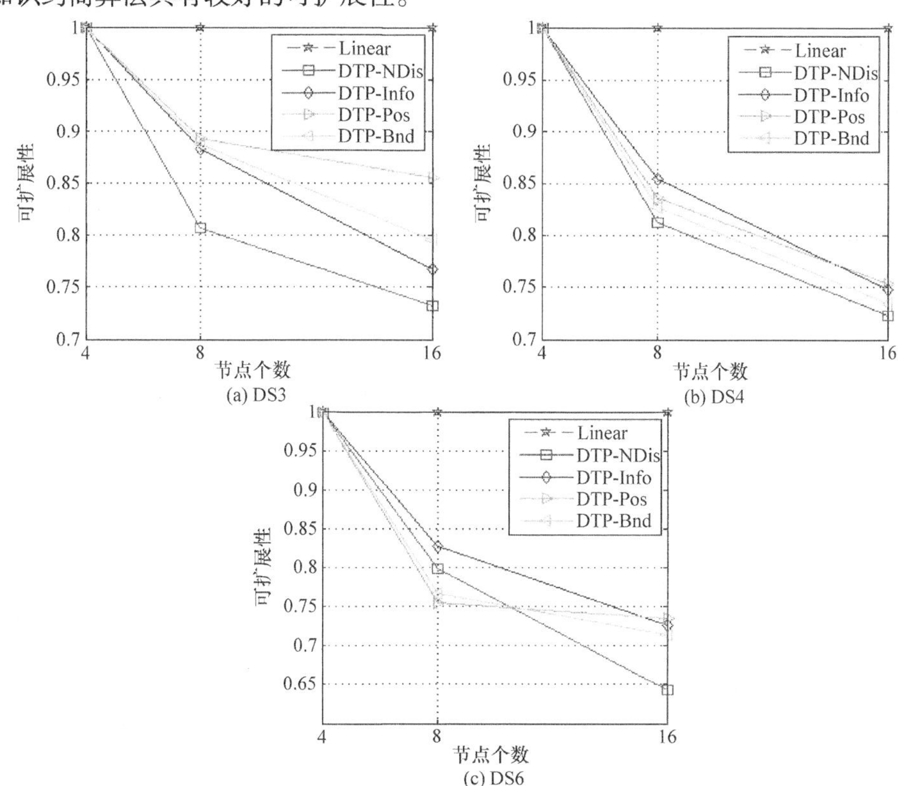

图 4.17　大数据下 4 种知识约简算法的可扩展性

4.5.4　讨论

根据经典的正区域、差别矩阵和信息熵的知识约简算法中的属性重要性测度，本章给出了一个大数据下知识约简算法框架模型。但是，自 Pawlak 提出粗糙集理论以来，许多学者研究了属性重要性测度。文献[105]提出了一种既考虑正区域大小又考虑边界域大小的一致性测度。文献[128]～文献[130]将差别矩阵元素中属性出现频率作为单个属性重要性测度。文献[131]～文献[134]从信息论角度提出了信息熵、信息增益率等属性重要性测度。文献[135]提出了正则化决策的测度。文献[136]利用 branch&bound 算法提出了一种计算属性重要性的测度。文献[137]首次提出了知识粒度，并给出属性重要性的测度。文献[138]和文献[139]在不同知识粒度下探讨了一些属性重要性的测度。文献[140]比较了基于划分的一些不同属性重要性测度，并给出了一个属性重要性测度的统一公式。若使用这些属性重要性测度，又可以产生若干大数据下的知识约简算法，但仍然可以归类到本章提出的大数据下知识约简算法框架模型中。

4.6　小　　结

传统的单机集中式串行知识约简算法通过改进排序算法或利用较好的数据表示来快

速计算等价类,但只能在主存中处理小数据集。为了进行面向大规模数据集的知识约简,讨论了各种数据并行策略,实现了等价类并行计算算法,提出了计算简化决策表获取算法和计算核属性算法。利用属性(集)的可辨识性和不可辨识性,设计了计算可辨识和不可辨识的对象对,提出了大数据下两种差别矩阵知识约简算法;研究了正区域和信息熵中属性重要性计算方法,提出了大数据下知识约简算法框架模型,并利用 Hadoop 开源平台在普通计算机的集群上进行了相关实验。实验结果表明本章提出的大数据下 Pawlak 粗糙集模型知识约简算法可以处理大规模数据集。

第 5 章　大数据下区间值信息系统的知识约简

随着云计算、物联网、移动互联网等新兴信息技术的迅猛发展，数据正以前所未有的速度呈爆炸式增长。来势汹涌的数据浪潮，把人类带进了大数据时代，无处不在的大数据成为各界关注的焦点[141-147]。大数据时代的到来引领了未来 IT 技术发展的战略走向，更是社会进步和发展的必然结果。有调查指出，如今大规模的企业系统包括由分布在不同位置的上千台服务器构成的完整数据中心[148]。如何从分布式存储的大数据中挖掘其潜在的价值，将大数据转化为经济价值的来源，日益成为企业超越竞争对手的有力武器。大数据已经撼动了世界的方方面面，从商业科技到医疗、政府、教育、经济、人文以及社会的其他各个领域。

分布式存储的大数据呈现出许多鲜明的特征：数据体量巨大、数据种类繁多、流动速度快、价值密度低。所有这些均对大数据的处理能力和效率提出了更高的需求。与以往的数据分析不同，对大数据的分析处理不再一味热衷于追求精确度和寻找因果关系[149]。面对海量即时数据，适当忽略微观层面上的精确度可以在宏观层面拥有更好的洞察力。同样，在大数据时代，寻求事物之间的相关关系而无须紧盯事物之间的因果关系，可以提供非常新颖且有价值的观点。

在很多实际大数据环境中均存在着大量的不确定性因素，采集到的数据往往包含噪声，不精确甚至不完整。粗糙集理论[6,7]是继概率论、模糊集、证据理论之后又一个处理不确定性的强有力的数学工具，在许多科学与工程领域中均得到成功应用。作为一种较新的软计算方法，粗糙集近年来受到越来越多的重视，其有效性已在各应用领域中得到证实，是当前国际上人工智能理论及其应用领域中的研究热点之一。粗糙集与概率论、模糊集、证据理论有很多相同的特征，但与后三者相比，粗糙集无须任何先验知识，只通过数据本身就可以获得知识，而概率论、模糊集和证据理论分别需要概率、隶属度和概率赋值等信息。

粗糙集研究中的核心问题之一是属性约简，通过属性约简可以求得决策表的最小表达，即在保持知识表达系统中分类能力不变的情况下，删除其中不相关或不重要的属性，这也是知识获取的关键。但是已经证明求解所有约简和求解最小约简都是 NP-Hard 问题，目前提出的属性约简算法大都基于启发式的，且都是针对集中式单决策表(即一张完整决策表)的情况，并不适用于分布式存储的大数据分析与挖掘。目前，已有学者对粗糙集的属性约简算法在分布式平台下进行研究并实现[150,151]。然而，这些算法仅仅是约简算法本身在分布式平台的实现，仍然处理的是集中式单决策表，并未考虑数据集的分布式存储。对分布式存储的大数据环境下约简算法的研究还不多见。对大数据的条件属性进行约简，可以选取保持决策分类不变的最小条件属性子集，从而大大减少大数据分析的工作量。分布式存储的带标签的每个大数据站点都可看成一张决策表，整体的大数据可认为是由多张决策表构成的,并且这些决策表的条件属性互不相同,但决策属性为同一个。因此，对分布式存储的大数据进行约简算法研究可转化为求多决策表的约简方法研究。文献[152]针对分布式多决策表的近似约简进行了相关研究，文献[153]在前面文献的基础上考虑到在某些应用场景中，各站点希望自己持有的本地决策表原始数据和敏感信息不被其他站点获取，从而加入隐私保护策略，设计了多决策表的隐私保护属性约简算法。由此可见，对多决策表(分布式存储的大数据)的研究离不开具体的应用。

随着智能电网建设的推进，电力大数据格局逐步形成。目前获得电力运行大数据的主要形式来源于分散在各地的不同系统数据库,所获得的数据类型也以连续值属性为主。与传统的分类方法不同，对大数据的分类研究不再单独考虑某一条数据，而是以数据块的形式作为一个研究对象。这是因为仅仅依靠某一条数据来判断它的类别信息已意义不大，而是应该考虑某个时间段内的数据特征，从而判断该数据段所属的类别。例如，基于电力大数据对负荷进行预测，单条数据不具备负荷预测的特质，而是应该将待预测的数据段与某时间段的数据进行相似性比较，从而确定负荷预测值。因此，对大数据的分类研究应从数据块开始。为了快速有效地对电力大数据建立分类模型，将数值型条件属性的数据块近似表示成区间值的形式，即通过该数据块的最大、最小值对数据块进行近似描述(非数值型的条件属性可转化为数值型处理)，从而研究区间值的属性约简策略，建立分类模型。已有学者对区间值条件属性约简方法进行了研究[22,154-156]，但这些方法均是针对一个集中数据集，并未考虑多决策表的情况，因此不适用于分布式存储的大数据环境。本章主要将分布式存储的大数据看成由多张决策属性相同、条件属性不同的决策表组成，在此基础上，将大数据进行分块使之区间化，研究多决策表的区间值全局近似约简方法。

本章的组织结构如下:5.1 节对多决策表以及区间值决策表的相关概念和性质进行介绍；5.2 节分别给出基于依赖度和基于互信息的区间值属性约简的相关定义和性质证明，并提出相应的算法，同时将近似约简引入上述方法中，增强算法的实用性；5.3 节给出多决策表下的区间值全局近似约简概念和性质证明，并提出相应的算法；5.4 节将以上算法在电力大数据中进行实验比较和分析，以验证算法的有效性；5.5 节对本章进行总结，并对未来的工作进行展望。

5.1 相关基本概念

为了避免篇幅过长，本节假设读者具备粗糙集的基本知识。本节主要介绍分布式环境中多决策表的相关概念和性质，以及区间值决策表的相关概念和性质。

5.1.1 多决策表的相关概念和性质

设有 m 个站点 $S_1,S_2,\cdots,S_m$，相应的局部决策表 DT_i (或成员决策表)的属性集分别为 $C_1\cup D,C_2\cup D,\cdots,C_m\cup D,\bigcap\limits_{i=1}^{m}=\varnothing$，各局部决策表具有相同的对象集 U 且均隐含一个对象

标识属性。通过该属性可将各局部决策表连接成一个单决策表DT $=<U,C\bigcup D,V,f>$，$C=\bigcup_{i=1}^{m}C_i$，并假设唯一的决策属性D的取值范围是$1,2,\cdots,l$。由D导出的决策类构成U的一个划分$\{\psi_1,\psi_2,\cdots,\psi_l\}$。其中，$\psi_i=\{u\in U:f(u,D)=i\}$，$i=1,2,\cdots,l$；$U$中的对象个数为$n$。

定义5.1[153] 全局决策表DT是一个四元组$<U,C\bigcup D,V,f>$。其中，U是一组对象的非空有限集合，称为论域，设有n个对象，则U可表示为$U=\{u_1,u_2,\cdots,u_n\}$；C为条件属性集；D为决策属性集；$V=\bigcup_{a\in(C\bigcup D)}V_a$，$V_a$为属性$a$的值域集；$f$是$U\times(C\bigcup D)\to V$的映射。

定义5.2[153] 在站点S_i $(i=1,2,\cdots,m)$处，局部决策表DT$_i$是一个四元组$<U,C_i\bigcup D,V,f>$。其中，C_i为条件属性集；D为决策属性集；$V=\bigcup_{a\in(C_i\bigcup D)}V_a$，$V_a$为属性$a$的值域集；$f$是$U\times(C_i\bigcup D)\to V$的映射。

由于在大数据的复杂环境中，要得到全局决策表的精确约简所花费的代价较高，对大数据的分析应更多地考虑时间因素，因此定义ε-近似约简如下(由于基于信息熵的定义方法比代数观下的更加直观，本节涉及的研究主要基于信息论的观点)。

定义5.3 对于给定的全局决策表DT和ε $(\varepsilon\geqslant 0)$，若$|H(D|C)-H(D|A)|\leqslant\varepsilon$ $(A\subseteq C)$，且$|H(D|C)-H(D|B)|>\varepsilon$ $(\forall B\subset A)$，则A为决策表的一个ε-近似约简。其中，$H(P|Q)$为条件信息熵，且$P,Q\subseteq C\bigcup D$。

上述定义中，如果条件属性集合C的值域为有限离散集合，则$H(P|Q)$可依据等价类的分布情况来计算。而在大数据环境中，条件属性集合C往往都是连续的，可选用Pazon窗方法或文献[72]中采用的模糊粗糙集方法计算连续值的条件熵。对大数据构建粗糙集分类模型的首要任务就是求得全局的ε-近似约简。

定义5.4 设X为论域U的一个子集，即$X\subseteq U$，$P\subseteq C$，X关于P的全局下近似为$\underline{P}X(C)=\{u\in U:[u]_p\subseteq X\}$，其中，$[u]_p=\{x\in U\mid\forall a\in P,f(u,a)=f(x,a)\}$。

性质5.1 若$A\subseteq C,B\subseteq C$，且$A\subseteq B$，则$H(D|A)\geqslant H(D|B)$。

5.1.2 区间值决策表的相关概念和性质

目前对区间值信息系统的研究大多基于无分类标签的信息系统[154-156]，也有学者对决策属性为区间值的决策系统进行了探讨。本小节基于电力大数据的特点，讨论条件属性为区间值，而决策属性为类别标签的情况。

定义5.5 设区间值决策表DT $=<U,C\bigcup D,V,f>$，非空有限属性集$C\bigcup D$包括条件属性集$C=\{a_1,a_2,\cdots,a_h\}$和决策属性集$D=\{d\}$两部分；$V=V_C\bigcup V_D$，其中，V_C为条件属性值集合，V_D为决策属性值集合；$f:U\times C\to V_C$为区间值映射，$f:U\times D\to V_D$为单值映射。

表5.1为一个区间值决策表[22]，其中，论域$U=\{u_1,u_2,\cdots,u_{10}\}$，条件属性集$C=\{a_1,a_2,a_3,a_4,a_5\}$，决策属性集$D=\{d\}$；条件属性值$f(a_k,u_i)=[l_i^k,u_i^k]$是区间值，如

$f(a_2,u_3)=[7.03,8.94]$；决策属性值 $d(u_i)$ 是单值，如 $d(u_3)=2$。

表 5.1 区间值决策表

U	a_1	a_2	a_3	a_4	a_5	d
u_1	[2.17,2.96]	[5.32,7.23]	[3.35,5.59]	[3.21,4.37]	[2.46,3.59]	1
u_2	[3.38,4.50]	[3.38,5.29]	[1.48,3.58]	[2.36,3.52]	[1.29,2.42]	2
u_3	[2.09,2.89]	[7.03,8.94]	[3.47,5.69]	[3.31,4.46]	[3.48,4.61]	2
u_4	[3.39,4.51]	[3.21,5.12]	[0.68,1.77]	[1.10,2.26]	[0.51,1.67]	3
u_5	[3.70,4.82]	[2.98,4.89]	[1.12,3.21]	[2.07,3.23]	[0.97,2.10]	2
u_6	[4.53,5.63]	[5.51,7.42]	[3.50,5.74]	[3.27,4.43]	[2.49,3.62]	2
u_7	[2.03,2.84]	[5.72,7.65]	[3.68,5.91]	[3.47,4.61]	[2.53,3.71]	1
u_8	[3.06,4.18]	[3.11,5.02]	[1.26,3.36]	[2.25,3.41]	[1.13,2.25]	3
u_9	[3.38,4.50]	[3.27,5.18]	[1.30,3.40]	[4.21,5.36]	[1.11,2.23]	1
u_{10}	[1.11,2.26]	[2.51,3.61]	[0.76,1.85]	[1.30,2.46]	[0.42,1.57]	4

经典粗糙集采用等价关系对论域进行划分，然而，区间值决策表中相同区间值形成的等价类很难对论域形成合理的划分。因此，引入相似率来表示 2 个区间值的相似程度，为论域的分类提供度量标准。

定义 5.6 设区间值决策表 $\mathrm{DT}=<U,C\cup D,V,f>$，$a_k\in C$，$f(a_k,u_i)=[l_i^k,u_i^k]$，其中，$l_i^k\leqslant u_i^k$。当 $l_i^k=u_i^k$ 时，表示对象 u_i 在属性 a_k 上的取值为一常数。若对于任意的 u_i 和任意的条件属性 a_k，$l_i^k=u_i^k$，则该决策表为传统的决策表。定义对象 u_i 与 u_j 关于属性 a_k 的相似度[35]为

$$r_{ij}^k=\begin{cases}0, & [l_i^k,u_i^k]\cap[l_j^k,u_j^k]=\not\subset\\ \dfrac{\mathrm{card}([l_i^k,u_i^k]\cap[l_j^k,u_j^k])}{\mathrm{card}(\max\{u_i^k,u_j^k\}-\min\{l_i^k,l_j^k\})}, & [l_i^k,u_i^k]\cap[l_j^k,u_j^k]\neq\not\subset\end{cases}$$

其中，card() 表示区间值的长度。显然，$0\leqslant r_{ij}^k\leqslant 1$。若 $r_{ij}^k=0$，则条件属性值 $f(a_k,u_i)$ 与 $f(a_k,u_j)$ 相离；若 $0<r_{ij}^k<1$，则条件属性值 $f(a_k,u_i)$ 与 $f(a_k,u_j)$ 部分相离或真包含；若 $r_{ij}^k=1$，则条件属性值 $f(a_k,u_i)$ 与 $f(a_k,u_j)$ 是完全不可分辨的。

条件属性值相似度描述了区间值环境下不同对象之间的等价程度。

定义 5.7[156] 设 $\mathrm{DT}=<U,C\cup D,V,f>$ 是一区间值决策表，给定一阈值水平 $\lambda\in[0,1]$ 和任意属性子集 $A\subseteq C$，定义一个 U 上的二元关系 R_A^λ：$R_A^\lambda=\{(x_i,x_j)\in U\times U:r_{ij}^k>\lambda,\forall a_k\in A\}$ 称为关于 A 的 λ-容差关系。

性质 5.2 设 $\mathrm{DT}=<U,C\cup D,V,f>$ 是一区间值决策表，给定一阈值水平 $\lambda\in[0,1]$ 和任意属性子集 $A\subseteq C$，显然 R_A^λ 是自反和对称的，但不一定是传递的。

性质 5.3 设 $\mathrm{DT}=<U,C\cup D,V,f>$ 是一区间值决策表，$\lambda\in[0,1]$，任意属性子集 $A\subseteq C$，则有 $R_A^\lambda=\bigcap\limits_{a_k\in A}R_{\{a_k\}}^\lambda$。

记 $R_A^\lambda(u_i)$ 表示区间值对象 u_i 在属性集 A 下的 λ-相容类。以表 5.1 为例，当 $\lambda=0.7$，$A=a_1$ 时，根据定义 5.6 和定义 5.7 计算可得：$R_{\{a_1\}}^{0.7}(u_1)=\{u_1,u_3,u_7\}$，$R_{\{a_1\}}^{0.7}(u_2)=\{u_2,u_4,u_9\}$，$R_{\{a_1\}}^{0.7}(u_3)=\{u_1,u_3,u_7\}$，$R_{\{a_1\}}^{0.7}(u_4)=\{u_2,u_4,u_9\}$，$R_{\{a_1\}}^{0.7}(u_5)=\{u_5\}$，$R_{\{a_1\}}^{0.7}(u_6)=\{u_6\}$，$R_{\{a_1\}}^{0.7}(u_7)=\{u_1,u_3,u_7\}$，$R_{\{a_1\}}^{0.7}(u_8)=\{u_8\}$，$R_{\{a_1\}}^{0.7}(u_9)=\{u_2,u_4,u_9\}$，$R_{\{a_1\}}^{0.7}(u_{10})=\{u_{10}\}$。由于 λ-容差关系满足自反和对称，但不满足传递性，在计算 λ-相容类时只需考虑当前对象之后的记录，对之前的对象可通过对称关系获取，在大数据环境下可大大节省计算 λ-相容类的时间。如果 A 由多个属性组成，可根据性质 5.3，先分别计算区间值对象在每个属性下的 λ-相容类(满足 λ-容差关系的对象集合)，再通过交运算得到多属性的 λ-相容类。

定义 5.8　设 $\mathrm{DT}=<U,C\cup D,V,f>$ 是一区间值决策表，$\lambda\in[0,1]$，任意属性子集 $A\subseteq C$，$X\subseteq U$，定义 X 关于 A 的粗糙上、下近似为

$$\overline{R}_A^\lambda(X)=\{u_i\in U,R_A^\lambda(u_i)\cap X\neq\varnothing\},\quad \underline{R}_A^\lambda(X)=\{u_i\in U,R_A^\lambda(u_i)\subseteq X\}。$$

以上定义和性质实际并未涉及决策属性，仅仅是将无标签的区间值信息系统的概念简单地移植到区间值决策表中。

5.2　区间值决策表的启发式约简

文献[22]提出了一个基于区分函数的区间值决策表约简算法，然而该算法的计算复杂度较高，很难用于处理大数据。本节针对大数据分析中无须过度追求精确度的特点，分别从代数观和信息观给出了区间值决策表的启发式约简概念和性质证明，并提出相应算法。同时，为了增强算法的实用性，将近似约简概念引入，并提出相应方法。

5.2.1　代数观下区间值决策表约简的相关概念和性质

根据定义 5.8 可以定义决策属性关于区间值条件属性子集的上、下近似如下。

定义 5.9　设 $\mathrm{DT}=<U,C\cup D,V,f>$ 是一区间值决策表，$\lambda\in[0,1]$，由 D 导出的决策类构成 U 的一个划分 $\{\psi_1,\psi_2,\cdots,\psi_l\}$。任意条件属性子集 $A\subseteq C$，定义决策属性 D 关于 A 的上、下近似为

$$\overline{R}_A^\lambda(D)=\bigcup_{i=1}^{l}\overline{R}_A^\lambda(\psi_i),\quad \underline{R}_A^\lambda(D)=\bigcup_{i=1}^{l}\underline{R}_A^\lambda(\psi_i)$$

其中，$\overline{R}_A^\lambda(X)=\{u_i\in U,R_A^\lambda(u_i)\cap X\neq\varnothing\}$；$\underline{R}_A^\lambda(X)=\{u_i\in U,R_A^\lambda(u_i)\subseteq X\}$，$R_A^\lambda(u_i)$ 表示区间值对象 u_i 在属性集 A 下的 λ-相容类。

决策属性 D 的下近似也称为正域，记为 $\mathrm{POS}_A^\lambda(D)$。正域的大小反映的是分类问题在给定属性空间中的可分离程度。正域越大，表明各相容类的重叠区域越少。为了度量属性的重要度，定义决策属性 D 相对于区间值条件属性 A 的 λ-依赖度为

$$\gamma_A^\lambda(D)=\frac{|\underline{R}_A^\lambda(D)|}{|U|}$$

其中，$|\bullet|$ 表示集合的基。$0\leqslant\gamma_A^\lambda(D)\leqslant 1$，表示区间值对象集合中根据条件属性 A 的描述，

那些能够被某一类决策完全包含的对象所占全体对象的比率。显然，正域越大，决策属性 D 对条件属性 A 的依赖性越强。

性质 5.4 给定区间值决策表 $\mathrm{DT}=<U,C\cup D,V,f>$ 和 λ，如果 $B\subseteq A\subseteq C$ 且 $u_i\in \mathrm{POS}_B^{\lambda}(D)$，则 $u_i\in \mathrm{POS}_A^{\lambda}(D)$ 成立。

证明 假设 $u_i\in \underline{R}_B^{\lambda}(D_j)$，其中 D_j 表示决策类别为 j 的对象集合，即 $R_B^{\lambda}(u_i)\subseteq D_j$。由于 $B\subseteq A\subseteq C$，$R_A^{\lambda}(u_i)\subseteq R_B^{\lambda}(u_i)$，因此 $R_A^{\lambda}(u_i)\subseteq R_B^{\lambda}(u_i)\subseteq D_j$，从而有 $u_i\in \mathrm{POS}_A^{\lambda}(D)$。

性质 5.5 $\gamma_A^{\lambda}(D)$ 是单调的。如果 $A_1\subseteq A_2\subseteq\cdots\subseteq C$，则 $\gamma_{A_1}^{\lambda}(D)\leqslant\gamma_{A_2}^{\lambda}(D)\leqslant\cdots\leqslant\gamma_C^{\lambda}(D)$。

证明 根据性质 5.4 可知，$\forall u_i\in \mathrm{POS}_{A_1}^{\lambda}(D)$，有 $u_i\in \mathrm{POS}_{A_2}^{\lambda}(D),\cdots,u_i\in \mathrm{POS}_C^{\lambda}(D)$。可能存在 $u_j\notin \mathrm{POS}_{A_1}^{\lambda}(D)$，但 $u_j\in \mathrm{POS}_{A_2}^{\lambda}(D),\cdots,u_j\in \mathrm{POS}_C^{\lambda}(D)$。因此有 $|\mathrm{POS}_{A_1}^{\lambda}(D)|\leqslant|\mathrm{POS}_{A_2}^{\lambda}(D)|\leqslant\cdots\leqslant|\mathrm{POS}_C^{\lambda}(D)|$。由于 $\gamma_A^{\lambda}(D)=\dfrac{|\mathrm{POS}_A^{\lambda}(D)|}{|U|}$，因此有 $\gamma_{A_1}^{\lambda}(D)\leqslant\gamma_{A_2}^{\lambda}(D)\leqslant\cdots\leqslant\gamma_C^{\lambda}(D)$。

定义 5.10 设 $\mathrm{DT}=<U,C\cup D,V,f>$ 是一区间值决策表，$\lambda\in[0,1]$，$A\subseteq C$，$\forall a_k\in A$，如果 $\gamma_{A-\{a_k\}}^{\lambda}(D)<\gamma_A^{\lambda}(D)$，则称属性 a_k 相对于属性集 A 是必要的。否则如果 $\gamma_{A-\{a_k\}}^{\lambda}(D)=\gamma_A^{\lambda}(D)$，则称属性 a_k 相对于属性集 A 是多余的。如果 $\forall a_k\in A$ 都是必要的，则称属性集 A 是独立的。

如果 $\gamma_{A-\{a_k\}}^{\lambda}(D)=\gamma_A^{\lambda}(D)$，表明从决策表中去掉属性 a_k，决策表的正域不会发生改变，即各类的可区分性不变。也就是说属性 a_k 没有给分类带来任何的贡献，因此 a_k 是多余的。相反地，如果删除 a_k，决策表的决策正域变小了，则表明各类的可区分性变差了，此时，a_k 不能被删除。

定义 5.11 设 $\mathrm{DT}=<U,C\cup D,V,f>$ 是一区间值决策表，$\lambda\in[0,1]$，$A\subseteq C$，称属性子集 A 是条件属性集 C 的一个 λ-约简，如果 A 满足：

(1) $\gamma_A^{\lambda}(D)=\gamma_C^{\lambda}(D)$；

(2) $\forall a_k\in A$，$\gamma_{A-\{a_k\}}^{\lambda}(D)<\gamma_A^{\lambda}(D)$。

该定义中的条件(1)要求 λ-约简不能降低决策表的区分能力，λ-约简应该与决策表中全部条件属性具有相同的分辨能力；条件(2)要求在一个 λ-约简中不存在多余的属性，所有的属性都应该是必要的。这一定义与经典粗糙集模型中的定义在形式上是完全一致的。然而，该模型定义了区间值空间中的 λ-约简，而经典粗糙集是定义在离散空间中的。

定义 5.12 设 $\mathrm{DT}=<U,C\cup D,V,f>$ 是一区间值决策表，$\lambda\in[0,1]$，$A_1,A_2,\cdots,A_s$ 是该决策表的所有 λ-约简，则定义 $\mathrm{CORE}=\bigcap_{i=1}^{s}A_i$ 为决策表的核。

5.2.2 基于依赖度的区间值决策表 λ-约简算法

如果要找出区间值决策表的全部 λ-约简，需要计算 2^h-1 个属性子集，判断它们是否满足 λ-约简的条件。其中，h 是条件属性的个数。这对于拥有上百个，甚至上千个属性的大数据而言，计算量是不可容忍的。本小节将基于依赖度的概念，构造启发式约简算法，大大降低算法的复杂度。由于依赖度描述了条件属性对分类的贡献，因此，可以作为属性重要度的评价标准。

定义 5.13　设 $\mathrm{DT}=<U,C\cup D,V,f>$ 是一区间值决策表，$\lambda\in[0,1]$，$A\subseteq C$，$\forall a_k\in C-A$，定义 a_k 相对于 C 的重要度为

$$\mathrm{SIG}(a_k,A,D)=\gamma^{\lambda}_{A\cup\{a_k\}}(D)-\gamma^{\lambda}_{A}(D)$$

有了属性重要度的定义，就可以构造区间值 λ-约简的贪心算法。该算法以空集为起点，每次计算全部剩余属性的属性重要度，从中选取属性重要度值最大的属性加入 λ-约简集合中，直到所有剩余属性的重要度为 0，即加入任何新的属性，依赖度不再发生变化为止。前向搜索算法能够保证重要的属性先被加入 λ-约简中，从而不损失重要的特征。后向搜索算法难以保证这个结果，因为对于有大量冗余属性的区间值决策表而言，即使那些重要的属性被删除也不一定会降低整个决策表的区分能力。因此，最终可能保留了大量区分能力很弱，但作为一个整体依然能够保持原始数据分辨能力的特征，而不是少量区分能力很强的特征。基于依赖度的区间值决策表的 λ-约简算法描述见算法 5.1。

算法 5.1　基于依赖度的区间值决策表 λ-约简(λ-Reduction in Interval-valued Decision Table based on Dependence, RIvD)

输入：$\mathrm{DT}=<U,C\cup D,V,f>$，$\lambda$。

输出：λ-约简 red。

1. 令 $\mathrm{red}=\varnothing$；
2. 对所有属性 $a\in C$，计算属性 a 下的 λ-相容类 $R^{\lambda}_{\{a\}}$；
3. 对任意的 $a_k\in C-\mathrm{red}$，计算 $\mathrm{SIG}(a_k,\mathrm{red},D)=\gamma^{\lambda}_{\mathrm{red}\cup\{a_k\}}(D)-\gamma^{\lambda}_{\mathrm{red}}(D)$；//定义 $\gamma^{\lambda}_{\varnothing}(D)=0$
4. 选择 a_i，满足：$\mathrm{SIG}(a_i,\mathrm{red},D)=\max\limits_{k}(\mathrm{SIG}(a_k,\mathrm{red},D))$；
5. 如果 $\mathrm{SIG}(a_i,\mathrm{red},D)>0$，$\mathrm{red}=\mathrm{red}\cup\{a_i\}$，转至步骤 3；

否则返回 red，结束。

设条件属性 C 的个数为 h，区间值对象个数为 n，则该算法的时间复杂度为 $O(n^2+hn)$。

以上为代数观点下的区间值 λ-约简算法。在传统粗糙集中，对于一致决策表的启发式算法，已经证明代数观点与信息论观点等同。然而对于不一致决策表，信息论观点下对象的划分依然可以改变知识的条件信息熵，即基于条件信息熵的属性约简与影响不一致对象划分的粒度有一定的关系，主要体现在基于条件信息熵的属性约简可以增加一些属性，而这些属性影响了不一致对象划分的粒度，因此粗糙集的信息论观点包含了其代数观点，为决策表的知识获取和规则提取提供了更加有效的途径。因此，非常有必要对基于条件信息熵的区间值属性约简进行进一步的研究。

5.2.3　信息观下区间值决策表约简的相关概念和性质

由于在区间值决策表中，λ-容差关系取代了等价关系，不再构成论域的划分而是覆盖。因此首先定义区间值决策表的 λ-知识粗糙熵，进而定义 λ-信息熵及 λ-条件信息熵

等概念。知识粗糙熵表征了知识整体的统计特征，是总体的平均不确定性的量度；信息熵也是度量信息的平均不确定性的量度，与知识粗糙熵的和为$\log_2|U|$；条件信息熵表示在如果已经完全知道某变量(集)的前提下，另一变量(集)的信息熵还有多少；为了计算条件信息熵，需要用到联合信息熵的概念。

定义 5.14　设$\mathrm{DT}=<U,C\cup D,V,f>$是一区间值决策表，$\lambda\in[0,1]$，$U=\{u_1,u_2,\cdots,u_n\}$。任意属性子集$A\subseteq C$，则区间值决策表的$\lambda$-知识粗糙熵定义为

$$H_{\mathrm{Rough}}(R_A^\lambda)=\frac{1}{|U|}\sum_{i=1}^{|U|}\log_2 f_A^\lambda(u_i)$$

其中，$f_A^\lambda(u_i)$表示u_i在所有$u_j(1\leqslant j\leqslant|U|)$的$\lambda$-相容类中出现的次数。

性质 5.6　若R是基于知识A的等价关系，则有$H_{\mathrm{Rough}}(R_A^\lambda)=H_{\mathrm{Rough}}(A)$。

证明　如果R是基于知识A的等价关系，则对象u_i所在的λ-相容类就是等价类。设属性集A将论域划分为k个不同的等价类$\{X_1,X_2,\cdots,X_k\}$，则有

$$\begin{aligned}H_{\mathrm{Rough}}(R_A^\lambda)&=\frac{1}{|U|}\sum_{i=1}^{|U|}\log_2 f_A^\lambda(u_i)=\frac{1}{|U|}\sum_{j=1}^{k}|R(u_j)|\log_2|R(u_j)|\\&=\sum_{j=1}^{k}\frac{|R(u_j)|}{|U|}\log_2|R(u_j)|=H_{\mathrm{Rough}}(A)\end{aligned}$$

知识粗糙熵与信息熵的和为论域的信息量$\log_2|U|$，所以等价关系下知识粗糙熵为

$$\log_2|U|+\sum_{i=1}^{k}\frac{|R(u_i)|}{|U|}\log_2\frac{|R(u_i)|}{|U|}=\sum_{i=1}^{k}\frac{|R(u_i)|}{|U|}\log_2|R(u_i)|$$

性质 5.7　设$\mathrm{DT}=<U,C\cup D,V,f>$是一区间值决策表，$\lambda\in[0,1]$，$U=\{u_1,u_2,\cdots,u_n\}$。$B\subseteq A\subseteq C$，则有$H_{\mathrm{Rough}}(R_A^\lambda)\leqslant H_{\mathrm{Rough}}(R_B^\lambda)$。

性质 5.7 可由定义 5.14 直接推理得到。性质 5.7 说明区间值决策表的λ-知识粗糙熵随着知识分辨能力的增强而单调下降。

有了上述对区间值决策表λ-知识粗糙熵的定义，根据知识粗糙熵与信息熵之和为$\log_2|U|$可以定义区间值决策表的λ-信息熵如下。

定义 5.15　设$\mathrm{DT}=<U,C\cup D,V,f>$是一区间值决策表，$\lambda\in[0,1]$，$U=\{u_1,u_2,\cdots,u_n\}$。任意属性子集$A\subseteq C$，则区间值决策表的$\lambda$-信息熵定义为

$$H(R_A^\lambda)=-\frac{1}{|U|}\sum_{i=1}^{|U|}\log_2\frac{f_A^\lambda(u_i)}{|U|}$$

性质 5.8　设$\mathrm{DT}=<U,C\cup D,V,f>$是一区间值决策表，$\lambda\in[0,1]$，$U=\{u_1,u_2,\cdots,u_n\}$。$B\subseteq A\subseteq C$，则有$H(R_A^\lambda)\geqslant H(R_B^\lambda)$。

证明　如果$B\subseteq A\subseteq C$，则有$R_A^\lambda\subseteq R_B^\lambda$，则存在$u_i\in U$，使$f_B^\lambda(u_i)\leqslant f_A^\lambda(u_i)$，根据定义 5.15，则有$H(R_A^\lambda)\geqslant H(R_B^\lambda)$。

性质 5.8 说明λ-相容类形成对论域的覆盖块越小，知识所包含的信息量就越大。

定义 5.16　设$\mathrm{DT}=<U,C\cup D,V,f>$是一区间值决策表，$\lambda\in[0,1]$，$U=\{u_1,u_2,\cdots,u_n\}$，

$P,Q \subseteq C \cup D$，则 P,Q 的 λ-联合信息熵可表示为

$$H(R_P^\lambda \cup R_Q^\lambda) = -\frac{1}{|U|}\sum_{i=1}^{|U|}\log_2 \frac{f_{P\cup Q}^\lambda(u_i)}{|U|}$$

其中，$f_{P\cup Q}^\lambda(u_i)$ 表示区间值对象 u_i 在属性集 $P \cup Q$ 下的 $u_j(1 \leqslant j \leqslant |U|)$ λ-相容类中出现的次数。

定义 5.17　设 $\mathrm{DT} = < U, C \cup D, V, f >$ 是一区间值决策表，$\lambda \in [0,1]$，$U = \{u_1, u_2, \cdots, u_n\}$，$P,Q \subseteq C \cup D$ 且 $P \neq Q$，则知识(属性集合) Q 相对于知识(属性集合) P 的 λ-条件信息熵的定义为

$$H(R_Q^\lambda | R_P^\lambda) = \frac{1}{|U|}\sum_{i=1}^{|U|}\log_2 \frac{f_P^\lambda(u_i)}{f_{P\cup Q}^\lambda(u_i)}$$

定理 5.1　设 $\mathrm{DT} = < U, C \cup D, V, f >$ 是一区间值决策表，$\lambda \in [0,1]$，$U = \{u_1, u_2, \cdots, u_n\}$，$A \subseteq C$，$a_k \in A$，属性 a_k 是不必要的，其充分必要条件是 $H(D | R_A^\lambda) = H(D | R_{A-\{a_k\}}^\lambda)$。

证明　首先证明必要条件。

假设存在 $a_k \in A$ 是不必要的，对于任意 $u_i \in U$ 则有 $R_A^\lambda(u_i) = R_{A-\{a_k\}}^\lambda(u_i)$，易得 $H(D | R_A^\lambda) = H(D | R_{A-\{a_k\}}^\lambda)$。

接着证明充分条件。

假设存在 $a_k \in A$ 满足 $H(D | R_A^\lambda) = H(D | R_{A-\{a_k\}}^\lambda)$。如果对于任意的 $a_k \in A$ 都是必要的，即存在 $u_i \in U$ 使不等式 $R_A^\lambda(u_i) \neq R_{A-\{a_k\}}^\lambda(u_i)$ 成立。又由于 $A - \{a_k\} \subset A$，有 $H(D | R_A^\lambda) < H(D | R_{A-\{a_k\}}^\lambda)$，这与假设 $H(D | R_A^\lambda) = H(D | R_{A-\{a_k\}}^\lambda)$ 相矛盾。由此可知，对于任意的 $a_k \in A$，当 $H(D | R_A^\lambda) = H(D | R_{A-\{a_k\}}^\lambda)$ 时，a_k 是不必要的。

定义 5.18　设 $\mathrm{DT} = < U, C \cup D, V, f >$ 是一区间值决策表，$\lambda \in [0,1]$，$A \subseteq C$，称属性子集 A 是条件属性集 C 的一个 λ-约简，如果 A 满足:

(1) $H(D | R_A^\lambda) = H(D | R_C^\lambda)$；

(2) $\forall a_k \in A$，$H(D | R_A^\lambda) \neq H(D | R_{A-\{a_k\}}^\lambda)$。

区间值的 λ-条件信息熵描述的是一个属性集对另一属性集的依赖程度。由定理 5.1 可知，λ-条件信息熵可以应用到区间值决策表的 λ-约简中。

5.2.4　基于互信息的区间值 λ-约简算法

为了能够进行有效的知识约简，必须建立一个衡量属性重要性的标准。在传统粗糙集理论的信息观点下，提出在决策表中添加某个属性所引起的互信息的变化大小可以作为该属性重要性的度量。

设 $\mathrm{DT} = < U, C \cup D, V, f >$ 是一区间值决策表，$\lambda \in [0,1]$，$B \subseteq C$。那么，在 B 中添加一个区间值条件属性 $a \in C - B$ 之后互信息的增量为

$$I(B \cup \{a\}; D) - I(B; D) = H(D | R_B^\lambda) - H(D | R_{B\cup\{a\}}^\lambda)。$$

其中，$I(x;y)$ 表示 x 与 y 的互信息。

定义 5.19 设 $\mathrm{DT}=<U,C\cup D,V,f>$ 是一区间值决策表，$\lambda\in[0,1]$，$B\subseteq C$，则对于任意区间值条件属性 $a\in C-B$ 的重要性 $\mathrm{SGF}(a,B,D)$ 定义为

$$\mathrm{SGF}(a,B,D)=I(B\cup\{a\};D)-I(B;D)=H(D\mid R_B^{\lambda})-H(D\mid R_{B\cup\{a\}}^{\lambda})$$

若 $B=\varnothing$，则 $\mathrm{SGF}(a,B,D)$ 变为 $\mathrm{SGF}(a,D)=H(D)-H(D\mid R_{\{a\}}^{\lambda})=I(a;D)$，为区间值条件属性 a 与决策 D 的互信息。$\mathrm{SGF}(a,B,D)$ 的值越大，说明在已知区间值条件属性子集 B 的条件下，区间值条件属性 a 对于决策 D 就越重要。

有了上述理论准备，就可以完整地提出基于互信息的区间值 λ-约简算法。同样地，可以采用前向贪心算法设计，以空集为起点，依据上述定义的属性重要性，逐次选择最重要的属性添加到约简子集中，直到终止条件满足。

算法 5.2 基于互信息的区间值决策表 λ-约简(λ-Reduction in Interval-valued Decision Table based on Mutual Information, RIvMI)

输入：$\mathrm{DT}=<U,C\cup D,V,f>$，$\lambda$。

输出：λ-约简 red。

1. 令 $\mathrm{red}=\varnothing$；

2. 对所有属性 $a\in C$，计算属性 a 下的 λ-相容类 $R_{\{a\}}^{\lambda}$；

3. 对任意的 $a_k\in C-\mathrm{red}$，计算 $\mathrm{SIG}(a_k,\mathrm{red},D)=H(D\mid R_{\mathrm{red}}^{\lambda})-H(D\mid R_{\mathrm{red}\cup\{a_k\}}^{\lambda})$；//当 $\mathrm{red}=\varnothing$ 时，计算 $\mathrm{SGF}(a_k,D)=H(D)-H(D\mid R_{\{a_k\}}^{\lambda})$；

4. 选择 a_i，满足：$\mathrm{SIG}(a_i,\mathrm{red},D)=\max\limits_k(\mathrm{SIG}(a_k,\mathrm{red},D))$；

5. 如果 $\mathrm{SIG}(a_i,\mathrm{red},D)>0$，$\mathrm{red}=\mathrm{red}\cup\{a_i\}$，转至步骤 3；

否则返回 red，结束。

算法 5.2 和算法 5.1 具有相同的时间复杂度，设条件属性 C 的个数为 h，区间值对象的个数为 n，则该算法的时间复杂度为 $O(n^2+hn)$。

为了更好地解决现实生活中的问题，就不能使用过于苛刻的约简条件，所以算法 5.1 和算法 5.2 中的约简条件 $\mathrm{SIG}(a_i,\mathrm{red},D)>0$ 可改为 $0<\mathrm{SIG}(a_i,\mathrm{red},D)<\varepsilon$。$\varepsilon$ 需要根据具体的数据提前设定。这种改进将在一定程度上使约简的结果更加接近现实生活，更加实用。ε 值的大小会直接影响分类的结果，进而影响算法结果的应用。ε 值过小会导致选取的条件属性过多，影响算法的实用性；ε 值过大会导致选取的条件属性过少而影响算法的精度。

5.3 多决策表下的区间值 λ-全局近似约简

5.2 节中的算法均只能对一个整体数据集进行处理，而大数据均是分布式存储在不同的位置。因此需要进一步讨论多决策表下的区间值 λ-全局约简方法。本节讨论信息论观点下的多决策表区间值 λ-全局约简方法，代数观点下的约简方法类似。

5.3.1　多决策表下的区间值 λ-全局约简相关概念和性质

在分布式环境中，网络通信代价是影响多决策表属性约简效率的关键。因此有效减小网络通信量是求解分布式环境下多决策表全局约简的关键任务。虽然将各站点的局部决策表传送到一中心站点可简单实现属性约简的求解，但该做法的网络通信量大，尤其在面对大数据环境(规模巨大且含有较高维数)的局部决策表(单个站点)时，需要传送大量的数据。

由定义 5.17 可知，区间值的 λ-条件信息熵 $H(D|R_A^\lambda)$ $(A\subseteq C)$ 仅与 λ-相容类 R_A^λ 及 $R_{A\cup D}^\lambda$ 有关，因此采用有效的 λ-相容类存储机制并只传送相应的 λ-相容类的策略，可有效地避免传送所有的局部决策表。为此，对于 λ-相容类 R_A^λ 中的 $R_A^\lambda(u_i)$ $(1\leqslant i\leqslant n)$，采用如下的三元组存放：

(站点标识，$|R_A^\lambda(u_i)|$，$R_A^\lambda(u_i)$ 中的区间值对象标号 ID 递增序列)

其中，$|\cdot|$表示区间值对象的个数。

对于不同站点 S_g 和 S_e 上的 λ-相容类 R_A^λ $(A\subseteq C_g)$，R_B^λ $(B\subseteq C_e)$，利用上述存储方式可得如下引理。

引理 5.1　对于不同站点 S_g 和 S_e 上的 λ-相容类 R_A^λ $(A\subseteq C_g)$，R_B^λ $(B\subseteq C_e)$，有

$$R_{A\cup B}^\lambda=\{R_A^\lambda(u_i)\cap R_B^\lambda(u_j): R_A^\lambda(u_i)\cap R_B^\lambda(u_j)\neq\varnothing, 1\leqslant i\leqslant n, 1\leqslant j\leqslant n\}。$$

可见，采用 λ-相容类传送方式，求 $R_{A\cup B}^\lambda$ 的网络通信量至多为 $n+\max(|R_A^\lambda|,|R_B^\lambda|)$ (n 为局部决策表的对象数)，而采用传送子局部决策表的方法，相应的网络通信量至少为 $\min(|A|,|B|)n$。在大数据环境下，所选出的属性子集个数远大于 1，即 $\min(|A|,|B|)\gg 1$。进一步地，利用引理 5.2 和定理 5.2 仅需传送 R_A^λ $(A\subseteq C_g)$ 或 R_B^λ $(B\subseteq C_e)$ 中的部分 λ-相容类即可求解 $R_{A\cup B}^\lambda$。

引理 5.2　对于不同站点 S_g 和 S_e 上的 λ-相容类 $R_A^\lambda=\{X_1,X_2,\cdots,X_s\}$ $(A\subseteq C_g)$，$R_B^\lambda=\{Y_1,Y_2,\cdots,Y_t\}$ $(B\subseteq C_e)$，$U/D=\{\psi_1,\psi_2,\cdots,\psi_l\}$，若 $X_w\subseteq\psi_k$ $(1\leqslant w\leqslant s, 1\leqslant k\leqslant l)$，则 $X_w\cap Y_j\subseteq\psi_k$。

定理 5.2　对于不同站点 S_g 和 S_e 上的 λ-相容类 $R_A^\lambda=\{X_1,X_2,\cdots,X_s\}$ $(A\subseteq C_g)$，$R_B^\lambda=\{Y_1,Y_2,\cdots,Y_t\}$ $(B\subseteq C_e)$，$U/D=\{\psi_1,\psi_2,\cdots,\psi_l\}$，若 $X_w\subseteq\psi_k$ $(1\leqslant w\leqslant s, 1\leqslant k\leqslant l)$，则 $\forall Y_j\in R_B^\lambda$ $X_w\cap Y_j\neq\varnothing$ 有 $p(X_w\cap Y_j)\sum_{j=1}^{d}p(X_w\cap Y_j\cap\psi_k)\log_2 p(X_w\cap Y_j\cap\psi_k)=0$。其中，$d$ 为与 X_w 相交不为空的 λ-相容类 Y_j 的个数。

证明　由于 $X_w\cap Y_j\neq\varnothing$，由引理 5.2 可知，$X_w\cap Y_j\subseteq\psi_k$，则 $p(X_w\cap Y_j\cap\psi_k)=1$ 成立，所以定理 5.2 成立。

定理 5.3　对于不同站点 S_g 和 S_e 上的 λ-相容类 $R_A^\lambda=\{X_1,X_2,\cdots,X_s\}$ $(A\subseteq C_g)$，$R_B^\lambda=\{Y_1,Y_2,\cdots,Y_t\}$ $(B\subseteq C_e)$，$U/D=\{\psi_1,\psi_2,\cdots,\psi_l\}$，若设 $Y_v(1\leqslant v\leqslant d)\subseteq\psi_{y(v)}(1\leqslant y(v)\leqslant l)$，$X_w(1\leqslant w\leqslant q)\subseteq\psi_{x(w)}(1\leqslant x(w)\leqslant l)$ (d 的含义同上)，则

$$H(D|R_{A\cup B}^{\lambda})=\sum_{i=q+1}^{s}\sum_{j=d+1}^{t}p(X_i\cap Y_j)\sum_{k=1}^{l}p(X_i\cap Y_j\cap\psi_k)\log_2 p(X_i\cap Y_j\cap\psi_k)$$

定理 5.3 可由定理 5.2 和定义 5.17 得证。

由定理 5.3 可知，对于 $R_A^{\lambda}=\{X_1,X_2,\cdots,X_s\}$ $(A\subseteq C_g)$，$R_B^{\lambda}=\{Y_1,Y_2,\cdots,Y_t\}$ $(B\subseteq C_e)$，$U/D=\{\psi_1,\psi_2,\cdots,\psi_l\}$，$X_w(1\leqslant w\leqslant q)\subseteq\psi_{x(w)}(1\leqslant x(w)\leqslant l)$，为求 $H(D|R_{A\cup B}^{\lambda})$ 仅需要将 λ-相容类 $X_{q+1},X_{q+2},\cdots,X_s$ 从站点 g 传送到站点 e，因此需要的网络通信量至多为 $\sum_{i=q+1}^{s}|X_i|+s-q$。而 $s-q<|R_A^{\lambda}|$，$\sum_{i=q+1}^{s}|X_i|<\sum_{i=1}^{s}|X_i|$，且通常大数据环境下 $s-q$ 相对于 $\sum_{i=q+1}^{s}|X_i|$ 可忽略不计。为方便起见，记 $Z(R_A^{\lambda})=\{X_i\in R_A^{\lambda}:X_i\cap\psi_k\neq\varnothing\wedge X_i\cap\psi_r\neq\varnothing,1\leqslant k\neq r\leqslant l\}$，表示不包含在某决策类中的相容类；记从某站点传送 λ-相容类 R_A^{λ} 到另一站点需要的网络通信量为 $NZ(R_A^{\lambda})$。

由基于互信息的约简算法可知，在算法的运行过程中，随着重要属性的不断扩展，网络传输代价将快速降低。

5.3.2　多决策表下的区间值 λ-全局近似约简算法

依据 5.2.4 小节的基于互信息的区间值属性 λ-近似约简方法和上述相容类传送策略，可设计多决策表下的区间值 λ-全局近似约简算法如下。

算法 5.3　多决策表下的区间值 λ-全局近似约简(λ-Global Approximate Reduction in Interval-valued Multi-Decision Tables, GARIv)

输入：$\mathrm{DT}=\langle U,C\cup D,V,f\rangle$，$\lambda$。

输出：λ-全局近似约简 red。

1. 令 $\mathrm{red}=\varnothing$；

2. 各站点上并行计算 λ-相容类 $R_{\{a_k\}}^{\lambda}(a_k\in C_i)$；各站点并行计算 $Z(R_{\{a_k\}}^{\lambda})(a_k\in C_i)$，找到各站点 S_i 的使 $H(D|R_{\{a_k\}}^{\lambda})$ 最小的属性 a_i；并在站点 S_j 得到使 $H(D|R_{\{a_j\}}^{\lambda})\leqslant H(D|R_{\{a_i\}}^{\lambda})$ $(a_i\in C_i)$ 的属性 a_j (即 a_j 是各站点选出的 a_i 中条件熵最小的一个)，$\mathrm{red}=\mathrm{red}\cup\{a_j\}$，$H(D|R_{\mathrm{red}}^{\lambda})=H(D|R_{\{a_j\}}^{\lambda})$；

3. 若 $(C_i-\mathrm{red})\neq\varnothing$，$i\neq j$，将站点 S_j 得到的 $Z(R_{\mathrm{red}}^{\lambda})$ 传送到各站点 S_i，在各站点并行计算 $Z(R_{\mathrm{red}\cup\{a_k\}}^{\lambda})(a_k\in(C_i-\mathrm{red}))$，找到各站点 S_i 的使 $H(D|R_{\mathrm{red}\cup\{a_k\}}^{\lambda})$ 最小的属性 a_i；并在站点 S_j 得到使 $H(D|R_{\mathrm{red}\cup\{a_j\}}^{\lambda})\leqslant H(D|R_{\mathrm{red}\cup\{a_i\}}^{\lambda})$ $(a_i\in(C_i-\mathrm{red}),i\neq j)$ 的属性 a_j (即 a_j 是各站点选出的 a_i 中条件熵最小的一个)，记 $\mathrm{SIG}(a_j,\mathrm{red},D)=H(D|R_{\mathrm{red}}^{\lambda})-H(D|R_{\mathrm{red}\cup\{a_j\}}^{\lambda})$；

4. 如果 $\mathrm{SIG}(a_j,\mathrm{red},D)>\varepsilon$ 且 $\mathrm{red}\neq\bigcup_{i=1}^{m}C_i$ (m 为站点数)，$\mathrm{red}=\mathrm{red}\cup\{a_j\}$，转至步骤 3；否则，输出 λ-全局近似约简 red。

在实际应用中，可采用将数量较小的 λ-相容类传送到数量相对较大的 λ-相容类所在的站点来进一步优化该算法。

5.4　实验与分析

火电站是一个多子系统串联的复杂大系统，主要设备是锅炉、汽轮机和发电机，完成从热能到机械能，最后到电能的转换。现代电站的机组均采用了分散控制系统 DCS，许多老电站也大多进行了 DCS 的改造。随着 DCS 在电力行业的普遍推广，电站大都分布式存储了大量运营生产数据。DCS 产生海量的生产数据，逐步形成电力大数据格局。生产数据在时间上具有很强的规律性，通过发电站的历史数据分析，找到电站运行规律，可为发电站的运行、检修和事故处理提供决策依据。现有数据挖掘技术在电站生产数据上进行了较多的尝试，也取得了一定的成果。然而，现有数据挖掘方法大都没有注意到电站运行数据的特点，即在没有对数据进行稳态判定的情况下直接进行数据挖掘。工况划分不够明确，导致挖掘结果与实际运行数据的可比性不是很好。本实验按电站生产特点，对生产数据进行稳态判定，建立分类模型。通过对分类结果的准确率及建立分类模型的时间来评价所提算法的有效性。

5.4.1　实验数据

本实验选用某电厂的一台 600MW 机组进行实验。所有数据均存放在两个不同的工业实时数据库中，监测电厂的长期运行状态，包括汽轮机部分、锅炉部分和管道部分等各方面的数值数据。为了测试本章所提算法 1(RIvD)和算法 2(RIvMI)，先将各实时数据库中的历史数据进行了集成。该电厂数据采集时间为 1min，即每分钟产生一条数据。选用 2012 年上半年的数据作为实验对象，除去机组检修停机时间，共产生 107184 条记录。集成后的数据共有 427 个属性，除去系统自动生成关键字 ID 号和数据保存时间，共有 425 个条件属性(均为数值型)。对运行数据根据稳态工况参数判定公式进行稳态和非稳态标注，形成决策属性。从而得到一张大型的决策表。为了测试算法 3(GARIv)的有效性，原各系统数据不作处理，为每个数据库数据添加同一决策属性。

为了评价算法的性能，我们对数据的区间设计多种划分方法。如每隔 10min，20min，…，90min 为一个区间。若在划分过程中，遇到某一个区间对应不同的决策类，则将同一个决策类的数据划分为一个小的区间，下一个区间从不同决策类开始。

5.4.2　实验环境

所有实验都运行在 Intel Xeon(R) Processor(Four Core，2.5GHz，16GB RAM)工作站上，利用 Java 进行编写。为了测试 GARIv 算法，在该工作站搭建两台虚拟机作为两个站点。为了保证实验比较的公平性，采用十折交叉确认估计分类的准确率。

5.4.3　评价指标

由于 ε -近似约简只影响所选属性子集的长度(即所选子集个数)，并不影响按重要性选取属性的先后顺序，所以本章并未对 ε 的取值进行讨论。对电力大数据构建分类模型，除了考虑算法的运行时间，还应考虑算法的平均分类准确率。本章主要针对区间值启发式约简进行研究，因此在评价算法的准确率时，测试数据和训练数据均按照相同的时间进行分块，对每个属性求最大最小值，对数据块采用区间值记录保存。选取与训练数据块相似度最高的决策类作为测试数据块的决策类，与测试数据块真实的决策类进行比较，计算正确分类的比例。对整个过程仍采用十折交叉确认计算分类的平均准确率。

5.4.4　参数的选择和设置

首先将算法 5.1～算法 5.3 在所选数据集上进行实验，记录各算法在不同区间长度选

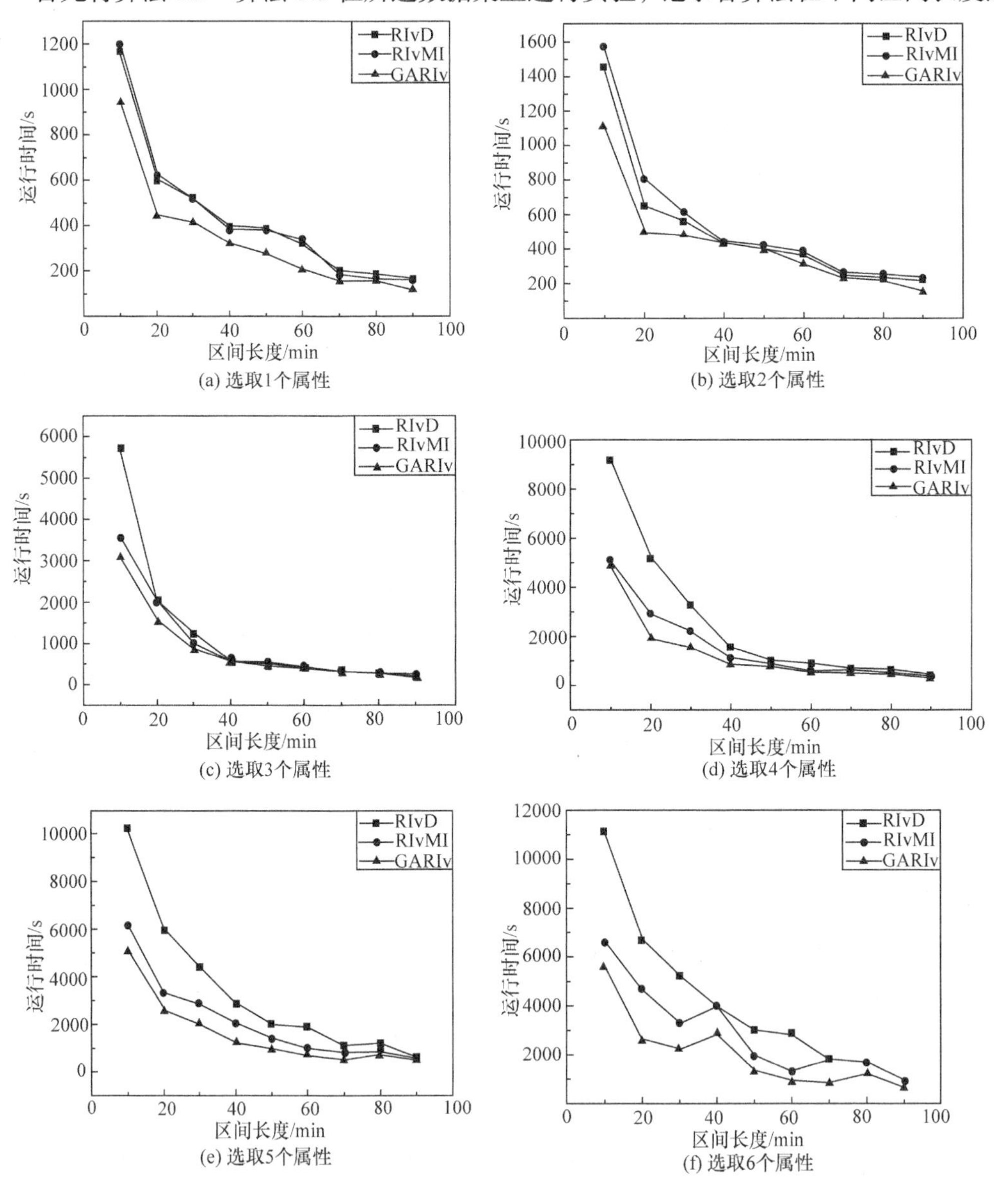

图 5.1　λ=0.7 时不同约简算法的运行时间

取不同属性个数所需的时间。图 5.1(a)～图 5.1(f)分别表示当λ=0.7 时，区间长度为 10min，20min，…，90min 选取不同属性个数的运行时间图。图 5.2(a)～图 5.2(c)表示λ=0.5，0.7，0.9 时，不同区间长度下选取 3 个属性时所需的运行时间；图 5.2(d)～图 5.2 (f)表示不同λ取值时，随着区间长度变化选取 6 个属性所需的运行时间。数据区间化时间不计算在内，仅考虑区间值约简算法选取属性的运行时间。

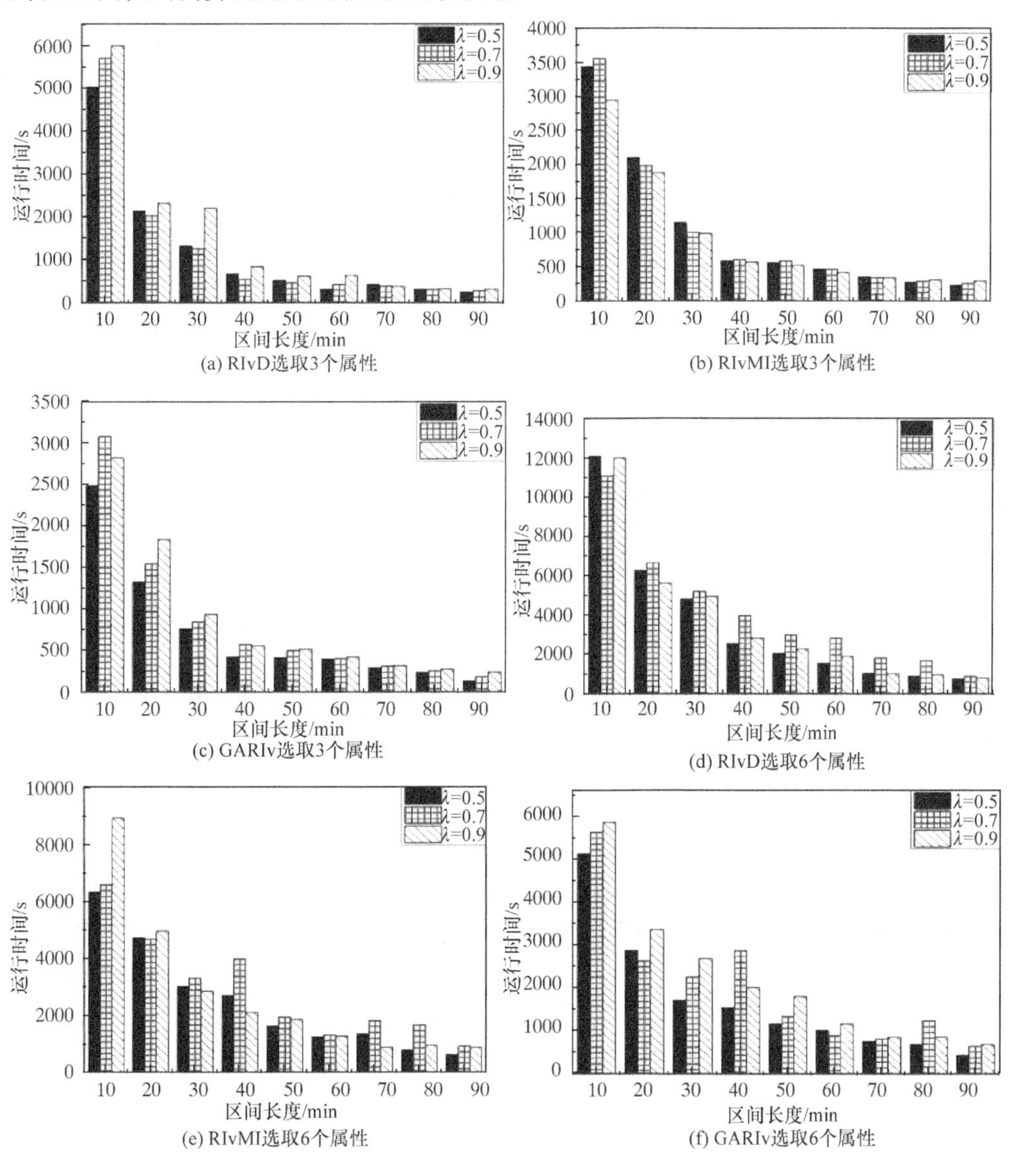

图 5.2　不同λ取值时各约简算法的运行时间

从图 5.1 可以看出，随着区间长度的增加，数据对象成倍减少，3 种算法的运行时间也大大降低。但随着区间长度的增加，区间之间的重合度将增加，容易造成λ-相容类的元素个数增加，添加一个属性时对相容类的交运算量增加，因此算法的运行时间没有呈线性变化。甚至在某些时候，特别是当区间长度越长时，随着区间长度的增加，运行时间没有因为对象的减少而减少，反而增加，这也可能是因为区间的长度虽然增加，但由于λ-相容类的元素个数增加，从而导致运行时间也有所增加。RIvD 算法与 RIvMI 算法在属性个数较少时，运行时间较为相似，但随着属性个数的增加，RIvD 算法的运行时间大于 RIvMI 算法。这可能是因为随着属性个数的增加，通过交运算后相容类的个数增加，而计算正域时需要重新判断每个相容类是否属于正域，导致 RIvMI 算法的计算时间增加。对于 RIvMI 算法，虽然增加一个属性后相容类个数也会随着增加，但在计算新的条件熵时，可在原条件熵的基础上通过交运算来计算新的条件熵，因此随着属性个数的增加，RIvMI 算法比 RIvD 算法所需时间普遍较少。由图 5.1 还可以看出，GARIv 算法的运行时间最少。理论上来说，GARIv 算法所需的时间应为 RIvMI 算法的 1/2(共 2 个站点并行计算)，但由于在计算相容类时，涉及部分相容类的传输与交运算，以及虚拟机的配置低于整个工作站，所以 GARIv 算法的实际运行时间高于理论值。但总体来说，GARIv 算法的运行时间低于 RIvMI 算法。随着站点个数的增加，GARIv 算法的实际运行时间应明显低于 RIvMI 算法。

由图 5.2 可以看出，3 种算法的运行时间受λ取值的影响不具规律性。随着λ的增加，相容类越细，即相容类元素个数越少。对于 GARIv 算法来说，所需要传输的相容类也就越多，所以同样的条件下，运行时间略长。

将 3 种算法在ε=0.01 时选出的不同属性子集进行平均分类准确率比较，结果见图 5.3。图 5.3(a)为λ=0.5 时的算法平均分类准确率；图 5.3(b)为λ=0.7 时各算法的平均分类准确率；图 5.3(c)为λ=0.9 时各算法的平均分类准确率。从图中可以看出，3 种算法的平均分类准确率在合适区间长度上基本均能达到 80%以上。当λ=0.7，区间长度为 20min 时，各算法总体平均分类准确率最高。RIvD 算法和 RIvMI 算法的重要性度量方法不同，导致所选取属性子集也不同。由图 5.3 可以看出，RIvMI 算法所选取的属性子集比 RIvD 算法的分类准确率稍高。这可能是因为数据区间化后产生了不一致现象，而基于依赖度(正域)的方法不适合处理不一致问题，因此分类准确率比 RIvMI 算法略低。GARIv 算法相当于将 RIvMI 算法在垂直划分的数据集上并行进行约简算法，但两种算法所选取的属性子集并不相同。这是因为 RIvMI 算法在选取属性时，当某些属性的重要度一样时，则先选择最左边的属性到约简集合中。而 GARIv 算法所处理的数据集可看成 RIvMI 算法数据集垂直方向的划分，因此属性的排序不同，两个算法所选取的属性子集也不同。

同时，由图 5.3 还可以看出，当区间长度超过 1h 后，虽然运行时间减少，但平均分类准确率大幅下降。这主要是因为如果数据区间长度过大，数据的区间值不能反映数据块的数据特征；同理，如果数据区间长度过小，不仅使得运行时间较长，而且数据块信息不够充分，同样会导致较低的分类准确率。因此，对于区间值约简算法，区间长度的选取对算法整个结果的影响较大，应根据不同的应用设置不同的区间选取粒度。

由此可知，本章所提的区间值约简算法适用于处理呈连续分布的数据，而无法处理跳跃式分布的数据。

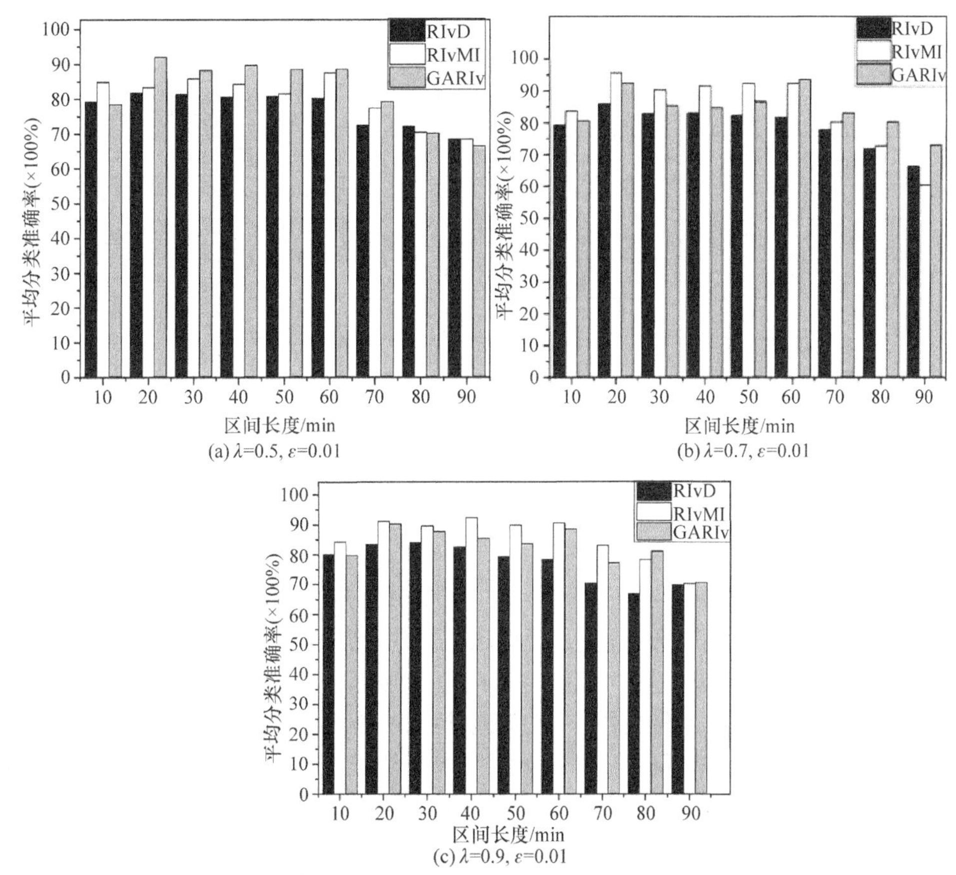

图 5.3　不同约简算法在不同λ取值的平均分类准确率

通过对以上实验所选取的属性子集进行比较，发现所选取的属性子集中大都包含发电机功率、主汽压力(机侧)、主汽温度(机侧)、再热热段温度(机侧)、#1 高加进汽温度 5 个属性，这与实际判断稳态所涉及的指标相吻合。

为了进一步考察本章提出的 3 种算法的有效性，将以上实验的平均分类准确率与传统分类器 k 近邻(KNN)、径向基函数神经网络(RBF)、缩减误差修剪树(REPTree)的平均分类准确率进行比较，结果见表 5.2。

表 5.2　平均分类准确率

算法		区间长度								
		10min	20min	30min	40min	50min	60min	70min	80min	90min
RIvD	λ=0.5	79.2%	81.7%	81.4%	80.5%	80.7%	80.2%	72.4%	72.1%	68.5%
	λ=0.7	79.2%	85.9%	82.8%	83.1%	82.3%	81.7%	77.8%	71.9%	66.2%
	λ=0.9	80.1%	83.5%	84.0%	82.6%	79.4%	78.5%	70.3%	66.9%	69.9%
RIvMI	λ=0.5	84.8%	83.3%	85.8%	84.3%	81.5%	87.5%	77.4%	70.5%	68.5%
	λ=0.7	83.6%	95.7%	90.3%	91.7%	92.4%	92.5%	80.3%	72.8%	60.4%
	λ=0.9	84.3%	91.2%	89.7%	92.4%	89.9%	90.6%	83.1%	78.4%	70.3%

续表

算法		区间长度								
		10min	20min	30min	40min	50min	60min	70min	80min	90min
GARIv	λ=0.5	78.5%	92.0%	88.3%	89.7%	88.5%	88.6%	79.3%	70.2%	66.5%
	λ=0.7	80.7%	92.4%	85.4%	84.8%	86.7%	93.6%	83.1%	80.3%	73.1%
	λ=0.9	79.8%	90.3%	87.8%	85.5%	83.7%	88.6%	77.3%	81.2%	70.6%
1NN	89.5%									
2NN	89.2%									
3NN	86.8%									
5NN	81.9%									
10NN	73.5%									
RBF	54.7%									
REPTree	52.9%									

从表 5.2 中可以看出，在传统分类方法中，KNN 的分类效果最好。对 RBF 和 REPTree 两种方法的分类准确率都较低，这是因为对电力大数据的判稳应该基于某一段数据，而对于某一条数据而言，无法正确判断其是否在稳态或非稳态中。KNN 的分类效果较好主要是因为决策类的取值都是分段的，同一段数据的决策类相同，因此计算 k 近邻时，离测试数据距离最近的 k 个点所对应的决策类与相邻测试数据可能相同，并且随着 k 值的增加，易出现跨类的现象，导致平均分类准确率下降。而本章所提出的 3 种算法均是基于区间的，更加符合判稳的条件，因此平均分类准确率比传统方法高。由此也可看出，本章提出的 3 种算法对大数据的分类问题是有效的，根据不同的应用选取不同的区间长度，确定λ的值，根据所需的属性个数确定 ε 的值。对于分布式存储的大数据，可直接采用 GARIv 算法对数据进行处理，求得全局近似约简。

5.5 小　　结

本章针对电力大数据分类问题的特点，提出了基于依赖度和互信息的区间值约简算法，并针对大数据的分布式存储，提出了信息论观点下的区间值全局近似约简概念和方法，并在电力大数据的判稳中进行应用，取得了较好的结果。由于电力大数据的分析应用中大多都需考虑某个数据段的变化而不是某一条数据，将数据集进行区间化，不仅可以大大减少大数据的数据量，降低大数据分析的难度，同时符合电力大数据的具体应用。而将数据集进行属性约简，在不影响整个数据集分类条件下也从维度上对大数据进行了缩减，大大降低了大数据的数据量，从而降低了大数据分析难度。从实验结果来看，本章所提 3 种算法均是有效的，为区间值约简方法提供了新思路，同时为大数据的分类问题提供了新的解决方案。

第 6 章　大数据下层次粗糙集模型知识约简

粒计算是一种粒化的思维方式及方法论，是一种新的信息处理模式。本章主要从人的认知出发，分析先验知识在粒计算中的重要性，以粗糙集理论为背景，从不同层次、不同角度来构建层次粗糙集模型，从而降低数据规模；提出大数据下层次编码决策表获取算法，分析不同概念层次结构下的粒间关系；设计一种大数据下层次粗糙集模型约简算法，从而解决面向大规模数据集层次粗糙集模型约简算法中存在的问题。

6.1　引　　言

经典粗糙集模型利用等价类来描述粒，利用不同等价关系划分论域所得到的块表示不同的概念粒度，在机器学习、数据挖掘、模式识别等领域得到了广泛的应用，但仍然存在两方面的问题。一方面，经典粗糙集及其扩展理论大多数是从多角度(属性)、单层次(单层属性值域)进行问题求解，而没有体现从多角度、多层次进行问题求解的粒计算思想。另一方面，当遇到大规模数据集时，在单台计算机上所实现的经典粗糙集模型约简算法就显得无能为力。

众所周知，人类经常需要在不同粒层之间进行切换来处理问题，但粒计算却是人工智能领域中的一种新模型和新方法。目前，粒计算以姚一豫提出的粒计算三元论为基本研究框架，阐述哲学、方法论和计算模式 3 个侧面，用来指导人们进行结构化问题的求解和机器问题的求解。因此，可以利用粒化及分层思想对具体结构化问题进行知识约简和挖掘不同层次的决策规则。

在实际信息系统中，由于属性值域呈现一定的层次性，于是，不少学者[23,75-76,157, 158]在粒计算思想指导下开始注重这方面的研究。Feng 等[23]将多维数据模型和粗糙集技术相结合，提出了挖掘不同层次决策规则的方法。Wu 等[76]引入多尺度信息表，在不同粒度下挖掘层次决策规则。Hong 等[157]利用概念层次树来表示属性值域，从而构建了一种获取不同层次的确定性和可能性规则的学习算法。

6.2　层次粗糙集模型

从人类解决问题的过程来看，人类之所以能够在多粒度层次上求解问题并能往返自如，是与人的认知有关的，正是人的认知导致了人与机器在问题求解中的巨大差异。人类在问题的求解过程中，首先，下意识地使用与问题相关的先验知识，将问题分解成不同的层次，这样可以很容易地在多个层次上求解；其次，利用所拥有的先验知识将问题重新组织为一个“好”的问题表示，挖掘问题中潜在的某种层次结构，从而快速有效地求解问题；最后，人脑的问题求解机制是在人的记忆中搜索以前存储的与待求解问题相关的答案，从而表明人是依赖先验知识进行问题求解的。下面在粒计算思想指导下探讨如何组织先验知识，挖掘问题中潜在的层次结构。

6.2.1 定性属性粒化表示——概念层次树

人脑中一般存储很多方面的知识，但在具体的问题求解过程中，只有一小部分知识与待求解的问题相关。在求解问题时，只需提取出这部分相关的先验知识，然后根据问题求解的需要，将这些知识重新组织为层次嵌套结构[159, 160]。

下面为先验知识提供一种嵌套的层次组织方式。将与待求解问题相关的单角度、多层次的先验知识组织为一个概念层次，将与待求解问题相关的多角度、多层次的先验知识组织为一个概念格。概念是人类思维的基本单位，它对人们理解世界起着非常重要的作用，而且不同的概念结构将会提供不同质量的知识。人们对自己熟悉领域的概念有着很强的概念聚类能力，不仅能将每个概念与许多其他概念建立关联，而且能清楚地理解概念间的层次结构。

目前所提出的知识发现算法大多数是从原始数据中挖掘潜在的有价值的具体知识，而不能挖掘出更泛化、支持度更高的一般性知识。在现实世界中，数据通常可以被抽象到不同的概念层次上。将数据从较低层次抽象到更高层次上，不仅更加容易存储和表示数据，而且能够挖掘出一般性知识。因此，非常有必要在更高的抽象层次上进行知识发现。

概念层次在知识表示和推理方面扮演着重要的角色，下面具体探讨概念层次。为了简化，本节约定用树形结构表示概念层次(Concept Hierarchy)，因此称为概念层次树(Concept Hierarchy Tree)。

在一个概念层次树中，每个节点表示一个概念，边表示概念间的偏序关系。概念层次以简洁的形式表示知识。正如 Witold 指出的，粒计算是信息处理的金字塔，概念层次树也有着类似金字塔的形式，如较低层有多个节点，这些节点表示较具体的概念；较高层有较少的节点，这些节点表示较抽象的概念。换句话说，粒度化过程就是将数据如何从较低层次抽象到更高层次的转换过程。自 1993 年以来，Han 等[1,161-163]将概念层次作为重要的背景知识正式应用于数据挖掘。

在一些应用中，不同抽象程度的属性取值之间具有内在的偏序关系，呈现一定的层次性。例如，属性“时间”，其取值为日、月、季、年，这些值之间具有偏序关系、存在一定的层次嵌套结构。通过概念提升，很容易把分类数据提升为更泛化的抽象概念。再如，“学历”属性，可以组织为图 6.1 所示的概念层次树。

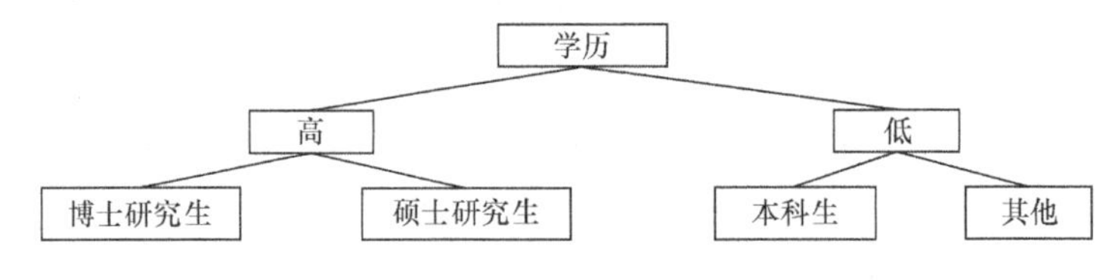

图 6.1 “学历”的概念层次树

在概念层次树中，属性值间的偏序关系反映了属性值(概念)间确定的泛化-特化关系。

其中叶节点是给定决策表中的实际属性值，每个内节点是由它的子节点抽象概括得到的属性值。在决策表中，各属性的每个属性值确定一个等价类，因此每个叶节点确定一个等价类，每个内节点确定的等价类由它子节点等价类的合并而得，且父节点与子节点间是超概念与子概念的关系。在概念层次树中，约定根节点所在的层次为 0 层，自上向下层标号逐层递增，直到叶节点为止，叶节点所在的层次称为概念树的层次或树的深度。

由于树形结构是有层次的，因此将属性值域粒度化为树形结构后，可以在多个抽象层次上处理数据。另外，在概念层次树中，每个高层(较抽象层)节点是由多个低层(较具体层)节点抽象得到的，当各属性沿着各自的概念层次树向上爬升时，属性值的数目就大大减少，相应的数据表规模也大大减小，因此可以将一个大的、具体的数据集转化为一个小的、概括的数据集。

概念层次树的构建可以通过对属性值域粒度化来完成。当然，在粒度化过程中要结合领域知识或者听取专家的指导意见。另外，有些学者[164,165]也已对此问题有所研究。Zhang 等[165]提出的隐结构模型与概念层次树类似，隐结构模型也具有在多个层次上分析数据的能力，因此可以借鉴隐结构的构建方法来构造概念层次树。属性值域粒度化的过程也可以看成属性值聚类的过程，因此有学者提出通过聚类方法构建概念层次树[166]。在属性值域粒度化过程中，可能会丢失一些细节信息，但粒度化后的数据更有意义，更容易解释，数据量也大大减少了，这样更有利于把握数据的全局，而不至于陷入一些不必要的细节中。在粒度化后的数据上进行数据处理，所需操作更少，提取的知识更有效。

6.2.2　定量属性粒化表示——云模型

在许多应用中会出现一些数值型的属性。由于数据分布较分散，而且数据量通常很大，如果直接在原始数据上操作不仅计算复杂性高，而且很难提取出有价值的信息，而在较高的抽象层上进行挖掘，可能获得更具有普遍意义的知识。例如，属性“年龄”，假设限定人的年龄为 0～100 的整数，相对而言，该属性取值个数较多，它们很难反映数据的全局特征。传统的离散化方法，如等距离区间法和等频率区间法，能够将数值离散化为区间，如将属性“年龄”的取值粒化为：青少年(0～20)、青年(21～35)、中年(36～50)、老年(51～100)，从而构建概念层次树。但这些离散化方法都没有考虑实际的数据分布情况，也无法反映从实际数据中抽取的定性概念的不确定性，其主要存在以下问题：首先，概念层次树中不同概念对应的数值区间界限分明，无法展现概念中所存在的模糊性；其次，概念树的树形结构无法反映一个属性值或概念同时隶属于多个上层概念的情况；再次，概念树是静态定义的，而在认知过程中概念具有相对性，不同应用场合所建立的概念树应该是不同的。因此，需要一种新的概念树来表示概念间的层次结构。

1. 基于云模型的概念提取

为了表示概念间的层次，可以用云模型来构造具有不确定性的泛化概念树。云模型[167,168]是李德毅提出的一种定性定量转换模型，该模型用语言值表示某个定性概念与其定量表示之间的不确定性，已经在智能控制、模糊评测等多个领域得到应用。云模型集成概率论和模糊集合论两种理论，通过特定构造算法，统一刻画概念的随机性、模糊性及其关联性。它是定性概念与定量数值之间转换的不确定性模型，不但能够从语言值表达的定性信息中获得定量数据的范围和分布规律，也能够把精确数值有效转换为恰当的定性语言值。云模型不需要先验知识，它可以从大量的原始数据中分析其统计规律，实现从定量值向定性概念的转化。

定义 6.1[167,168] (云模型)　设 U 是一个用数值表示的定量论域，C 是 U 上的定性概念，若定量值 $x\in U$ 是定性概念 C 的一次随机实现，x 对 C 的确定度 $\mu(x)\in[0,1]$ 是有稳定倾向的随机数，$\mu:U\to[0,1]$，$\forall x\in U, x\to\mu(x)$，则 x 在论域 U 上的分布称为云，记为 $C(X)$。每一个 x 称为一个云滴。

定义中的论域 U 可以是一维的，也可以是多维的。云模型具有以下性质。

(1) 对于任意一个 $x\in U$，x 到区间[0, 1]上的映射是一对多的变换，与模糊集不同，x 对 C 的确定度是一个概率分布，而不是一个固定的数值。

(2) 云模型产生的云滴之间无次序性，一个云滴是定性概念在数量上的一次实现，云滴越多，越能反映这个定性概念的整体特征，云滴形成的“高斯云分布”具有尖峰肥尾特性。

(3) 云滴出现的概率越大，云滴的确定度越大，则云滴对概念的贡献就越大。为了更好地理解云，可以借助(x, μ)的联合分布表示定性概念 C。

云模型是利用语言值来表示定性概念与其定量表示之间的不确定性转换模型，用以反映自然语言中概念的不确定性，是从经典的概率理论给出模糊隶属度的解释。云模型用期望 Ex(Expected Value)、熵 En(Entropy)和超熵 He(Hyper Entropy)3 个数字特征来反映定性概念的整体特征。期望 Ex 是论域空间中最能代表这个定性概念的数值，熵 En 反映了在论域中可被概念接受的数域范围，超熵 He 是熵不确定性的度量，即熵的熵。

利用云模型可对“青年”概念进行刻画，如图 6.2 所示。其中，横坐标是人的年龄，纵坐标是每个年龄对“青年”这一概念的隶属度。

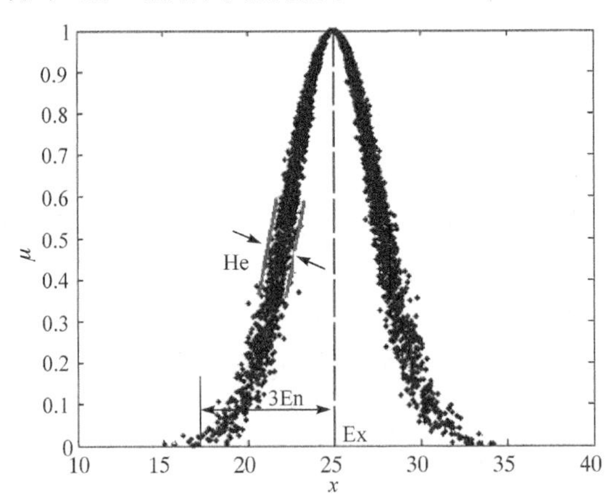

图 6.2　用云模型刻画“青年”的概念[168]

可以使用逆向云发生器算法将数值型数据转换为定性概念。它是根据一定数量的数据样本的分布特征，将其转换为以数字特征表示的定性概念，是从外延到内涵的过程。

下面仅介绍根据一阶绝对中心矩和方差计算的逆向云发生器算法。

算法 6.1[168]　RCG1(x_i)

输入：输入 N 个样本点 x_i，$i=1,\cdots,N$。

输出：反映定性概念的数字特征(Ex，En，He)。

(1) 根据 x_i 计算定量数据的样本均值 $\overline{X}=\frac{1}{N}\sum_{i=1}^{N}x_i$，一阶样本绝对中心矩 $\frac{1}{N}\sum_{i=1}^{N}|x_i-\overline{X}|$，样本方差(二阶中心距)：$c_2=\frac{1}{N-1}\sum_{i=1}^{N}(x_i-\overline{X})^2$；

(2) 计算期望 $\mathrm{Ex}=\overline{X}$，熵 $\mathrm{En}=\sqrt{\frac{\pi}{2}}\frac{1}{N}\sum_{i=1}^{N}|x_i-\overline{X}|$，超熵 $\mathrm{He}=\sqrt{c_2-\mathrm{En}^2}$。

通过逆向云发生器算法可以得到一系列云模型表示的原子概念。

2. 基于云变换的概念提升

基于云模型的粒计算方法一方面可以通过逆向云发生器将一类数据样本抽象成概念作为基本信息粒，通过概念的内涵代替概念的外延进行推理计算，更符合人类的逻辑思维；另一方面，针对不同类的混合数据样本，利用高斯混合模型的思想，构建云变换算法，从数据分布出发，抽取出不同粒度的概念，同时，构建云综合算法对距离相近的概念进行合并，实现概念粒度的爬升，从而形成人类认知推理中的可变粒计算。

所谓云变换(Cloud Transform)，就是从某一论域的实际数据分布中恢复其概念描述的过程，是一个从定量描述到定性描述的转换过程。具体来说，给定论域上的语言变量，总可以将其视为由一系列云模型表示的原子概念组成。从数据挖掘的角度看，云变换是从某个粗粒度概念的某一属性的实际数据分布中抽取更细粒度的概念。高频率出现的数据值对定性概念的贡献大于低频率出现的数据值。因此，可以将数据频率分布中的局部极大值点视为概念的中心，即云模型的期望。而后在原分布中减去该定性概念对应的数值部分，再寻找局部极大值点，重复上述过程，直到剩余的数据出现频率低于预先设定的阈值。

云变换实现连续数据的离散化，充分考虑了实际数据的分布，可以更好地从连续数据分布中提取定性概念。在泛化概念树中，同一层次的各个概念之间的区分不是硬性的，允许一定的交叠；概念抽取层次也是不确定的，既可以从底层逐层抽取概念，也可以直接跃层抽取上层概念。云变换方法根据属性域中数据值的分布情况，自动生成一系列由云模型表示的基本概念，实现对论域的软划分。在知识发现过程中，可以将这些基本概念作为泛化概念树的叶节点，进行概念提升。概念提升策略[169]主要有以下几种。

(1) 用户预先指定跃升的概念粒度，即根据用户指定的概念个数进行概念跃升。

(2) 自动跃升，即不预先指定要跃升的概念粒度，而是根据泛化概念树的具体情况以及人类认知心理学的相关特点，在挖掘过程中自动将概念跃升到合适的概念粒度。

(3) 人机交互式跃升，即用户多次干预挖掘的结果并具体指导概念的跃升。整个挖掘过程中，概念的粒度交互式地跃升，直至达到用户满意的概念层次。

通过云变换和云综合，可以将较低层次的概念合并为一个较高层次的综合概念，从而构建一个概念层次树[170]。构建概念层次树是一个复杂的过程，需根据属性取值并结合领域知识来构建。后面不涉及概念层次树的构建问题，均假定各属性的概念层次树已给出，如图 6.3 所示。

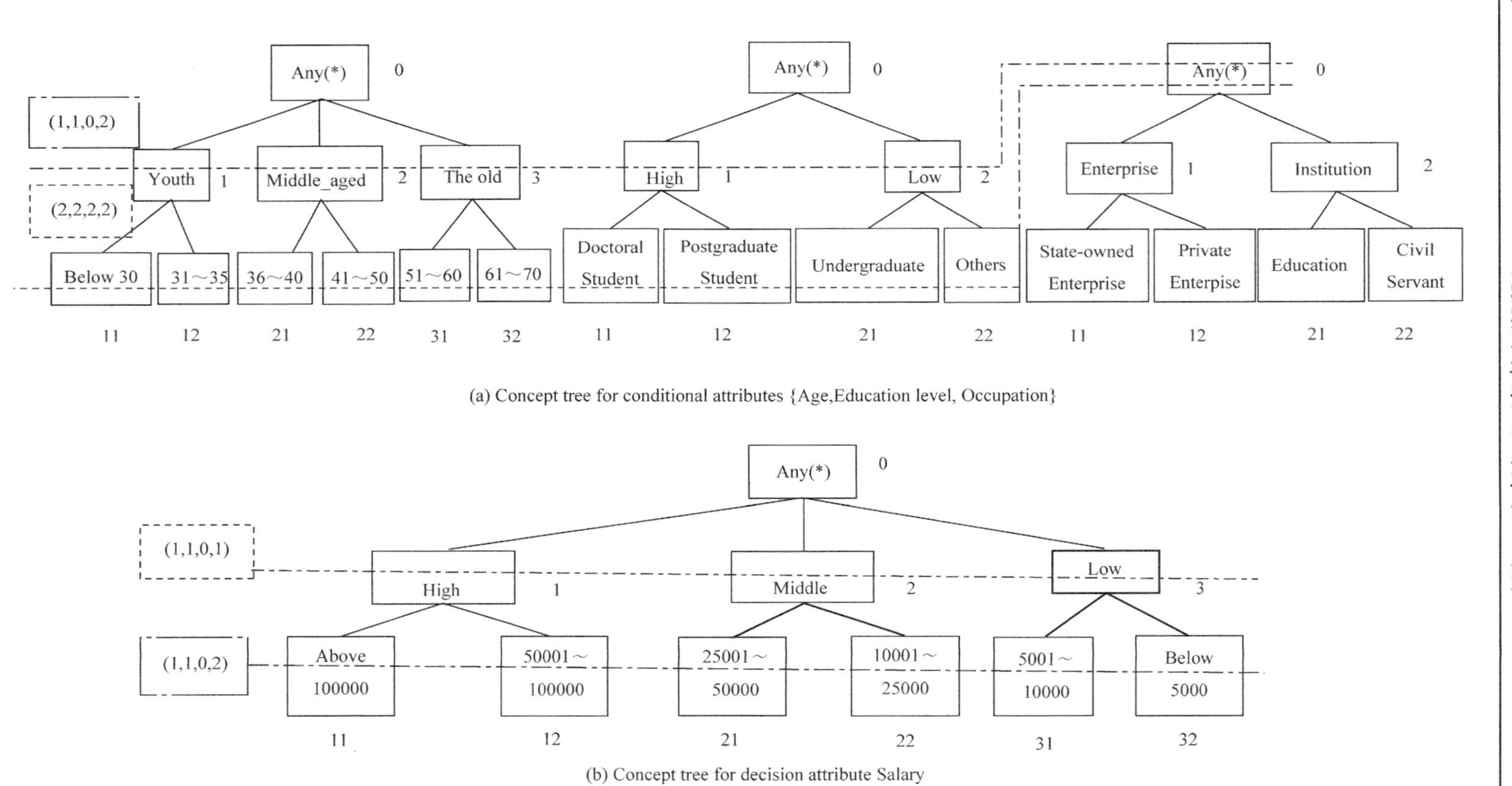

(a) Concept tree for conditional attributes {Age,Education level, Occupation}

(b) Concept tree for decision attribute Salary

图6.3　各属性的概念层次树

6.2.3　层次粗糙集模型

将经典粗糙集中的每个属性扩展为一棵概念层次树，得到一个粗糙集的扩展模型——层次粗糙集模型。该模型能有效地实现从多角度、多层次上分析和处理问题，是一个具体的、可操作的粒计算模型。

当决策表中各属性的概念层次树给定后，就可以根据问题求解的需要来选择任意的属性层次，每一组选定的各属性概念层次唯一确定一个决策表(该决策表可看作给定决策表的一个概要表)，随着各属性概念层次选择的不同，可以得到具有不同抽象程度的决策表，因此在这些决策表上提取的知识也就具有不同的抽象程度。可以证明，所有这些具有不同抽象程度的决策表形成了一个格，而且经典粗糙集的所有概念及运算在格中每一层的每个决策表上完全适用。

1. 层次决策表

定义 6.2 (层次决策表)　令 $S=(U,\mathrm{At}=C\cup D,\{V_a\,|\,a\in\mathrm{At}\},\{I_a\,|\,a\in\mathrm{At}\})$是一个决策表，则 $S_H=(U,\ \mathrm{At}=C\cup D,V_H,H_{\mathrm{At}},I_H)$是由 S 导出的层次决策表，其中，$H_{\mathrm{At}}=\{H_a\,|\,a\in\mathrm{At}\}$，$H_a\,(a\in\mathrm{At})$是属性 a 的概念层次树，其中根节点为属性 a 的名称，可代表任意值(*)，叶节点为 a 的可观测到的值或在原始层决策表中的值，内节点为属性 a 不同粒度下的属性值。$V_H=\bigcup\limits_{a\in At}V_a^{\mathrm{range}}$，$V_a^{\mathrm{range}}$表示属性 a 在不同抽象层次的所有取值。

对于给定的决策表 $S=(U,\ \mathrm{At}=C\cup D,\ \{V_a\,|\,a\in\mathrm{At}\},\{I_a\,|\,a\in\mathrm{At}\})$，其中，$C=\{c_1,c_2,\cdots,c_m\}$为条件属性集，当其条件属性值域均处于各自概念树的叶节点层时，记对应的决策表为$S_{\underbrace{l(c_1)l(c_2)\cdots l(c_m)}_{m}l(d)}=(U_{\underbrace{l(c_1)l(c_2)\cdots l(c_m)}_{m}l(d)}$，$\mathrm{At}=C\cup D$，$V^{\overbrace{l(c_1)l(c_2)\cdots l(c_m)}^{m}l(d)}$，$I^{\overbrace{l(c_1)l(c_2)\cdots l(c_m)}^{m}l(d)}$)，称为原始决策表，$U_{\underbrace{l(c_1)l(c_2)\cdots l(c_m)}_{m}l(d)}$为原始决策表的论域，$C$ 为条件属性集，D 为决策属性，$V^{\overbrace{l(c_1)l(c_2)\cdots l(c_m)}^{m}l(d)}$为原始决策表的值域，$I^{\overbrace{l(c_1)l(c_2)\cdots l(c_m)}^{m}l(d)}$为原始决策表的信息函数。类似地，对概念提升后得到的决策表，给出如下记号：$S_{k_1k_2\cdots k_mk_d}=(U_{k_1k_2\cdots k_mk_d}$，$\mathrm{At}=C\cup D$，$V^{k_1k_2\cdots k_mk_d}$，$I^{k_1k_2\cdots k_mk_d}$)，称为第$(k_1,k_2,\cdots,k_m,k_d)$个决策表。$U_{k_1k_2\cdots k_mk_d}$为第$(k_1,k_2,\cdots,k_m,k_d)$个决策表的值域，即属性$c_1$取其概念层次树的第$k_1$层值域，$c_2$取其概念层次树的第$k_2$层值域，…，$c_m$取其概念层次树的第$k_m$层值域，决策属性 D 取其概念层次树的第k_d层值域。$V^{k_1k_2\cdots k_mk_d}$表示第$(k_1,k_2,\cdots,k_m,k_d)$个决策表的值域。$I^{k_1k_2\cdots k_mk_d}$为第$(k_1,k_2,\cdots,k_m,k_d)$个决策表的信息函数。

从定义 6.2 可以看出，层次决策表是在原始决策表的基础上将每个属性扩展成了一棵概念层次树，因此每个属性的值域也相应地得到了扩充。

假设各属性的概念层次树均已给定，当各属性沿各自的概念层次树爬升到不同抽象层时，这些属性的值域就发生了变化，相应地，决策表的论域发生了变化，信息函数和决策表也发生了变化。决策表的各属性值域的一组抽象层次组合唯一确定一个决策表，因此可以用各属性值域的抽象层次来标记一个决策表。

例 6.1　给出一个决策表如表 6.1 所示，各属性的概念层次树如图 6.3 所示，则第

(1,1,2,1)个决策表如表 6.2 所示。

表 6.1　原始数据集

U	Age	Education level	Occupation	Salary
1	Below 30	Postgraduate Student	State-owned Enterprise	10 001～25 000
2	Below 30	Others	Civil Servant	5001～10 000
3	31～35	Postgraduate Student	State-owned Enterprise	10 001～25 000
4	36～40	Postgraduate Student	Private Enterprise	25 001～50 000
5	41～50	Undergraduate	Education	25 001～50 000
6	51～60	Others	Private Enterprise	Below 5000
7	41～50	Doctoral Student	State-owned Enterprise	25 001～50 000
8	36～40	Postgraduate Student	Private Enterprise	10 001～25 000
9	61～70	Postgraduate Student	State-owned Enterprise	Above 100 000
10	41～50	Undergraduate	Education	50 001～100 000

表 6.2　第(1,1,2,1)个决策表

U	Age	Education level	Occupation	Salary
{1,3}	Youth	High	State-owned Enterprise	Middle
2	Youth	Low	Civil Servant	Low
{4,8}	Middle_aged	High	Private Enterprise	Middle
5	Middle_aged	Low	Education	Middle
6	The old	Low	Private Enterprise	Low
7	Middle_aged	High	State-owned Enterprise	Middle
9	The old	High	State-owned Enterprise	High
10	Middle_aged	Low	Education	High

对于表 6.1 和表 6.2，很难看出两个表之间的关系，而且当获取其他决策表时，需要再次扫描各个属性的概念层次树，从而进行不同层次决策表之间的切换。因此，对原始决策表进行编码，从而轻松获取不同层次决策表。

2. 层次编码决策表

在概念层次树中，每层可以用数字进行标识。通常，根节点的层号标为 0，而其他节点的层号由父节点的层号加 1 构成。在这种情况下，可以使用整数编码模式对每层上的概念进行编码[53]。对于层 k 上的概念 v，从根节点开始遍历直至到概念 v 所在的节点，其对应的编码字符串为“$*/l_1/l_2/\cdots/l_k$”，l_i 为层 i 上概念所对应的数字，“/”为分隔符。当一个概念向上提升到根节点时，意味着该属性只有一个值，这时该属性在决策中没有意义。因此，我们顶多把概念提升到第 1 层。在不引起混淆的情况下，可将“$l_1/l_2/\cdots/l_k$”记为 $l_1 l_2 \cdots l_k$。例如，在图 6.3(a)中，属性 Education level 概念层次树中叶节点 Postgraduate

Student 就可以编码为 1/2 或者 12。当进行概念提升时，只需要将后面的用“*”表示，或直接截取掉，如属性 Education level 向上进行概念提升时，概念层次树中内节点 High 就可以编码为 1*或 1。这样，可以很容易看出内节点 High 和叶节点 Postgraduate Student 之间的关系。

性质 6.1　给定两个概念节点 A 和 B，其编码字符串分别为 $l_{A_1}/\cdots/l_{A_i}$ 和 $l_{B_1}/\cdots/l_{B_j}$，A 是 B 的一个兄弟节点当且仅当 $i=j$ 并且 $l_{A_k}=l_{B_k}$ $(k=1,\cdots,i-1)$时。

性质 6.1 表明如果两个节点是兄弟，则其编码字符串中包含父节点所对应的编码字符串。

性质 6.2　给定两个概念节点 A 和 B，其编码字符串分别为 $l_{A_1}/\cdots/l_{A_i}$ 和 $l_{B_1}/\cdots/l_{B_j}$，A 是 B 的一个孩子节点当且仅当 $i=j+1$ 并且 $l_{A_k}=l_{B_k}$ $(k=1,\cdots,i)$时。

性质 6.2 表明如果一个节点 A 是另一个节点 B 的孩子，则 A 节点所对应的编码字符串中包含 B 节点所对应的编码字符串。

通过性质 6.1 和性质 6.2，可以辨别概念层次树中任意两个节点之间的关系和构造各种编码字符串。

例 6.2　利用编码技术对原始决策表进行编码，其编码决策表及其对应的不同层次编码决策表如图 6.4 所示。

(1112)-th decision table

U	C_1	C_2	C_3	d
{1, 3}	1*	1*	1*	22
2	1*	2*	2*	31
{4, 7}	2*	1*	1*	21
5	2*	2*	2*	21
6	3*	2*	1*	32
8	2*	1*	1*	22
9	3*	1*	1*	11
10	2*	2*	2*	12

(1122)-th decision table

U	C_1	C_2	C_3	d
{1, 3}	1*	1*	11	22
2	1*	2*	22	31
4	2*	1*	12	21
5	2*	2*	21	21
6	3*	2*	12	32
7	2*	1*	11	21
8	2*	1*	12	22
9	3*	1*	11	11
10	2*	2*	21	12

…

(2212)-th decision table

U	C_1	C_2	C_3	d
1	12	11	1*	22
2	11	22	2*	31
3	12	12	1*	22
4	21	12	1*	21
5	22	21	2*	21
6	31	22	1*	32
7	22	11	1*	21
8	21	12	1*	22
9	32	12	1*	11
10	22	21	2*	12

(2222)-th decision table

U	C_1	C_2	C_3	d
1	12	11	11	22
2	11	22	22	31
3	12	12	11	22
4	21	12	12	21
5	22	21	21	21
6	31	22	12	32
7	22	11	11	21
8	21	12	12	22
9	32	12	11	11
10	22	21	21	12

(1111)-th decision table

U	C_1	C_2	C_3	d
{1, 3}	1*	1*	1*	2*
2	1*	2*	2*	3*
{4, 7, 8}	2*	1*	1*	2*
5	2*	2*	2*	2*
6	3*	2*	1*	3*
9	3*	1*	1*	1*
10	2*	2*	2*	1*

(1121)-th decision table

U	C_1	C_2	C_3	d
{1, 3}	1*	1*	11	2*
2	1*	2*	22	3*
{4, 8}	2*	1*	12	2*
5	2*	2*	21	2*
6	3*	2*	12	3*
7	2*	1*	11	2*
9	3*	1*	11	1*
10	2*	2*	21	1*

…

(2211)-th decision table

U	C_1	C_2	C_3	d
1	12	11	1*	2*
2	11	22	2*	3*
3	12	12	1*	2*
{4, 8}	21	12	1*	2*
5	22	21	2*	2*
6	31	22	1*	3*
7	22	11	1*	2*
9	32	12	1*	1*
10	22	21	2*	1*

图 6.4　不同层次编码决策表

3. 相关性质

对于层次粗糙集模型，可以得到以下相关性质。

性质 6.3　给定第$(i_1,i_2,\cdots,i_m,i_d)$个决策表和第$(j_1,j_2,\cdots,j_m,j_d)$个决策表，记它们的正区域分别为 $\mathrm{POS}_{(i_1,i_2,\cdots,i_m,i_d)}$ 和 $\mathrm{POS}_{(j_1,j_2,\cdots,j_m,j_d)}$，如果 $i_p \leqslant j_p$ $(p=1,2,\cdots,m)$和 $i_d = j_d$，则 $|\mathrm{POS}_{(i_1,i_2,\cdots,i_m,i_d)}| \leqslant |\mathrm{POS}_{(j_1,j_2,\cdots,j_m,j_d)}|$。

性质 6.3 表明，当决策属性的粒度层不变，各个条件属性的粒度层提升时，其正区域个数变少。更一般地，可以得到$|\mathrm{POS}_{(1,1,\cdots,1,i_d)}| \leqslant \cdots \leqslant |\mathrm{POS}_{(i_1,i_2,\cdots,i_m,i_d)}| \leqslant \cdots \leqslant |\mathrm{POS}_{(l(c_1),l(c_2),\cdots,l(c_m),i_d)}|$。由图 6.4 可以看出，$|\mathrm{POS}_{(1,1,2,2)}| = 6$，$|\mathrm{POS}_{(1,1,1,2)}| = 5$，则$|\mathrm{POS}_{(1,1,1,2)}| \leqslant |\mathrm{POS}_{(1,1,2,2)}|$。

性质 6.4　给定第$(i_1,i_2,\cdots,i_m,i_d)$个决策表和第$(j_1,j_2,\cdots,j_m,j_d)$个决策表，Red_j是第$(j_1,j_2,\cdots,j_m,j_d)$个决策表的一个约简，如果 $i_p \leqslant j_p$ $(p=1,2,\cdots,m)$和 $i_d = j_d$，则存在第$(i_1,i_2,\cdots,i_m,i_d)$个决策表的一个约简 Red_i 满足 $\mathrm{Red}_i \supseteq \mathrm{Red}_j$。

性质 6.4 表明，当决策属性的粒度层不变，各个条件属性的粒度层提升时，其约简结果中属性个数增多，这主要是因为正区域个数变少，需要增加属性才能区分一些不相容对象。

性质 6.5　给定第$(i_1,i_2,\cdots,i_m,i_d)$个决策表和第$(j_1,j_2,\cdots,j_m,j_d)$个决策表，记它们的正区域分别为 $\mathrm{POS}_{(i_1,i_2,\cdots,i_m,i_d)}$ 和 $\mathrm{POS}_{(j_1,j_2,\cdots,j_m,j_d)}$，如果 $i_p = j_p$ $(p=1,2,\cdots,m)$和 $i_d \leqslant j_d$，则 $|\mathrm{POS}_{(i_1,i_2,\cdots,i_m,i_d)}| \geqslant |\mathrm{POS}_{(j_1,j_2,\cdots,j_m,j_d)}|$。

性质 6.5 表明，当各个条件属性的粒度层不变，决策属性的粒度层提升时，其正区域个数变大。更一般地，可以得到$|\mathrm{POS}_{(i_1,i_2,\cdots,i_m,1)}| \geqslant \cdots \geqslant |\mathrm{POS}_{(i_1,i_2,\cdots,i_m,i_d)}| \geqslant \cdots \geqslant |\mathrm{POS}_{(i_1,i_2,\cdots,i_m,l(d))}|$。由图 6.4 可以看出，$|\mathrm{POS}_{(1,1,2,2)}| = 5$，$|\mathrm{POS}_{(1,1,2,1)}| = 8$，则$|\mathrm{POS}_{(1,1,2,1)}| \geqslant |\mathrm{POS}_{(1,1,2,2)}|$。

性质 6.6　给定第$(i_1,i_2,\cdots,i_m,i_d)$个决策表和第$(j_1,j_2,\cdots,j_m,j_d)$个决策表，Red_j是第$(j_1,j_2,\cdots,j_m,j_d)$个决策表的一个约简，如果 $i_p = j_p$ $(p=1,2,\cdots,m)$和 $i_d \leqslant j_d$，则存在第$(i_1,i_2,\cdots,i_m,i_d)$个决策表的一个约简 Red_i 满足 $\mathrm{Red}_i \subseteq \mathrm{Red}_j$。

性质 6.6 表明，当各个条件属性的粒度层不变，决策属性的粒度层提升时，其正区域个数变大，这时需要删除一些属性，降低正区域的大小。

例 6.3　根据图 6.5 所示的不同粒度层下的决策表，讨论条件属性集和决策属性集提升时正区域变化情况。

(1) 给定第(1,1,1,2)个决策表和第(2,2,2,2)个决策表，由于$|\mathrm{POS}_{(1,1,1,2)}| = 5$和$|\mathrm{POS}_{(2,2,2,2)}| = 6$，则$|\mathrm{POS}_{(1,1,1,2)}| \leqslant |\mathrm{POS}_{(2,2,2,2)}|$，性质 6.3 成立。

(2) 给定第(2,2,2,1)个决策表和第(2,2,2,2)个决策表，由于$|\mathrm{POS}_{(2,2,2,1)}| = 8$和$|\mathrm{POS}_{(2,2,2,2)}| = 6$，则$|\mathrm{POS}_{(2,2,2,1)}| \geqslant |\mathrm{POS}_{(2,2,2,2)}|$，性质 6.5 成立。

(3) 由于$|\mathrm{POS}_{(1,1,1,2)}| = 5$，$|\mathrm{POS}_{(2,2,2,1)}| = 8$ 和$|\mathrm{POS}_{(1,2,2,2)}| = 6$，则有$|\mathrm{POS}_{(1,1,1,2)}| \leqslant |\mathrm{POS}_{(2,2,2,1)}|$，$|\mathrm{POS}_{(2,2,2,1)}| \geqslant |\mathrm{POS}_{(1,2,2,2)}|$。因此，给定第$(i_1,i_2,\cdots,i_m,i_d)$个决策表和第$(j_1,j_2,\cdots,j_m,j_d)$个决策表，当条件属性集和决策属性任意提升时，不能得出$|\mathrm{POS}_{(i_1,i_2,\cdots,i_m,i_d)}| \geqslant$

$|POS_{(j_1,j_2,\cdots,j_m,j_d)}|$或$|POS_{(i_1,i_2,\cdots,i_m,i_d)}| \leqslant |POS_{(j_1,j_2,\cdots,j_m,j_d)}|$在任何情况下总成立的结论。

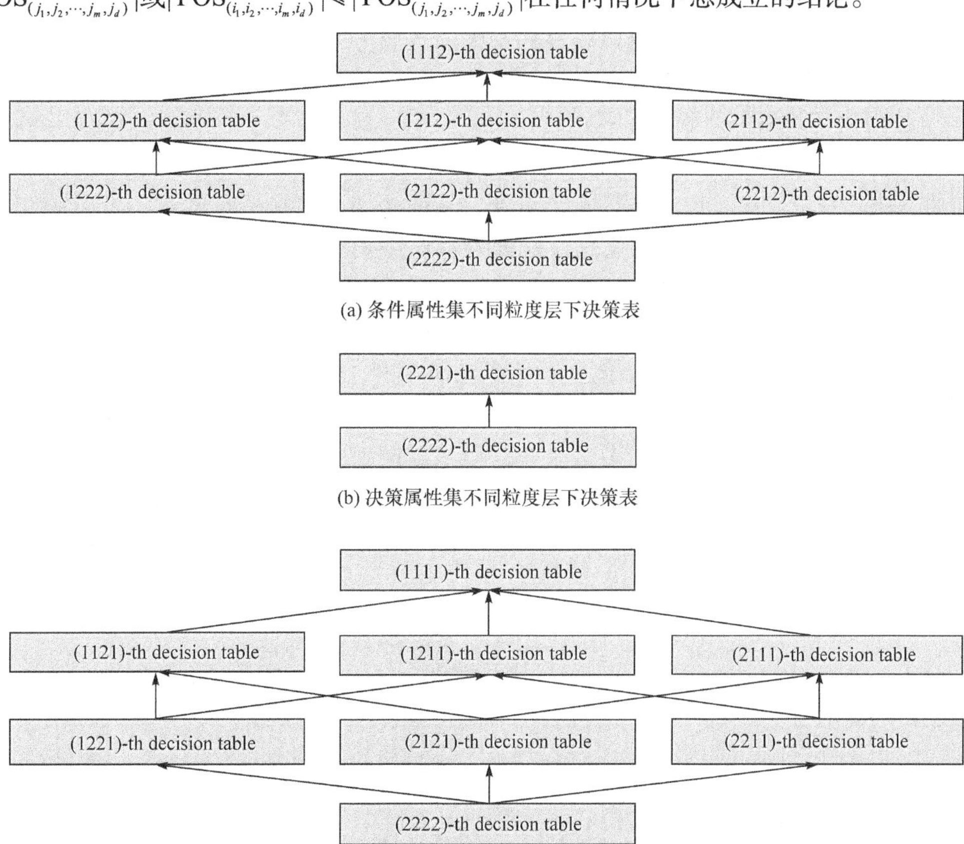

(a) 条件属性集不同粒度层下决策表

(b) 决策属性集不同粒度层下决策表

(c) 条件属性集和决策属性集不同粒度层下决策表

图 6.5　不同粒度层下各个决策表之间关系

6.2.4　讨论

下面着重探讨层次粗糙集模型约简问题。

1) 如何进行条件属性集粒层的提升

根据例 6.3(1)和性质 6.4，当条件属性粒层提升时，原来条件属性值不相同的对象现在有可能变成相同对象，这时容易产生更多的不相容对象，必须增加额外的属性才能区分这些对象，需在原约简结果中增加属性。如何选择最合适条件属性粒层的决策表是一个组合优化问题，是 NP-Hard 问题。在实际应用中，可采取如下策略获取次优粒层的决策表。

策略 1：在第$(j_1,j_2,\cdots,j_m,j_d)$个决策表中获取一个约简，然后依次对约简中的属性进行粒层提升。当第 j_1 个属性粒层无法提升时，确定第 j_1 个属性粒层，然后考虑第 j_2 个属性粒层，依次类推。

策略 2：在第$(j_1,j_2,\cdots,j_m,j_d)$个决策表中获取一个约简，然后优先对约简中具有最多属性值的属性进行粒层提升。当该属性粒层无法提升时，确定该属性粒层，然后考虑具有次多属性值的属性粒层，依次类推。

策略 3：在第$(j_1,j_2,\cdots,j_m,j_d)$个决策表中获取一个约简，然后对约简中用户认为最重要的属性首先进行粒层提升。当该属性粒层无法提升时，确定该属性粒层，然后考虑具有次重要的属性粒层，依次类推。

2) 如何进行决策属性粒层的提升

根据例 6.3(2)和性质 6.6，当决策属性粒层提升时，原来条件属性值相同而决策属性不同的不相容对象此时有可能变成相容对象，从而增加了一些相容对象，这时原约简中可能存在一些冗余属性。选择最合适决策属性粒层则相对比较容易。

策略：在第$(j_1,j_2,\cdots,j_m,j_d)$个决策表中获取一个约简，然后对决策属性进行粒层提升。若该属性粒层提升后不改变相容对象个数，则继续提升，否则确定决策属性粒层。

3) 如何进行条件属性和决策属性粒层的同时提升

根据例 6.3(3)，当条件属性集和决策属性粒层同时提升时，原始决策表可能因为条件属性粒层的提升而降低相容对象的个数，也可能因为决策属性粒层的提升而增加相容对象的个数，因此无法确定合适粒层的决策表，可适当采取上述策略。

例 6.4　对于第(2,2,2,2)个决策表，计算其约简为$\{c_1, c_2\}$，$\{c_1, c_3\}$。下面探讨条件属性粒层的提升情况，如图 6.6 所示。

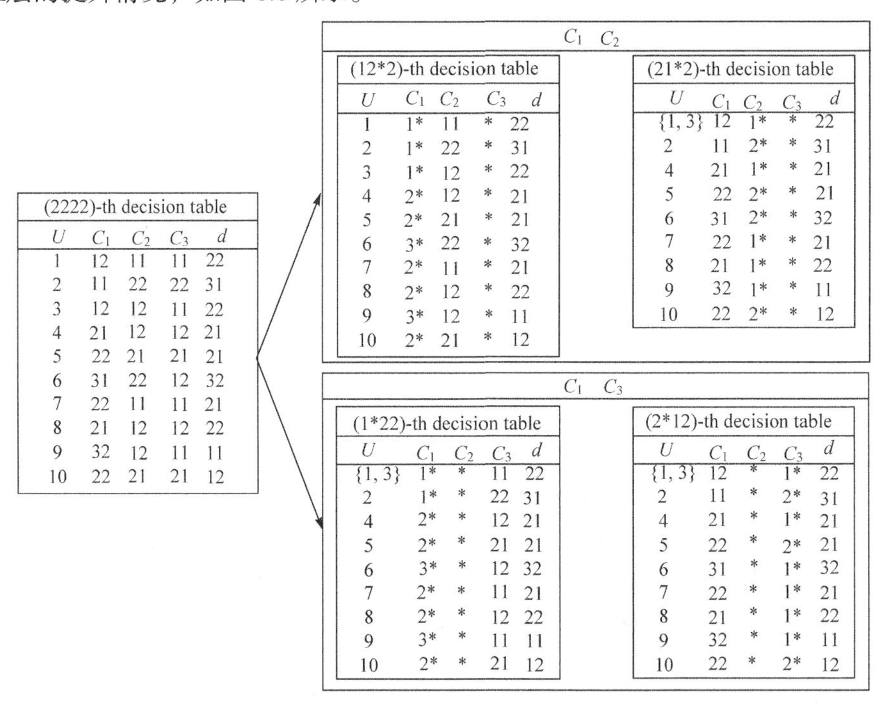

(2222)-th decision table

U	C1	C2	C3	d
1	12	11	11	22
2	11	22	22	31
3	12	12	11	22
4	21	12	12	21
5	22	21	21	21
6	31	22	12	32
7	22	11	11	21
8	21	12	12	22
9	32	12	11	11
10	22	21	21	12

(12*2)-th decision table

U	C1	C2	C3	d
1	1*	11	*	22
2	1*	22	*	31
3	1*	12	*	22
4	2*	12	*	21
5	2*	21	*	21
6	3*	22	*	32
7	2*	11	*	21
8	2*	12	*	22
9	3*	12	*	11
10	2*	21	*	12

(21*2)-th decision table

U	C1	C2	C3	d
{1, 3}	12	1*	*	22
2	11	2*	*	31
4	21	1*	*	21
5	22	2*	*	21
6	31	2*	*	32
7	22	1*	*	21
8	21	1*	*	22
9	32	1*	*	11
10	22	2*	*	12

(1*22)-th decision table

U	C1	C2	C3	d
{1, 3}	1*	*	11	22
2	1*	*	22	31
4	2*	*	12	21
5	2*	*	21	21
6	3*	*	12	32
7	2*	*	11	21
8	2*	*	12	22
9	3*	*	11	11
10	2*	*	21	12

(2*12)-th decision table

U	C1	C2	C3	d
{1, 3}	12	*	1*	22
2	11	*	2*	31
4	21	*	1*	21
5	22	*	2*	21
6	31	*	1*	32
7	22	*	1*	21
8	21	*	1*	22
9	32	*	1*	11
10	22	*	2*	12

图 6.6　约简中条件属性粒层的提升结果

(1) 对于约简$\{c_1, c_2\}$，若先提升属性c_1的粒层，经计算，属性c_1提升为第 1 层；在此基础上，提升属性c_2的粒层，经计算，属性c_2的粒层为 2。其他情况类似。

(2) 对于约简$\{c_1, c_3\}$，若先提升属性c_1的粒层，经计算，属性c_1提升为第 1 层；在此基础上，提升属性c_3的粒层，经计算，属性c_3的粒层为 2。其他情况类似。

6.3　大数据下层次粗糙集模型约简算法

6.3.1　大数据下计算层次编码决策表算法

众所周知，不同对象中的概念是可以同时进行编码的，因此可以采用并行方式对不同的对象中的各个概念进行处理。给定一个决策表 S 和概念层次树 CHT，利用 MapReduce 技术编写计算编码决策表的 Map 和 Reduce 函数，其伪代码描述如算法 6.2 所示。算法 6.2 中 Map 函数主要使用概念层次树将不同数据分片中的对象转化为对应的编码字符串，而 Reduce 函数则将相同对象的条件属性编码串进行汇总，不同决策属性的对象编码字符串只输出一个。

算法 6.2　大数据下计算层次编码决策表算法

Map (Object key, Text value)

输入：条件属性集 C，决策属性 D，一个数据分片 ds，概念层次树 CHT。

输出：<ConStr, DecStr>。

//ConStr 表示条件属性编码字符串，DecStr 表示决策属性编码字符串

1.　ConStr="";
2.　for each object $x \in$ ds　do
3.　　for each attribute　$a \in C$　do
4.　　　scan CHT and compute es(x,a);
5.　　　ConStr=ConStr + es(x,a) + " ";

//es(x,a)表示对象 x 在属性 a 的概念层次树上对应的编码字符串

6.　　Scan CHT and compute es(x,D)，assign es(x,D) to DecStr;

//es(x,D)表示对象 x 在属性 D 的概念层次树上对应的编码字符串

7.　　EmitIntermediate <ConStr, DecStr>;

Reduce(Text key, Iterable<Text> DecValueList)

输入：同一条件属性编码字符串 ConStr, 所对应的决策属性编码字符串列表 DecValueList。

输出：<ConStr, DecStr>。

1.　DiffDecStrList = $\varnothing$;
2.　for any DecStr $\notin$ DecValueList do
3.　　if DecStr $\notin$ DiffDecStrList
4.　　　add DecStr into DiffDecStrList;
5.　for any DecStr $\in$ DiffDecStrList do
6.　　Emit <ConStr, DecStr>;

通过算法 6.2 就可以将原始决策表转化为编码决策表了，这样就可以对其他不同层次的决策表进行约简操作。

6.3.2　大数据下层次粗糙集模型约简算法研究

在大数据下层次粗糙集模型约简算法中，主要利用 MapReduce 技术对海量数据进行

分解，然后编写 Map 函数来完成不同数据块中等价类的计算，用 Reduce 函数来计算同一个等价类中正区域对象的个数、信息熵或不可辨识的对象对个数。图 6.7 给出了大数据下层次粗糙集模型约简算法框架流程，即先将大规模数据划分为多个数据分片(数据并行)，然后对每个数据分片并行计算不同的候选属性集导出的等价类和各个候选属性的重要性(任务并行)，最后统计各个任务中候选属性的重要性来确定最佳候选属性。

令 $\Delta=\{\text{Pos}, \text{Bnd}, \text{Info}, \text{NDIS}\}$，属性 c 的重要性统一表示为 $\text{Sig}_\Delta(c,A,D)$，$CC_\Delta(\cdot|\cdot)$ 表示 Pos、Bnd、Info、NDIS 下的分类能力。

下面给出一个属性集是否是约简的判断准则。

定理 6.1 在决策表 S 中，$A\subseteq C$，A 是 C 相对于决策属性 D 的一个约简的充分必要条件如下：

(1) $CC_\Delta(D|A)=CC_\Delta(D|C)$；

(2) $\forall a\in A$，$CC_\Delta(D|[A-\{a\}])<CC_\Delta(D|A)$。

下面阐述如何利用 MapReduce 技术编写 Map 函数来实现层次决策表中等价类并行计算和 Reduce 函数来实现属性重要性并行计算。

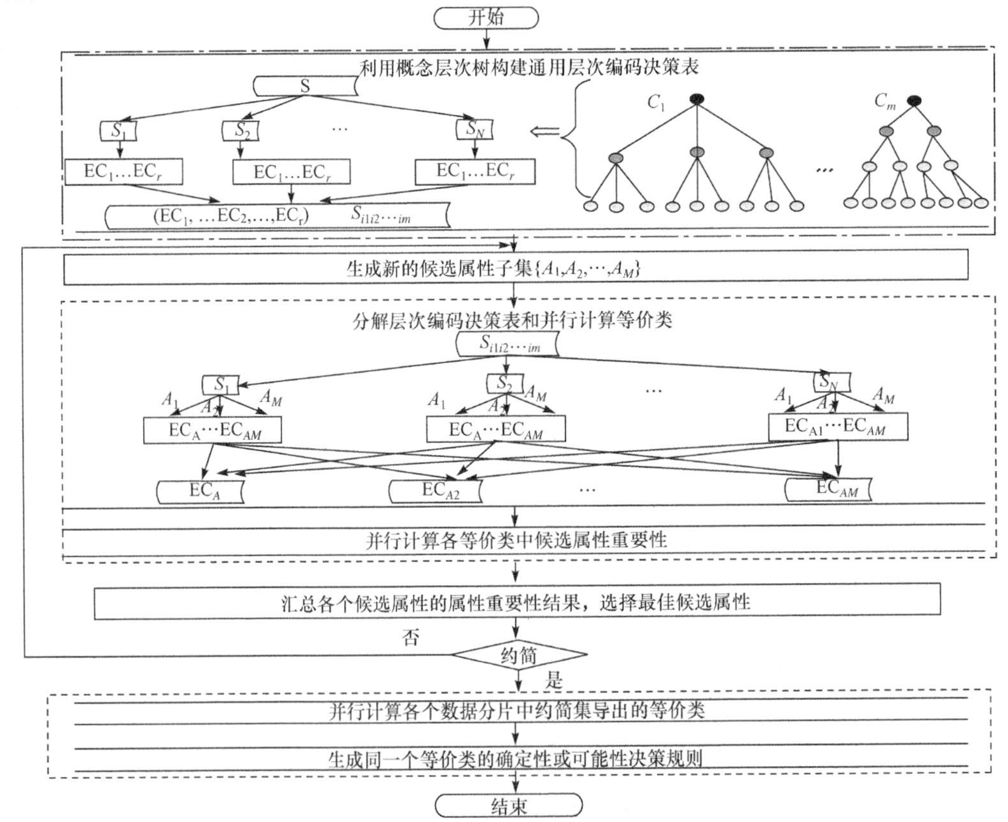

图 6.7 大数据下层次粗糙集模型约简算法框架

1. 大数据下层次决策表中等价类计算算法

众所周知，经典粗糙集算法大多数都需要计算等价类，而不同等价类是可以并行计算的。因此，可以利用 MapReduce 并行编程技术处理大规模数据。算法 6.3 主要用来完成各个数据分片中等价类的计算。

算法 6.3　大数据下层次决策表中等价类计算算法

Map (Object key, Text value)

输入：已选属性集 A，候选属性 $c \in C/A$，决策属性 D，一个数据分片 ds，不同属性所取的层次数 l_b'（$b \in \{c_1, c_2, \cdots, c_m, d\}$）。

输出：< 等价类, <决策属性值, 1> >。

//A_EquivalenceClass、Ac_EquivalenceClass 为属性集 A 和 $A \cup c$ 导出的等价类

1. A_EquivalenceClass　= $\varnothing$, Ac_EquivalenceClass = $\varnothing$;
2. for each object　$x \in$ ds　do
3. 　for each attribute a in A do
4. 　　A_EquivalenceClass = A_EquivalenceClass + es(x, a).substr(1, l_a') +" ";
5. 　for each attribute c in $C\A$ do
6. 　　Ac_EquivalenceClass = "c";
7. 　　Ac_EquivalenceClass = Ac_EquivalenceClass + es(x, c).substr(1,　l_c') +" ";
8. 　　Ac_EquivalenceClass = Ac_EquivalenceClass + A_EquivalenceClass;
9. 　　EmitIntermediate <Ac_EquivalenceClass, <es(x, d).substr(1,　l_d'), 1> >

在算法 6.3 中，es(x, c).substr(1,　l_c')表示对象 x 的条件属性 c 所对应的粒度层下编码字符串，<es(x, d).substr(1,　l_d')表示对象 x 的决策属性 d 所对应的粒度层下的编码字符串。通过算法 6.3，可以很容易地计算出各个数据分片中的等价类。

2. 大数据下属性重要性计算算法

众所周知，一个属性在整个决策表中的重要性体现在各个等价类上，即各个等价类中属性重要性累加之和，因此可以直接计算同一个等价类中的属性重要性。算法 6.4 主要计算同一个等价类中的属性重要性。

算法 6.4　大数据下属性重要性计算算法

Reduce(Text key, Iterable<Text> DecValueList)

输入：等价类 Ac_EquivalenceClass 及对应的决策值列表 DecValueList。

输出：<c，$\mathrm{Sig}_{\Delta}^{c}$>。

//Ac_EquivalenceClass 是由属性集 $A \cup c$ 导出的等价类，$\mathrm{Sig}_{\Delta}^{c}$ 是该等价类中属性 c 的重要性。

1. for each pair <d, n>　$\in$　DecValueList do
2. 　　Compute the frequencies of the decision value ($n_p^1, n_p^2, \cdots, n_p^k$);
3. Compute　$\mathrm{Sig}_{\Delta}(c, A, D)$;
4. Emit <c,　$\mathrm{Sig}_{\Delta}^{c}$>。

3. 大数据下层次粗糙集模型约简算法

利用算法 6.3 和算法 6.4，可以计算出不同属性的重要性。根据各个候选属性集的重

要性，确定最佳候选属性集，重复上述过程，直到获得一个约简。算法 6.5 描述了大数据下层次粗糙集模型约简算法。

算法 6.5 大数据下层次粗糙集模型约简算法

输入：一个层次决策表 S。

输出：一个约简 Red。

1. Red=$\varnothing$;
2. 计算 $CC_{\Delta}(D|C)$;
3. while($CC_{\Delta}(D|\text{Red}) \neq CC_{\Delta}(D|C)$) do
4. { for each attribute c in C - Red do
5. 启动一个 Job, 调用 Map 函数和 Reduce 函数，计算 Sig_{Δ}^{c} $(c \in C-\text{Red})$
6. $c_l = \underset{c\in C-\text{Red}}{\text{best}} \{\Delta(D|\text{Red} \cup c)\}$ (若这样的 c_l 不唯一，则任选其一);
7. $\text{Red} = \text{Red} \cup \{c_l\}$; }
8. for each attribute c in Red do
9. { 启动一个 Job, 调用 Map 函数和 Reduce 函数,计算 $\Delta(D|\text{Red}-c)$;
10. if $CC_{\Delta}(D|\text{Red}) = CC_{\Delta}(D|[\text{Red}-\{c\}])$
11. $\text{Red} = \text{Red} - \{c\}$; }
12. 输出 Red;

6.4 实验与分析

本节主要从运行时间、加速比和可扩展性 3 个方面对所提出的大数据下层次粗糙集模型约简算法的性能进行评价。

6.4.1 理论分析

下面首先从理论上分析加速比 Speedup[55]。设 T_1 表示单节点运行时间，T_m 表示多节点运行时间，其加速比记为 Speedup=$\dfrac{T_1}{T_m}$。具体如下：

$$T_1(D) = T_{pp}(D) + T_{sp}(D)$$

$$T_m(D,N) = \frac{T_{pp}(D)}{N} + T_{sp}(D) + T_{cp}(D,N)$$

$$T_{cp}(D,N) = (N-1)\left(c\frac{D}{SN} + c'\right)$$

其中，$T_{pp}(D)$ 是对数据集 D 的并行处理时间；$T_{sp}(D)$ 是对数据集 D 的串行处理时间；N 表示节点个数；$T_{cp}(D,N)$ 表示 N 节点下对数据集 D 的通信处理时间；S 表示单个数据块的大小；c 表示对每个数据分片的传输时间；c' 表示节点间建立通话连接的通信时间。于是，有

$$\text{Speedup} = \frac{T_1(D)}{T_m(D,N)}$$

$$
\begin{aligned}
&= \frac{T_{pp}(D)+T_{sp}(D)}{\dfrac{T_{pp}(D)}{N}+T_{sp}(D)+(N-1)(c\dfrac{D}{SN}+c^{'})} \\
&< \frac{T_{pp}(D)+T_{sp}(D)}{\dfrac{T_{pp}(D)}{N}+\dfrac{T_{sp}(D)}{N}} = N
\end{aligned}
$$

说明　大数据下知识约简算法很难达到理想的加速比 N。除了通信开销以外，由于知识约简算法中计算各个候选属性的重要性是串行过程，当处理海量高维数据集时，串行时间将会很长，其加速比显著降低。

6.4.2　实验环境

本节主要从运行时间、加速比和可扩展性 3 个方面对所提出的大数据下知识约简算法的性能进行评价。为了考察本章所提出的算法，选用 UCI 机器学习数据库(http://www.ics.uci.edu/~mlearn/MLRepository.html)中 gisette 和 mushroom 两个数据集，实验复制 gisette 数据集(对象数 6000，条件属性数 5000)17 次，构成 DS1 数据集(对象数 102000，条件属性数 5000)，复制 mushroom 数据集(对象数 8124，条件属性数 22)5000 次，构成 DS3 数据集(对象数 40620000，条件属性数 22)，以及 3 个人工数据集 DS2、DS4 和 DS5 来测试算法性能，其中，DS4 和 DS5 中各个属性概念层次树深度为 3。表 6.3 列出了不同数据集的特性。利用开源云计算平台 Hadoop 0.20.2 和 Java 1.6.0_20 在 17 台普通计算机(Intel Pentium Dual-core 2.6GHz CPU, 2GB 内存)构建的大数据中进行实验，其中 1 台为主节点，16 台为从节点。

表 6.3　不同数据集特性

数据集	对象数	条件属性数	决策属性值个数	备注
DS1	102000	5000	2	单层决策表
DS2	100000	10000	10	单层决策表
DS3	40620000	22	2	单层决策表
DS4	40000000	30	5×5×5=125	3 层决策表
DS5	40000000	50	9×9×9=729	3 层决策表

6.4.3　实验分析

1. 运行时间

对 DS1 和 DS2 数据集在 8 个从节点下进行测试，运行时间如图 6.8 所示。由图 6.8 可以看出，Pos 算法是随着属性个数增加，其单次运行时间不断增长，而 Bnd 算法的运行时间相对比较平稳。这是因为 Pos 算法随着属性个数的增加，在 Reduce 阶段生成了巨大的<key, value>，造成串行计算时间过长，而 Bnd 算法随着属性个数的增加运行时间先增加后减少，其串行计算效率较高。因此，下面着重讨论 Bnd、NDIS 和 Info 三种算法，其在 DS3、DS4 和 DS5 上的运行时间如图 6.9 所示。

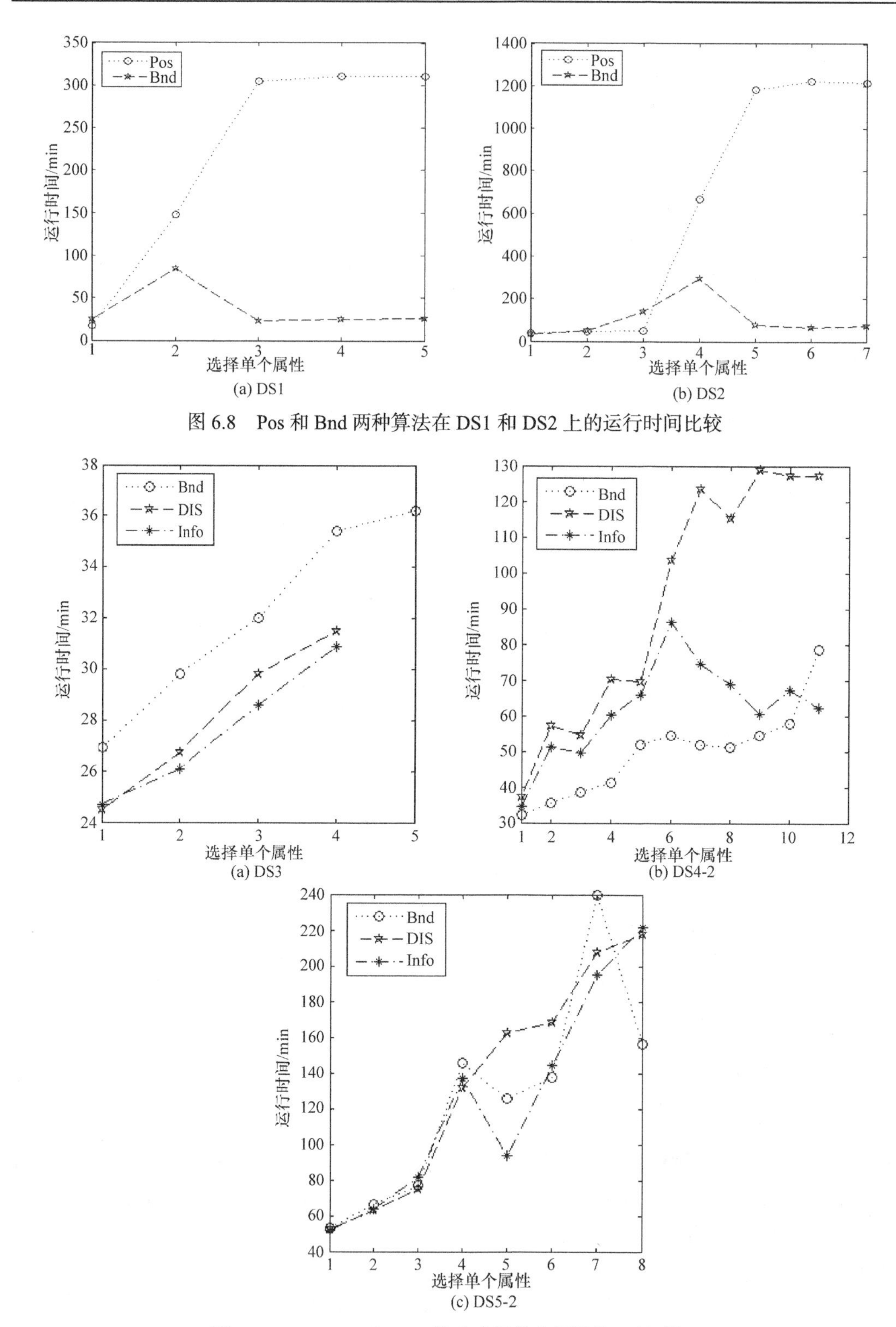

图 6.8　Pos 和 Bnd 两种算法在 DS1 和 DS2 上的运行时间比较

图 6.9　Bnd、DIS 和 Info 算法选择单个属性的运行时间

对 DS4 和 DS5 两个层次决策表，分别对第 1 层决策表、第 2 层决策表和第 3 层决策表(原始决策表)进行约简，运行时间如图 6.10 所示。

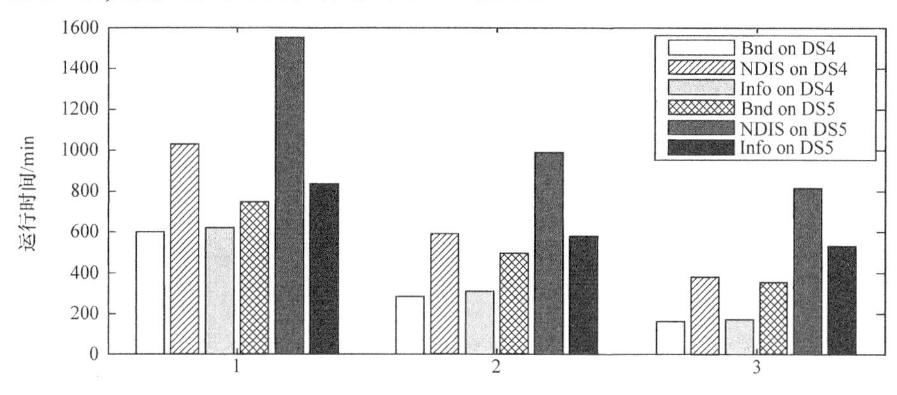

图 6.10　Bnd、NDIS 和 Info 算法在 DS4 和 DS5 上的运行时间

2. 加速比

加速比是指将数据集规模固定，不断增大计算机节点数时并行算法的性能。为了测定加速比，保持 DS4 和 DS5 的第 2 层决策表大小不变，成倍增加计算机节点数至 16 台。一个理想并行算法的加速比是线性的，即当计算机节点数增加至 m 时，其加速比为 m。然而，由于存在计算机间通信开销、任务启动、任务调度和故障处理等时间，其实际加速比低于理想的加速比。图 6.11 显示了 3 种算法在 DS4-2 和 DS5-2 上的加速比。

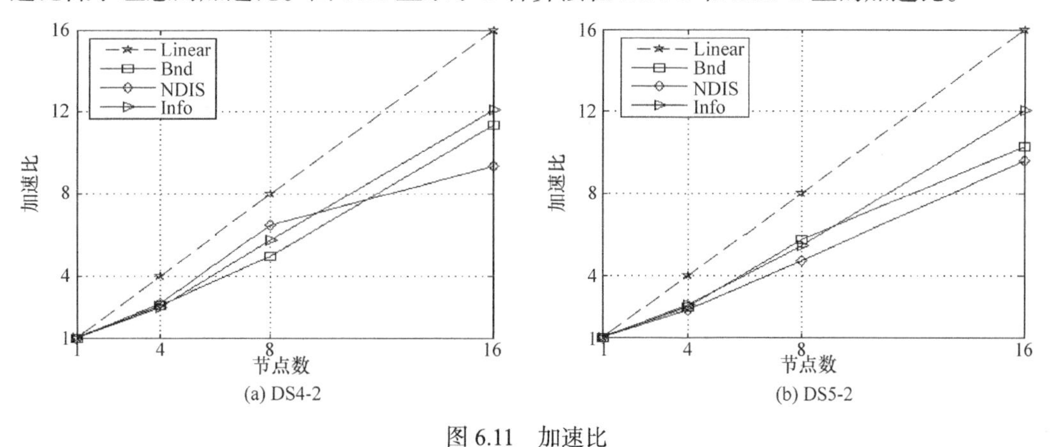

图 6.11　加速比

3. 可扩展性

可扩展性是指按与计算机节点数成比例地增大数据集规模时并行算法的性能。为了测定可扩展性，实验复制 1、2 和 4 倍的 DS4 和 DS5 的第 2 层决策表(DS4-2，DS5-2)，分别在 4、8 和 16 节点下运行。图 6.12 显示了 3 种算法在 DS4-2 和 DS5-2 中不同节点上的可扩展性结果。

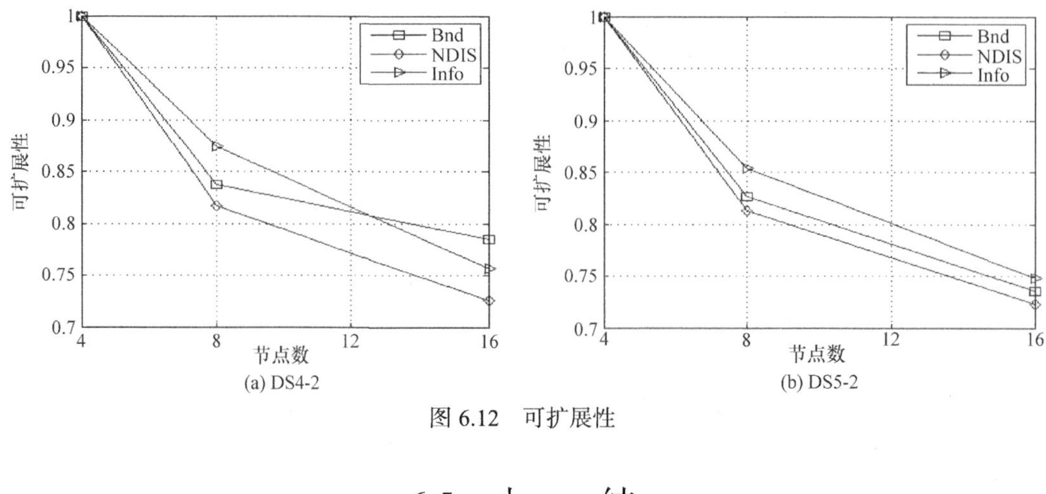

图 6.12 可扩展性

6.5 小 结

粒计算是人工智能领域新兴起的一个研究方向，是一种新的信息处理方法。粒结构是以多角度、多层次为特质的。现有的粒计算模型虽然考虑到了粒度层次的特征，但至今仍缺乏可操作的粒计算方法。

针对粒计算领域存在的上述问题，本章从人的认知出发，以先验知识为指导，引入概念层次树，以粗糙集理论为背景，构建了统一的层次编码决策表，通过提升属性的粒度层次，可以缩小数据规模，进而提高知识约简算法的效率。为了处理海量的层次编码决策表，讨论了属性编码字符串并行获取算法，提出了大数据下层次粗糙集模型约简算法，并利用 Hadoop 开源平台在普通计算机的集群上进行实验。实验结果表明，本章所提出的大数据下层次粗糙集模型知识约简算法不仅可以处理大规模数据集，而且可以挖掘不同层次的决策规则。

第 7 章　大数据下层次粗糙集模型知识获取

7.1　引　　言

粗糙集理论是一种处理不精确或不完全信息的分类问题的新型数学方法，不需要预先提供与问题相关数据集合之外的任何先验知识，通过知识约简计算一个属性子集，并根据属性子集导出的上下近似，直接提取出简洁、易懂而且有效的决策规则。下近似直接生成确定性规则，而上近似则导出可能性规则。Guan 等[171]设计了连续值信息系统的属性约简方法，并挖掘出优化的决策规则。Li 等[172]提出了不完备信息系统下的区间集规则学习模型。Zhang 等[173]为获取多置信度规则提出了覆盖决策系统的属性约简方法。Yao 等[174]使用粒计算导出分类规则。Li 等[175]通过构建条件粒和决策粒，多层次挖掘决策规则。Hong 等[157]利用概念层次树来表示属性值域，从而构建了一种获取不同层次的确定性和可能性规则的学习算法。Feng 等[23]将多维数据模型和粗糙集技术相结合，提出了挖掘不同层次决策规则的方法。Wu 等[76]引入多尺度信息表，在不同粒度下挖掘层次决策规则。She 等[176]提出了多尺度下决策规则挖掘的局部搜索策略。Ye 等[177]将单粒层下条件熵扩展成多粒层下层次条件熵，研究了属性值粗化细化下的属性泛化约简。Chen 等[178]设计了在属性值粗化细化下动态决策规则挖掘方法。Liu 等[179]从多粒度结构角度通过粒度选择和粒选择设计规则提取框架。尽管上述方法能够在多粒度下进行知识获取，却无法从大规模数据集中有效挖掘决策规则。为此，本章设计了大数据下并行知识获取方法。

7.2　决 策 规 则

为了有效地从大数据中并行挖掘决策规则，下面简单给出一些信息粒和决策规则的基本概念[175,179]。

定义 7.1　给定一个决策表 S，一个属性子集 $A\subseteq C\cup D$，$x\in U$，属性子集 A 的粒结构 GS_A 和粒结构 GS_A 中包含 x 的粒 $g_A(x)$ 定义为

$$\mathrm{GS}_A=U/\mathrm{IND}(A)=\{[x]_A\mid x\in U\}$$

$$g_A(x)=[x]_A,\quad x\in U$$

最小的粒仅包含单个属性，称这些粒为基本粒。更大的粒将由一些粒通过逻辑操作 $\wedge$ 生成。

为了描述不同粒之间的关联性，可以分为条件属性和/或决策属性划分为不同子范畴。例如，假设 $A\subseteq C\cup D$，$B\subseteq C\cup D$，$A\cap B=\varnothing$，则有 $g=\mathrm{ag}_i\wedge \mathrm{bg}_j$，其中，$\mathrm{ag}_i\in U/A$ 和 $\mathrm{bg}_j\in U/B$。$\mathrm{ag}_i\to \mathrm{bg}_j$ 称为关联规则，粒 ag_i 为规则前件，粒 bg_j 为规则后件。由于本

章主要讨论决策规则，则条件粒 cg ($cg \in U/C$)和决策粒 dg ($dg \in U/D$)将形成一个决策规则 $cg \to dg$ 。

定义 7.2 给定一个决策表 S，决策规则 $cg \to dg$ 的支持度、置信度和覆盖度定义为

$$\mathrm{Sup}(cg \to dg) = \frac{|cg \wedge dg|}{|U|}$$

$$\mathrm{Conf}(cg \to dg) = \frac{|cg \wedge dg|}{|cg|}$$

$$\mathrm{Cov}(cg \to dg) = \frac{|cg \wedge dg|}{|dg|}$$

其中，$|\cdot|$表示集合的基。

根据上述定义，可以得出以下两个定理。

定理 7.1 给定一个决策表 S，$cg \in U_C$ 和 $dg \in U_D$，则 $\sum_{dg \in U_D} \mathrm{Conf}(cg \to dg) = 1$。

证明 $$\sum_{dg \in U_D} \mathrm{Conf}(cg \to dg) = \sum_{dg \in U_D} \frac{|cg \wedge dg|}{|cg|} = \frac{|cg \wedge \sum_{dg \in U_D} dg|}{|cg|} = \frac{|cg \wedge U|}{|cg|} = 1$$

定理 7.2 给定一个决策表 S，$cg \in U_C$ 和 $dg \in U_D$，则 $\sum_{cg \in U_C} \mathrm{Cov}(cg \to dg) = 1$。

证明 $$\sum_{cg \in U_C} \mathrm{Cov}(cg \to dg) = \sum_{cg \in U_C} \frac{|cg \wedge dg|}{|dg|} = \frac{|\sum_{cg \in U_C} cg \wedge dg|}{|dg|} = \frac{|U \wedge dg|}{|dg|} = 1$$

定理 7.1 和定理 7.2 给出了计算决策规则的置信度和覆盖度的方法。显然，计算 $cg_i \to dg_{j_1}$ 和计算 $cg_i \to dg_{j_2}$ 两条决策规则是相互独立的。同样，计算 $cg_{i_1} \to dg_j$ 和计算 $cg_{i_2} \to dg_j$ 两条决策规则也是相互独立的。因此，根据定理 7.1 和定理 7.2，可以并行计算所有的决策规则。

定义 7.3 给定一个决策表 S，U_C、U_D、$U_{C \cup D}$ 为条件粒集合、决策粒集合、基本粒集合。对于每个条件粒 $cg \in U_C$，其基本关联映射定义为

$$\Gamma_{C \cup D}(cg) = \{< dg, |cg \wedge dg| > | (cg \wedge dg) \in U_{C \cup D}\}$$

$\Gamma_{C \cup D}(cg)$ 包含了与条件粒 cg 相关联的所有决策粒。为方便起见，同样使用 $\Gamma_D(g) = \{< dg, |dg| \,|\, dg \in U_D >\}$ 表示带有频繁次数的所有决策粒。

7.3 大数据下并行知识获取模型

7.3.1 信息粒和概念层次构建

众所周知，一个信息粒是基于不可辨识性、相似性或功能性的一簇对象。构建描述某类特性的信息粒是一件非常复杂的任务，而且特别有趣。为简单起见，本小节构建不可辨识的信息粒，这样可以在这些信息粒上进行分解和聚合。图 7.1 给出了以格的形式表示的所有层次信息粒，箭头表示信息粒粗化或细化的可能路径。顶层节点 g^{1111} 表示最

泛化的信息粒，而底层节点 g^{2222} 表示具体的信息粒。一条路径从 $g^{2222} \to g^{2122} \to g^{2112} \to g^{1112} \to g^{1111}$ 表示一个随着条件属性和决策属性层次提升的粗化过程，而另一条路径从 $g^{1111} \to g^{1211} \to g^{1221} \to g^{2221} \to g^{2222}$ 表示一个随着条件属性和决策属性层次提升的细化过程。

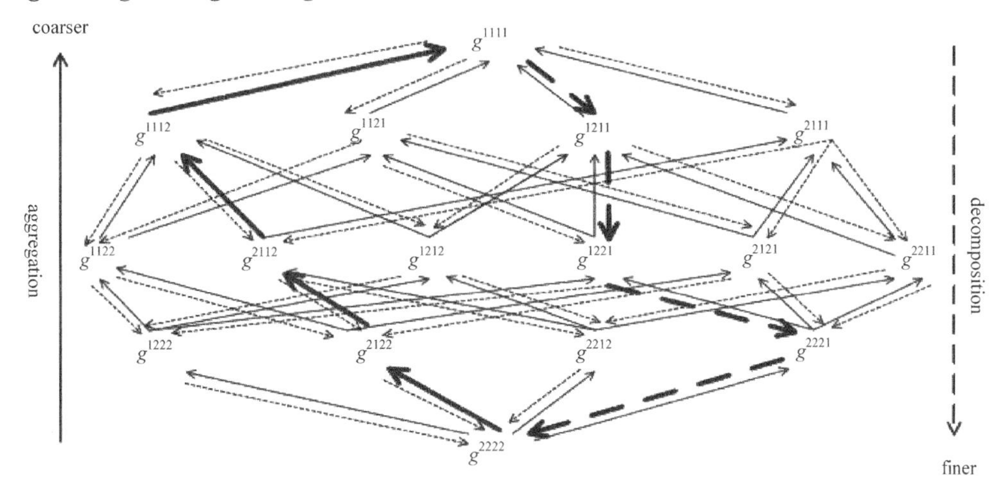

图 7.1　不同粒度下信息粒聚合和分解示例图

正如前所述，一些或者所有对象本身所构成的信息粒 G 可以看作信息粒，这样，最初始的信息粒 G 放在最上层，G 的部分信息粒放在下一层，依次类推，而最底层信息粒由原子对象构成。不同粒度下的信息粒构成一个概念，这些信息粒的层次结构生成了一个概念层次。最泛化的概念用 any 表示，而最具体的概念对应属性的具体值。对于数值型属性，概念层次可以由模糊函数、聚类和云模型生成，而离散型属性的概念层次可以由语义模式、用户需求或由偏序关系自动生成。

7.3.2　不同粒度层次下决策规则度量变化

给定每个属性的概念层次树，用高层概念替换底层概念将会降低数据的规模，这样可以生成不同粒度层次下更加泛化和重要的知识。为处理方便，可以使用整数编码模式对每层上的概念进行编码[170]。对于层 k 上的概念 v，从根节点开始遍历直至到概念 v 所在的节点，其对应的编码字符串为"$*/l_1/l_2/\cdots/l_k$"，l_i 为层 i 上概念所对应数字，"/"为分隔符。当一个概念向上提升到根节点时，意味着该属性只有一个值，这时该属性在决策中没有意义，因此，最多可以把概念提升到第 1 层。在不引起混淆的情况下，可将"$l_1/l_2/\cdots/l_k$"记为 $l_1\, l_2 \cdots l_k$。

定义 7.4　给定的决策表 $S=(U,\ \mathrm{At}=C\cup D, \{V_a \mid a\in \mathrm{At}\}, \{I_a \mid a\in \mathrm{At}\})$，$C=\{c_1, c_2, \cdots, c_m\}$ 为条件属性集，则 $S_{k_1k_2\cdots k_mk_d}=(U_{k_1k_2\cdots k_mk_d},\ \mathrm{At}=C\cup D,\ V^{k_1k_2\cdots k_mk_d},\ I^{k_1k_2\cdots k_mk_d})$ 称为第 $(k_1,k_2,\cdots,k_m,k_d)$ 个决策表，其中，$U_{k_1k_2\cdots k_mk_d}$ 表示第 $(k_1,k_2,\cdots,k_m,k_d)$ 个决策表的值域，即属性 c_1 取其概念层次树的第 k_1 层值域，c_2 取其概念层次树的第 k_2 层值域,…，c_m 取其概念层次树的第 k_m 层值域，决策属性 D 取其概念层次树的第 k_d 层值域。$V^{k_1k_2\cdots k_mk_d}$ 表示第

$(k_1,k_2,\cdots,k_m,k_d)$ 个决策表的值域，$I^{k_1k_2\cdots k_mk_d}$ 表示第 $(k_1,k_2,\cdots,k_m,k_d)$ 个决策表的信息函数。

定义 7.5 给定第 $(i_1i_2\cdots i_mi_d)$ 个决策表和第 $(j_1j_2\cdots j_mj_d)$ 个决策表，两个决策表的条件属性集 C 的值域分别表示为 $V^{i_1i_2\cdots i_mi_d}$ 和 $V^{j_1j_2\cdots j_mj_d}$，则对于任意 $t\in\{1,2,\cdots,m\}$ 和决策属性 d，$V^{i_1i_2\cdots i_mi_d}$ 比 $V^{j_1j_2\cdots j_mj_d}$ 更粗化当且仅当总存在 $V^{i_t}\succeq V^{j_t}$ 和 $V^{i_d}\succeq V^{j_d}$，记为 $V^{i_1i_2\cdots i_mi_d}\succeq V^{j_1j_2\cdots j_mj_d}$ 时。

定义 7.6 给定第 $(i_1i_2\cdots i_mi_d)$ 个决策表和第 $(j_1j_2\cdots j_mj_d)$ 个决策表，对于任意 $t\in\{1,2,\cdots,m\}$ 满足 $V^{i_t}\succeq V^{j_t}$，则 cg^{i_t} 比 cg^{j_t} 更粗，或者 cg^{j_t} 比 cg^{i_t} 更细，记为 $cg^{i_t}\succeq cg^{j_t}$。相应地，如果 $V^{i_1i_2\cdots i_m}\succeq V^{j_1j_2\cdots j_m}$，则 $cg^{i_1i_2\cdots i_m}$ 比 $cg^{j_1j_2\cdots j_m}$ 更粗，或者 $cg^{j_1j_2\cdots j_m}$ 比 $cg^{i_1i_2\cdots i_m}$ 更细，记为 $cg^{i_1i_2\cdots i_m}\succeq cg^{j_1j_2\cdots j_m}$。

例 7.1 表 7.1 给出了一个决策表，Doctoral Student、Postgraduate Student、Undergraduate、State-owned Enterprise、Civil Servant、Private Enterprise 分别缩写为 DS、PS、UG、SE、CS、PE。给定所有属性 Age (A)、Education Level (EL)、Occupation (O)、Salary (Sa)，利用概念层次树(图 7.2)，可以将表 7.1 变成不同层次决策表。表 7.2 仅列出了层次决策表 S^{2222}，其中 A^2、EL^2、O^2 和 Sa^2 分别表示条件属性和决策属性的概念层次。表 7.3 和表 7.4 列出了不同粒度层次下的条件信息粒和决策信息粒。

表 7.1 原始数据集

U	Age	Education level	Occupation	Salary
1	Below 30	PS	SE	10001～25000
2	Below 30	DS	CS	10001～25000
3	31～35	UG	SE	5001～10000
4	36～40	PS	PE	50001～100000
5	41～50	UG	Edu	25001～50000
6	51～60	Others	PE	Below 5000
7	41～50	UG	Edu	10001～25000
8	36～40	PS	PE	50001～100000
9	61～70	PS	SE	Above 100000
10	41～50	UG	Edu	10001～25000

表 7.2 层次决策表

U	A^2	EL^2	O^2	Sa^2
1	11	12	11	22
2	11	11	22	22
3	12	21	11	31
4	21	12	12	12
5	22	21	21	21
6	31	22	12	32
7	22	21	21	22
8	21	12	12	12
9	32	12	11	11
10	22	21	21	22

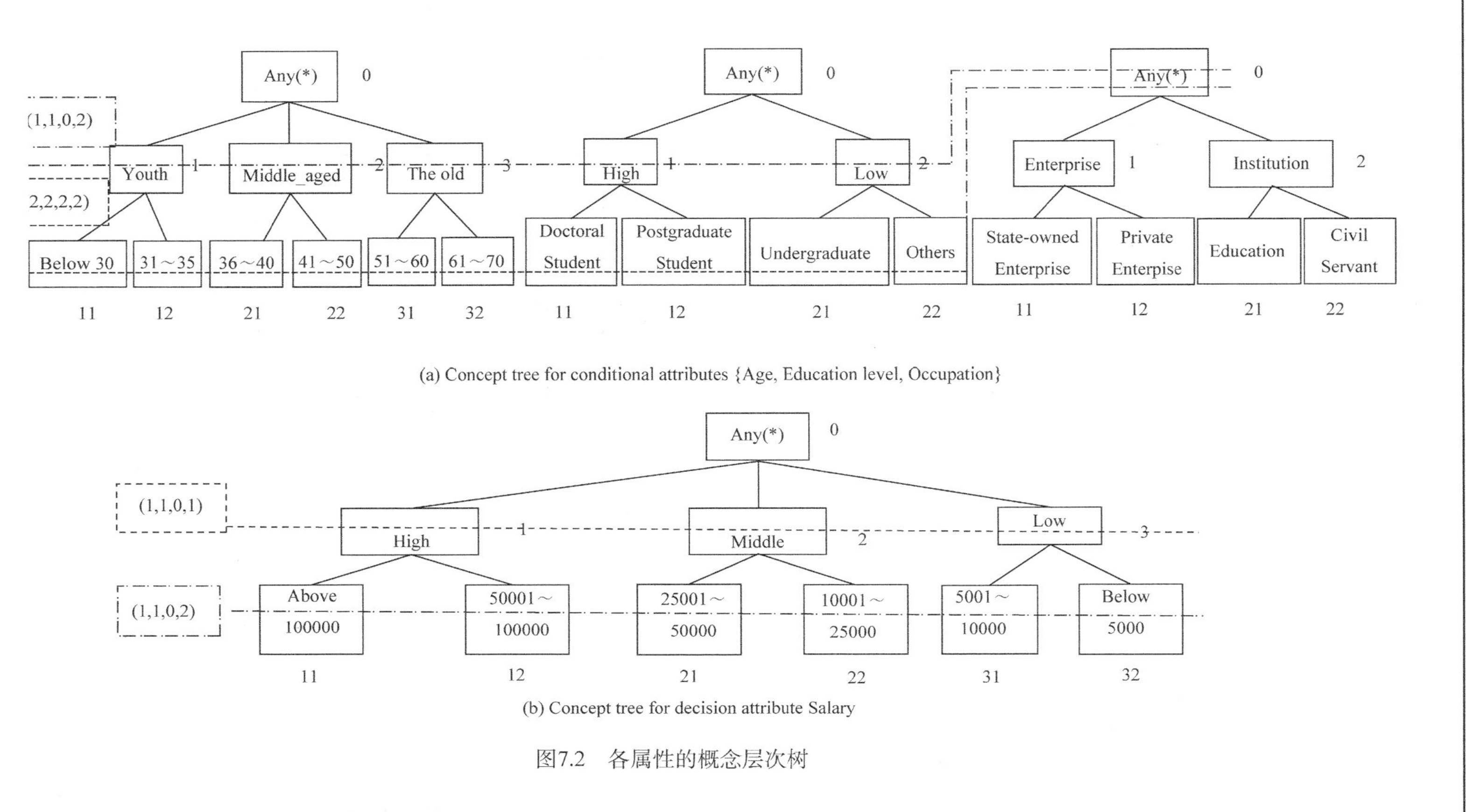

(a) Concept tree for conditional attributes {Age, Education level, Occupation}

(b) Concept tree for decision attribute Salary

图7.2　各属性的概念层次树

表 7.3　S^{2222} 和 S^{1102} 条件信息粒

cg^{222}	$\{A^2, EL^2, O^2\}$	Sup	cg^{110}	$\{A^1, EL^1, O^0\}$	Sup
cg_1^{222}	{11,12,11}	1/10	cg_1^{110}	{1,1,*}	2/10
cg_2^{222}	{11,11,22}	1/10			
cg_3^{222}	{12,21,11}	1/10	cg_2^{110}	{1,2,*}	1/10
cg_4^{222}	{21,12,12}	2/10	cg_3^{110}	{2,1,*}	2/10
cg_5^{222}	{22,21,21}	3/10	cg_4^{110}	{2,2,*}	3/10
cg_6^{222}	{31,22,12}	1/10	cg_5^{110}	{3,2,*}	1/10
cg_7^{222}	{32,12,11}	1/10	cg_6^{110}	{3,1,*}	1/10

表 7.4　S^{1102} 和 S^{1101} 条件信息粒

dg^2	$\{Sa^2\}$	Sup	dg^1	$\{Sa^1\}$	Sup
dg_1^2	11	1/10	dg_1^1	1	3/10
dg_2^2	12	2/10			
dg_3^2	21	1/10	dg_2^1	2	5/10
dg_4^2	22	4/10			
dg_5^2	31	1/10	dg_3^1	3	2/10
dg_6^2	32	1/10			

下面分别讨论条件属性粒层提升时和决策属性粒层提升时决策规则度量的变化情况。

1. 条件属性粒层提升时决策规则度量变化

定理 7.3　给定第$(i_1i_2\cdots i_m i_d)$个决策表和第$(j_1j_2\cdots j_m j_d)$个决策表，如果$i_t \leqslant j_t$ $(t=1,2,\cdots,m)$和$i_d = j_d$，则$g^{i_1i_2\cdots i_m i_d} \succeq g^{j_1j_2\cdots j_m j_d}$。

证明　由于$i_t \leqslant j_t\,(t=1,2,\cdots,m)$，可以得到$cg^{i_1i_2\cdots i_m} \succeq cg^{j_1j_2\cdots j_m}$，又因为$i_d = j_d, dg^{i_d} = dg^{j_d}$，则有$g^{i_1i_2\cdots i_m i_d} = cg^{i_1i_2\cdots i_m} \wedge dg^{i_d} \succeq cg^{j_1j_2\cdots j_m} \wedge dg^{j_d} = g^{j_1j_2\cdots j_m j_d}$。

引理 7.1　如果$\{\underbrace{11\cdots1}_{m}i_d, \cdots, i_1i_2\cdots i_m i_d, \cdots, l(c_1)\,l(c_2)\cdots l(c_m)\,i_d\}$是一个全序关系，则有
$g^{\underbrace{11\cdots1}_{m}i_d} \succeq \cdots \succeq g^{i_1i_2\cdots i_m i_d} \succeq \cdots \succeq g^{l(c_1)l(c_2)\cdots l(c_m)i_d}$。

定理 7.4　给定第$(i_1i_2\cdots i_m i_d)$个决策表和第$(j_1j_2\cdots j_m i_d)$个决策表，$i_t \leqslant j_t\,(t=1,2,\cdots,m)$，$cg_i^{i_1i_2\cdots i_m} \in GS_C^{i_1i_2\cdots i_m}$，$cg_j^{j_1j_2\cdots j_m} \in GS_C^{j_1j_2\cdots j_m}$，$dg_l^{i_d} \in GS_D^{i_d}$，如果$cg_i^{i_1i_2\cdots i_m} \geqslant cg_j^{j_1j_2\cdots j_m}$，则有

(1) $Sup(cg_i^{i_1i_2\cdots i_m} \to dg_l^{i_d}) = \sum_{cg_i^{i_1i_2\cdots i_m} \geqslant cg_j^{j_1j_2\cdots j_m}} Sup(cg_j^{j_1j_2\cdots j_m} \to dg_l^{i_d})$;

(2) $\mathrm{Conf}(\mathrm{cg}_i^{i_1i_2\cdots i_m} \to \mathrm{dg}_l^{i_d}) = \dfrac{\sum_{\mathrm{cg}_i^{i_1i_2\cdots i_m} \succeq \mathrm{cg}_j^{j_1j_2\cdots j_m}} \mathrm{Sup}(\mathrm{cg}_j^{j_1j_2\cdots j_m} \to \mathrm{dg}_l^{i_d})}{\mathrm{Sup}(\mathrm{cg}_i^{i_1i_2\cdots i_m})}$;

(3) $\mathrm{Cov}(\mathrm{cg}_i^{i_1i_2\cdots i_m} \to \mathrm{dg}_l^{i_d}) = \sum_{\mathrm{cg}_i^{i_1i_2\cdots i_m} \succeq \mathrm{cg}_j^{j_1j_2\cdots j_m}} \mathrm{Cov}(\mathrm{cg}_j^{j_1j_2\cdots j_m} \to \mathrm{dg}_l^{i_d})$。

证明 由于$i_t \leqslant j_t\ (t=1,2,\cdots,m)$，则$U/C^{i_1i_2\cdots i_m} \succeq U/C^{j_1j_2\cdots j_m}$。又因为$\mathrm{cg}_i^{i_1i_2\cdots i_m} \in \mathrm{GS}_C^{i_1i_2\cdots i_m}$，$\mathrm{cg}_j^{j_1j_2\cdots j_m} \in GS_C^{j_1j_2\cdots j_m}$和$\mathrm{cg}_i^{i_1i_2\cdots i_m} \succeq \mathrm{cg}_j^{j_1j_2\cdots j_m}$，一定存在$E_i=\{1,2,\cdots,|\mathrm{GS}_C^{j_1j_2\cdots j_m}|\}$满足$\mathrm{cg}_i^{i_1i_2\cdots i_m} = \cup_{j\in E_i} \mathrm{cg}_j^{j_1j_2\cdots j_m}$。

(1) 对于每个决策粒$\mathrm{dg}_l^{i_d}$，有$\dfrac{|\mathrm{cg}_i^{i_1i_2\cdots i_m} \wedge \mathrm{dg}_l^{i_d}|}{|U|} = \dfrac{|\{\cup_{j\in E_i} \mathrm{cg}_j^{j_1j_2\cdots j_m}\} \wedge \mathrm{dg}_l^{i_d}|}{|U|} = \sum_{j\in E_i} \dfrac{|\mathrm{cg}_j^{j_1j_2\cdots j_m} \cap \mathrm{dg}_l^{i_d}|}{|U|}$，因此，$\mathrm{Sup}(\mathrm{cg}_i^{i_1i_2\cdots i_m} \to \mathrm{dg}_l^{i_d}) = \sum_{\mathrm{cg}_i^{i_1i_2\cdots i_m} \succeq \mathrm{cg}_j^{j_1j_2\cdots j_m}} \mathrm{Sup}(\mathrm{cg}_j^{j_1j_2\cdots j_m} \to \mathrm{dg}_l^{i_d})$。

(2) 对于每个决策粒$\mathrm{dg}_l^{i_d}$，

$$
\begin{aligned}
&\mathrm{Conf}(\mathrm{cg}_i^{i_1i_2\cdots i_m} \to \mathrm{dg}_l^{i_d}) \\
&= \frac{|\mathrm{Sup}(\mathrm{cg}_i^{i_1i_2\cdots i_m} \to \mathrm{dg}_l^{i_d})|U|}{|\mathrm{cg}_i^{i_1i_2\cdots i_m}|} \\
&= \frac{\sum_{\mathrm{cg}_i^{i_1i_2\cdots i_m} \succeq \mathrm{cg}_j^{j_1j_2\cdots j_m}} \mathrm{Sup}(\mathrm{cg}_j^{j_1j_2\cdots j_m} \to \mathrm{dg}_l^{i_d})|U|}{|cg_i^{i_1i_2\ldots i_m}|} \\
&= \frac{\dfrac{\sum_{\mathrm{cg}_i^{i_1i_2\cdots i_m} \succeq \mathrm{cg}_j^{j_1j_2\cdots j_m}} \mathrm{Sup}(\mathrm{cg}_j^{j_1j_2\cdots j_m} \to \mathrm{dg}_l^{i_d})|U|}{|U|}}{\dfrac{|\mathrm{cg}_i^{i_1i_2\cdots i_m}|}{|U|}} \\
&= \frac{\sum_{\mathrm{cg}_i^{i_1i_2\cdots i_m} \succeq \mathrm{cg}_j^{j_1j_2\cdots j_m}} \mathrm{Sup}(\mathrm{cg}_j^{j_1j_2\cdots j_m} \to \mathrm{dg}_l^{i_d})}{\mathrm{Sup}(\mathrm{cg}_i^{i_1i_2\cdots i_m})}
\end{aligned}
$$

(3) 对于每个决策粒$\mathrm{dg}_l^{i_d}$，有$\dfrac{|\mathrm{cg}_i^{i_1i_2\cdots i_m} \wedge \mathrm{dg}_l^{i_d}|}{|\mathrm{dg}_l^{i_d}|} = \dfrac{|\{\cup_{j\in E_i} \mathrm{cg}_j^{j_1j_2\cdots j_m}\} \wedge \mathrm{dg}_l^{i_d}|}{|\mathrm{dg}_l^{i_d}|} = \sum_{j\in E_i} \dfrac{|\mathrm{cg}_j^{j_1j_2\cdots j_m} \wedge \mathrm{dg}_l^{i_d}|}{|\mathrm{dg}_l^{i_d}|}$，因此，$\mathrm{Cov}(\mathrm{cg}_i^{i_1i_2\cdots i_m} \to dg_l^{i_d}) = \sum_{\mathrm{cg}_i^{i_1i_2\cdots i_m} \succeq \mathrm{cg}_j^{j_1j_2\cdots j_m}} \mathrm{Cov}(\mathrm{cg}_j^{j_1j_2\cdots j_m} \to \mathrm{dg}_l^{i_d})$。

2. 决策属性粒层提升时决策规则度量变化

定理 7.5 给定第$(i_1i_2\cdots i_mi_d)$个决策表和第$(j_1j_2\cdots j_mj_d)$个决策表，如果$i_t = j_t\ (t=1,2,\cdots,m)$和$i_d \leqslant j_d$，则$g^{i_1i_2\cdots i_mi_d} \succeq g^{j_1j_2\cdots j_mj_d}$。

证明 由于$i_t = j_t\ (t=1,2,\cdots,m)$，则有$\mathrm{cg}^{i_1i_2\cdots i_m} = \mathrm{cg}^{j_1j_2\cdots j_m}$。又因为$i_d \leqslant j_d$，$\mathrm{dg}^{i_d} \succeq \mathrm{dg}^{j_d}$，则$\mathrm{cg}^{i_1i_2\cdots i_m} \wedge \mathrm{dg}^{i_d} \succeq \mathrm{cg}^{j_1j_2\cdots j_m} \wedge \mathrm{dg}^{j_d}$。因此，可以得到$g^{i_1i_2\cdots i_mi_d} \succeq g^{j_1j_2\cdots j_mj_d}$。

引理 7.2　如果 $i_1i_2\cdots i_m l(d)$，$\cdots$，$i_1i_2\cdots i_m i_d$，$\cdots$，$i_1i_2\cdots i_m 1$ 是一个全序关系，则有 $g^{i_1i_2\cdots i_m l(d)} \preceq \cdots \preceq g^{i_1i_2\cdots i_m i_d} \preceq \cdots \preceq g^{i_1i_2\cdots i_m 1}$。

定理 7.5 和引理 7.2 表明随着决策属性粒层的提升，决策信息粒逐渐变粗。

定理 7.6　给定第$(i_1i_2\cdots i_m i_d)$个决策表和第$(j_1j_2\cdots j_m j_d)$个决策表，$i_t = j_t\ (t=1,2,\cdots,m)$，$i_d \leqslant j_d$，$cg_i^{i_1i_2\cdots i_m} \in GS_C^{i_1i_2\cdots i_m}$，$cg_j^{j_1j_2\cdots j_m} \in GS_C^{j_1j_2\cdots j_m}$，$dg_i^{i_d} \in GS_D^{i_d}$，$dg_j^{j_d} \in GS_D^{j_d}$，如果 $dg_i^{i_d} \succeq dg_j^{j_d}$，则

(1) $\mathrm{Sup}(cg_l^{i_1i_2\cdots i_m} \to dg_i^{i_d}) = \sum_{dg_i^{i_d} \succ dg_j^{j_d}} \mathrm{Sup}(cg_l^{j_1j_2\cdots j_m} \to dg_j^{j_d})$；

(2) $\mathrm{Conf}(cg_l^{i_1i_2\cdots i_m} \to dg_i^{i_d}) = \sum_{dg_i^{i_d} \succ dg_j^{j_d}} \mathrm{Conf}(cg_l^{j_1j_2\cdots j_m} \to dg_j^{j_d})$；

(3) $\mathrm{Cov}(cg_l^{i_1i_2\cdots i_m} \to dg_i^{i_d}) = \dfrac{\sum_{dg_i^{i_d} \succeq dg_j^{j_d}} \mathrm{Sup}(cg_l^{i_1i_2\cdots i_m} \to dg_j^{j_d})}{\sum_{dg^{i_d} \succeq dg^{j_d}} \mathrm{Sup}(dg_j^{j_d})}$。

证明　由于 $i_t = j_t\ (t=1,2,\cdots,m)$，则 $U/C^{i_1i_2\cdots i_m} = U/C^{j_1j_2\cdots j_m}$。又因为 $cg_i^{i_1i_2\cdots i_m} \in GS_C^{i_1i_2\cdots i_m}$ 和 $cg_j^{j_1j_2\cdots j_m} \in GS_C^{j_1j_2\cdots j_m}$，$cg_l^{i_1i_2\cdots i_m} = cg_l^{j_1j_2\cdots j_m}$。由于 $i_d \leqslant j_d$，$U/D^{i_d} \succeq U/D^{j_d}$ 和 $dg_i^{i_d} \succeq dg_j^{j_d}$，则存在一个 $\{1,2,\cdots,|GS_D^{i_d}|\}$ 的子集合 E_i 满足 $dg_i^{i_d} = \cup_{j\in E_i} dg_j^{j_d}$。

(1) 对于每个条件粒 $cg_l^{i_1i_2\cdots i_m}$，有

$$\begin{aligned}
\mathrm{Sup}(cg_l^{i_1i_2\cdots i_m} \to dg_i^{i_d}) &= \frac{|cg_l^{i_1i_2\cdots i_m} \wedge dg_i^{i_d}|}{|U|} \\
&= \frac{|cg_l^{i_1i_2\cdots i_m} \wedge \sum_{dg_i^{i_d} \succeq dg_j^{j_d}} dg_j^{j_d}|}{|U|} \\
&= \sum_{dg_i^{i_d} \succeq dg_j^{j_d}} \frac{|cg_l^{i_1i_2\cdots i_m} \wedge dg_j^{j_d}|}{|U|} \\
&= \sum_{dg_i^{i_d} \succ dg_j^{j_d}} \mathrm{Sup}(cg_l^{j_1j_2\cdots j_m} \to dg_j^{j_d})
\end{aligned}$$

(2) 对于每个条件粒 $cg_l^{i_1i_2\cdots i_m}$，有

$$\begin{aligned}
\mathrm{Conf}(cg_l^{i_1i_2\cdots i_m} \to dg_i^{i_d}) &= \frac{|cg_l^{i_1i_2\cdots i_m} \wedge dg_i^{i_d}|}{|cg_l^{i_1i_2\cdots i_m}|} \\
&= \frac{|cg_l^{i_1i_2\cdots i_m} \wedge \sum_{dg_i^{i_d} \succeq dg_j^{j_d}} dg_j^{j_d}|}{|cg_l^{i_1i_2\cdots i_m}|} \\
&= \sum_{dg_i^{i_d} \succeq dg_j^{j_d}} \frac{|cg_l^{i_1i_2\cdots i_m} \wedge dg_j^{j_d}|}{|cg_l^{i_1i_2\cdots i_m}|} \\
&= \sum_{dg_i^{i_d} \succ dg_j^{j_d}} \mathrm{Conf}(cg_l^{j_1j_2\cdots j_m} \to dg_j^{j_d})
\end{aligned}$$

(3)对于每个条件粒 $cg_l^{i_1i_2\cdots i_m}$，有

$$
\begin{aligned}
\mathrm{Cov}(\mathrm{cg}_l^{i_1 i_2 \cdots i_m} \to \mathrm{dg}_i^{i_d}) &= \frac{|\mathrm{cg}_l^{i_1 i_2 \cdots i_m} \wedge \mathrm{dg}_i^{i_d}|}{|\mathrm{dg}_i^{i_d}|} \\
&= \frac{|\mathrm{cg}_l^{i_1 i_2 \cdots i_m} \wedge \sum\limits_{\mathrm{dg}_i^{i_d} \succeq \mathrm{dg}_j^{j_d}} \mathrm{dg}_j^{j_d}|}{|\sum\limits_{\mathrm{dg}_i^{i_d} \succeq \mathrm{dg}_j^{j_d}} \mathrm{dg}_j^{j_d}|} \\
&= \sum_{\mathrm{dg}_i^{i_d} \succeq \mathrm{dg}_j^{j_d}} \frac{|\mathrm{cg}_l^{i_1 i_2 \cdots i_m} \wedge \mathrm{dg}_j^{j_d}|}{|\sum\limits_{\mathrm{dg}_i^{i_d} \succeq \mathrm{dg}_j^{j_d}} \mathrm{dg}_j^{j_d}|} \\
&= \frac{\sum\limits_{\mathrm{dg}_i^{i_d} \succeq \mathrm{dg}_j^{j_d}} \dfrac{|\mathrm{cg}_l^{i_1 i_2 \cdots i_m} \cap \mathrm{dg}_j^{j_d}|}{|U|}}{\dfrac{|\sum\limits_{\mathrm{dg}_i^{i_d} \succeq \mathrm{dg}_j^{j_d}} \mathrm{dg}_j^{j_d}|}{|U|}} \\
&= \frac{\sum\limits_{\mathrm{dg}_i^{i_d} \succeq \mathrm{dg}_j^{j_d}} \mathrm{Sup}(\mathrm{cg}_l^{i_1 i_2 \cdots i_m} \to \mathrm{dg}_j^{j_d})}{\sum\limits_{\mathrm{dg}_i^{i_d} \succeq \mathrm{dg}_j^{j_d}} \mathrm{Sup}(\mathrm{dg}_j^{j_d})}
\end{aligned}
$$

例 7.2　(续表 7.1)针对表 7.1，随着条件属性和/或决策属性粒度层次的提升，可以挖掘出不同粒度层次下的决策规则，如表 7.5 所示。对于决策表 S^{2222}，可以挖掘出 8 条决策规则，而对于决策表 S^{1102}，仅挖出 7 条决策规则。随着决策粒层的提升，可以从 S^{1101} 挖掘出更多的一致性决策规则。

表 7.5　S^{2222}、S^{1102} 和 S^{1101} 中决策规则挖掘示意图

No.	Dec.Rule	Sup	Conf	Cov	Dec.Rule	Sup	Conf	Cov	Dec.Rule	Sup	Conf	Cov
1	$\mathrm{cg}_1^{222} \to \mathrm{dg}_4^2$	0.1	1	1/4	$\mathrm{cg}_1^{110} \to \mathrm{dg}_4^2$	0.2	1	1/2	$\mathrm{cg}_1^{110} \to \mathrm{dg}_2^1$	0.2	1	2/5
2	$\mathrm{cg}_2^{222} \to \mathrm{dg}_4^2$	0.1	1	1/4								
3	$\mathrm{cg}_3^{222} \to \mathrm{dg}_5^2$	0.1	1	1	$\mathrm{cg}_2^{110} \to \mathrm{dg}_5^2$	0.1	1	1	$\mathrm{cg}_2^{110} \to \mathrm{dg}_3^1$	0.1	1	1/2
4	$\mathrm{cg}_4^{222} \to \mathrm{dg}_2^2$	0.2	1	1	$\mathrm{cg}_3^{110} \to \mathrm{dg}_2^2$	0.2	1	1	$\mathrm{cg}_3^{110} \to \mathrm{dg}_1^1$	0.2	1	2/3
5	$\mathrm{cg}_5^{222} \to \mathrm{dg}_3^2$	0.1	1/3	1	$\mathrm{cg}_4^{110} \to \mathrm{dg}_3^2$	0.1	1/3	1	$\mathrm{cg}_4^{110} \to \mathrm{dg}_2^1$	0.3	1	3/5
6	$\mathrm{cg}_5^{222} \to \mathrm{dg}_4^2$	0.2	2/3	1/2	$\mathrm{cg}_4^{110} \to \mathrm{dg}_4^2$	0.2	2/3	1/2				
7	$\mathrm{cg}_6^{222} \to \mathrm{dg}_6^2$	0.1	1	1	$\mathrm{cg}_5^{110} \to \mathrm{dg}_6^2$	0.1	1	1	$\mathrm{cg}_5^{110} \to \mathrm{dg}_3^1$	0.1	1	1/2
8	$\mathrm{cg}_7^{222} \to \mathrm{dg}_1^2$	0.1	1	1	$\mathrm{cg}_6^{110} \to \mathrm{dg}_1^2$	0.1	1	1	$\mathrm{cg}_6^{110} \to \mathrm{dg}_1^1$	0.1	1	1/3

下面简要分析不同粒度层次下决策规则的几类情况。

(1) 如果提升条件属性粒度层次，许多原本一致性的决策规则将变为不一致性决策规则。例如，对于 S^{2222} 和 S^{1022}，S^{2222} 中两条一致性决策规则“$\mathrm{cg}=\{11,12,11\} \to \mathrm{dg}=\{22\}$”和“$\mathrm{cg}=\{12,21,11\} \to \mathrm{dg}=\{31\}$”将变成 S^{1022} 中不一致性决策规则“$\mathrm{cg}=\{1,*,11\} \to \mathrm{dg}=$

{22}” 和“cg = {1,*,11} → dg = {31}”。这样，在提升条件属性粒度层次时，需要考虑分类能力。

(2) 如果提升决策属性粒度层次，一些不一致性决策规则将会变成一致性决策规则。例如，S^{1102} 中“$\mathrm{cg}_4^{110} \to \mathrm{dg}_3^2$”和“$\mathrm{cg}_4^{110} \to \mathrm{dg}_4^2$”将合并为 S^{1101} 中的 $\mathrm{cg}_4^{110} \to \mathrm{dg}_2^1$。显然，合并后的决策规则的支持度和置信度得到了提高。

7.3.3　大数据下并行知识获取算法

在知识获取中，通常知识以决策规则的形式进行表示。为此，下面给出层次粗糙集模型中层次决策规则的定义。

定义 7.7 (层次决策规则)　决策表 $S_{i_1i_2\cdots i_m}=(U_{i_1i_2\cdots i_m}, \mathrm{At}=C\cup D, V^{i_1i_2\cdots i_m}, I^{i_1i_2\cdots i_m})$，其中，$A\subseteq C$，$U/A=\{A_1^{i_1i_2\cdots i_m}, A_2^{i_1i_2\cdots i_m}, \cdots, A_H^{i_1i_2\cdots i_m}\}$，$U/D=\{D_1, D_2, \cdots, D_k\}$，则决策规则 $A_h^{i_1i_2\cdots i_m} \to D_j$ 的支持度、置信度和覆盖度分别定义为

$$\mathrm{Sup}(A_h^{i_1i_2\cdots i_m} \to D_j)=\frac{|A_h^{i_1i_2\cdots i_m}|}{|U|}$$

$$\mathrm{Conf}(A_h^{i_1i_2\cdots i_m} \to D_j)=\frac{|A_h^{i_1i_2\cdots i_m}\cap D_j|}{|A_h^{i_1i_2\ldots i_m}|}$$

$$\mathrm{Cov}(A_h^{i_1i_2\cdots i_m} \to D_j)=\frac{|A_h^{i_1i_2\cdots i_m}\cap D_j|}{|D_j|}$$

如果 $\mathrm{Acc}(A_h^{i_1i_2\cdots i_m} \to D_j)=1$，则称决策规则 $A_h^{i_1i_2\cdots i_m} \to D_j$ 为一致性规则，置信度为 1；否则称决策规则 $A_h^{i_1i_2\cdots i_m} \to D_j$ 为可能性规则，置信度为 $\max\limits_{j=1,\cdots,k}\{\frac{|A_h^{i_1i_2\cdots i_m}\cap D_j|}{|A_h^{i_1i_2\cdots i_m}|}\}$。

图 7.3 给出了不同粒度层次下条件信息粒和决策信息粒之间的关系。

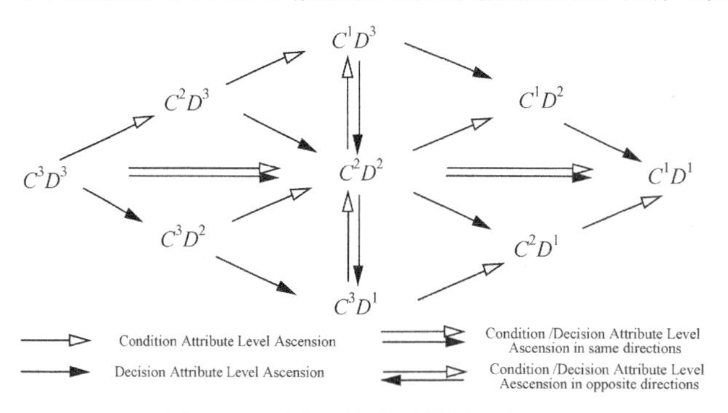

图 7.3　不同属性粒层提升示例图

下面利用 MapReduce 技术设计一种大数据下并行知识获取计算模型，如图 7.4 所示。该模型并行计算条件粒和决策粒以及对应决策规则的支持度、置信度和覆盖度。

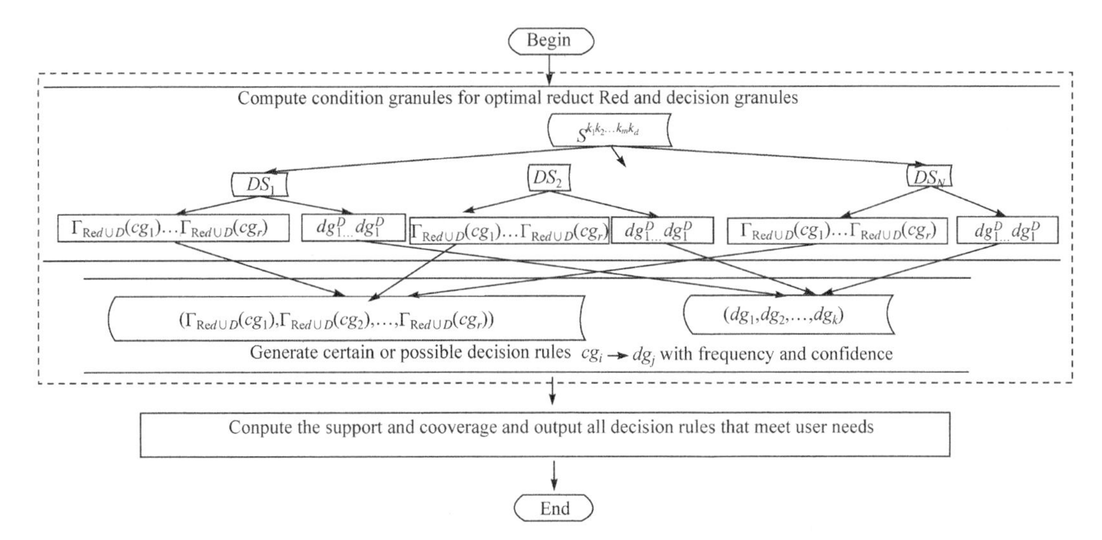

图 7.4　大数据下并行知识获取算法框架图

该模型分为 3 个算法。算法 7.1 中，Map 函数计算条件信息粒，Reduce 函数生成某个粒度层次下的决策规则。算法 7.2 中，Map 函数计算决策信息粒，而 Reduce 函数计算决策信息粒的频繁支持数。算法 7.3 串行计算决策规则的支持度、置信度和覆盖度。

1) 条件信息粒计算算法

算法 7.1　PCACG(Parallel Computation Algorithm for Condition Granules)

PCACG 主要用来并行计算条件信息粒，具体伪代码如下。

函数 PCACG-Map(key, value)

输入：一个层次编码决策表 $S^{k_1k_2\cdots k_mk_d}$ 的数据分片，ds; 一个优化的约简，Red。

输出：$<\mathrm{cg},<\mathrm{dg},s>>$，其中，cg 为优化约简 Red 下的条件信息粒，dg 为决策信息粒，s 为 $\mathrm{cg}\wedge\mathrm{dg}$ 的支持数。

1. $U_{\mathrm{Red}} = \varnothing$;
2. for each object $x \in \mathrm{ds}$ do
3. {
4. 　　$\mathrm{cg} = I_{\mathrm{Red}}(x)$, $\mathrm{dg} = I_D(x)$;
5. 　　if not ($\mathrm{cg} \in U_{\mathrm{Red}}$) then
6. 　　　{
7. 　　　　$\Gamma_{\mathrm{Red}\cup D}(\mathrm{cg}) = \{<\mathrm{dg},1>\}$;
8. 　　　　$U_{\mathrm{Red}} = U_{\mathrm{Red}} \cup \{\mathrm{cg}\}$;
9. 　　　}
10. 　　　else
11. 　　　{
12. 　　　　match = false;
13. 　　　　for each $<g,s> \in \Gamma_{\mathrm{Red}\cup D}(\mathrm{cg})$ do

14. if $g = \mathrm{dg}$ then

15. { $s{=}s{+}1$; match = true; return;}

16. if match = false then

17. $\varGamma_{\mathrm{Red}\cup D}(\mathrm{cg}) = \varGamma_{\mathrm{Red}\cup D}(\mathrm{cg}) \cup \{<\mathrm{dg},1>\}$;

18. }

19. }

20. for each cg $\in U_{\mathrm{Red}}$ do

21. for each $<\mathrm{dg},s> \in \varGamma_{\mathrm{Red}\cup D}(\mathrm{cg})$ do

22. EmitIntermediate $<\mathrm{cg},<\mathrm{dg},s>>$;

函数 PCACG-Reduce(key, valueList)

输入：条件信息粒 cg；决策值列表 $<\mathrm{dg},s>$。

输出：$<\mathrm{cg}\to\mathrm{dg},<s,\mathrm{Conf}>>$。

1. $\varGamma_{\mathrm{Red}\cup D}(\mathrm{cg}) = \varnothing$， $N_{\mathrm{cg}} = 0$;

2. for each pair $<\mathrm{dg},s> \in$ valueList do

3. {

4. $N_{\mathrm{cg}} = N_{\mathrm{cg}} + s$;

5. match = false;

6. for each $<g,s_1> \in \varGamma_{\mathrm{Red}\cup D}(\mathrm{cg})$ do

7. if $g = \mathrm{dg}$ then

8. { $s_1 = s + s_1$; match = true; return;}

9. if match = false then

10. $\varGamma_{\mathrm{Red}\cup D}(\mathrm{cg}) = \varGamma_{\mathrm{Red}\cup D}(\mathrm{cg}) \cup \{<\mathrm{dg},s>\}$;

11. }

12. for each $<\mathrm{dg},s> \in \varGamma_{\mathrm{Red}\cup D}(\mathrm{cg})$ do

13. {

14. $\mathrm{Conf} = \dfrac{s}{N_{\mathrm{cg}}}$;

15. Emit $<\mathrm{cg}\to\mathrm{dg},<s,\mathrm{Conf}>>$;

16. }

2) 决策信息粒计算算法

算法 7.2　PCADG(Parallel Computation Algorithm for Decision Granules)

PCADG 阐述了利用 MapReduce 技术并行计算决策信息粒的过程，Map 函数计算决策信息粒，与算法 7.1 中 Map 函数有点类似，而 Reduce 函数计算决策信息粒 dg 的个数。具体伪代码如下。

PCADG-Map(key, value)

输入：一个层次编码决策表 $S^{k_1 k_2 \cdots k_m k_d}$ 的数据分片，ds。

输出：$<\mathrm{dg},s>$，其中，dg 为一个决策信息粒，s 为该决策信息粒的支持数。

1. $U_D = \varnothing$， $\Gamma_D(g) = \varnothing$;
2. for each object $x \in \text{ds}$ do
3. {
4. 　dg $= I_D(x)$;
5. 　if not ($\text{dg} \in U_D$) then
6. 　{
7. 　　$U_D = U_D \cup \{\text{dg}\}$;
8. 　　$\Gamma_D(g) = \Gamma_D(g) \cup \{<\text{dg},0>\}$
9. 　}
10. 　else
11. 　{
12. 　　match = false;
13. 　　for each $<g,s> \in \Gamma_D(g)$ do
14. 　　　if $g = \text{dg}$ then
15. 　　　{ $s = s + 1$; match = true; return;}
16. 　　　if match = false then
17. 　　　　$\Gamma_D(g) = \Gamma_D(g) \cup \{<\text{dg},1>\}$;
18. 　}
19. }
20. for each $<\text{dg},s> \in \Gamma_D(g)$ do
21. 　EmitIntermediate $<\text{dg},s>$;

PCADG-Reduce(key, valueList)

输入：一个决策信息粒 dg; dg 的支持数列表, valueList。

输出：$<\text{dg}, N_{\text{dg}}>$，其中，$N_{\text{dg}}$ 为 dg 的总支持数。

1. $N_{\text{dg}} = 0$;
2. for each $v \in$ valueList do
3. 　$N_{\text{dg}} = N_{\text{dg}} + v$;
4. Emit $<\text{dg}, N_{\text{dg}}>$;

3) 并行决策规则挖掘算法

当计算完条件信息粒和决策信息粒后可以生成一些确定性或可能性决策规则。

算法 7.3 PKAA(Parallel Knowledge Acquisition Algorithm)

PKAA 给出了利用 MapReduce 技术进行并行知识获取的伪代码，主要用来计算决策规则的支持度、置信度和覆盖度。具体伪代码如下。

输入：一个层次编码决策表 S; 一个最优的约简，Red。

输出：$<\text{cg} \to \text{dg}, <\text{Sup},\text{Conf},\text{Cov}>>$。

1. $\Gamma_D(g) = \varnothing$, total =0;
2. for each $<\text{dg}, N_{\text{dg}}>$ do

3. {
4. 　　$\Gamma_D(g)=\Gamma_D(g)\cup <\mathrm{dg},N_{\mathrm{dg}}>$;
5. 　　total = total+ N_{dg};
6. }
7. for each decision rule $<\mathrm{cg}\rightarrow \mathrm{dg},<s,\mathrm{Conf}>>$ do
8. 　　for each pair $<g,N_{\mathrm{dg}}>\ \in\ \Gamma_D(g)$ do
9. 　　　　if g = dg then
10. 　　　　{
11. 　　　　　　$\mathrm{Sup}=\dfrac{s}{\mathrm{total}}$;
12. 　　　　　　$\mathrm{Cov}=\dfrac{s}{N_{\mathrm{dg}}}$;
13. 　　　　　　Output $<\mathrm{cg}\rightarrow \mathrm{dg},<\mathrm{Sup},\mathrm{Conf},\mathrm{Cov}>>$;
14. 　　　　}

7.3.4 时间复杂度分析

为了展示所提出的并行知识获取算法的效率，将串行知识获取算法和并行知识获取算法的计算复杂性进行了分析比较，结果如表 7.6 所示。表中，|Red|表示最优约简中的属性个数，n 表示所有对象的总个数，N 表示计算节点个数。为方便比较，每个数据分片的对象数为 $\dfrac{n}{N}$，$|U_{\mathrm{Red}}|$ 表示条件信息粒个数，$|U_D|$ 表示决策信息粒个数，n' 表示最大等价类中的对象个数。$l(c_t)$、ln_{c_t} (t=1,2,$\cdots$,m)、$l(d)$ 和 ln_d 分别表示条件属性的概念层次深度、条件属性的编码字符串、决策属性的概念层次深度和决策属性的编码字符串。由表 7.6 可以看出，并行知识获取算法的时间复杂度远低于串行知识获取算法。在并行策略下，计算条件信息粒和决策信息粒的任务分布到 N 节点上，其计算时间复杂度可以大大降低为原来的 1/N。一般而言，从节点越多，并行知识获取算法越快。

表 7.6　并行知识获取算法时间复杂度分析

算法	串行	并行
7.1	$\max(O(n(\sum_{t=1}^{\lvert\mathrm{Red}\rvert} ln_{c_t}+ln_d)), O(n\times\lvert U_D\rvert))$	$\max(O(\dfrac{n(\sum_{t=1}^{\lvert\mathrm{Red}\rvert} ln_{c_t}+ln_d)}{N}), O(\dfrac{n.\lvert U_D\rvert}{N}), O(\lvert U_D\rvert .n'))$
7.2	$\max(O(n.ln_d), O(n\times\lvert U_D\rvert))$	$\max(O(\dfrac{n(ln_d)}{N}), O(\dfrac{n\times\lvert U_D\rvert}{N})\ O(\lvert U_D\rvert\times n'))$
7.3	$O(\lvert U_{\mathrm{Red}}\rvert\times\lvert U_D\rvert^2)$	$O(\lvert U_{\mathrm{Red}}\rvert\times\lvert U_D\rvert^2)$

7.4　实验与分析

下面主要从决策规则个数和规则长度对本章提出的大数据下层次粗糙集模型知识获取进行评价。

7.4.1　样例分析

例 7.3　(续表 7.1)利用一个职工收入表来说明本章所提出的面向大数据的层次粗糙集模型知识获取算法模型。利用知识约简算法获得一个约简{Age，Education Level}。假设将表 7.1 划分为两个数据分片，第 1 个数据分片包含第 1～5 条对象，第 2 个数据分片包含第 6～10 条对象，则整个决策规则生成过程如图 7.5 所示。

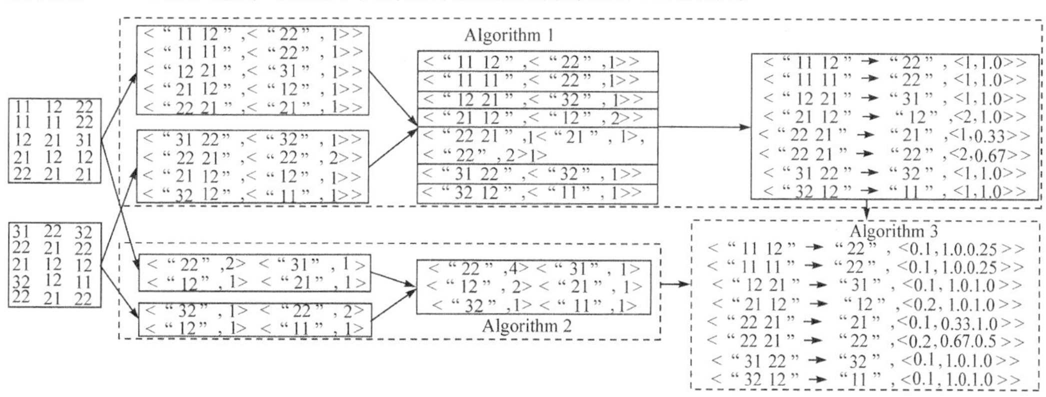

图 7.5　层次粗糙集模型决策规则生成过程示例图

7.4.2　实验分析

为了考察本章提出的算法，选用 3 个人工数据集 DS1、DS2 和 DS3 来测试层次粗糙集模型知识获取算法的性能，其中 DS1～DS3 各个属性概念层次树深度为 3。表 7.7 列出了不同数据集的特性。利用开源云计算平台 Hadoop 0.20.2 和 Java 1.6.0_20 在 17 台普通计算机(Intel Pentium Dual-core 2.6GHz CPU, 2GB 内存)构建的大数据中进行实验，其中 1 台为主节点，16 台为从节点。

表 7.7　层次粗糙集模型测试数据集特性

数据集	对象数	条件属性数	决策属性值个数	备注
DS1	40000000	50	4×4×4=64	3 层决策表
DS2	40000000	50	5×5×5=125	3 层决策表
DS3	50000000	30	3×3×3=27	3 层决策表

针对 DS1、DS2 和 DS3，分别从不同粒度下决策规则平均长度和决策规则个数进行了分析比较，如图 7. 6 ～图 7.8 所示。

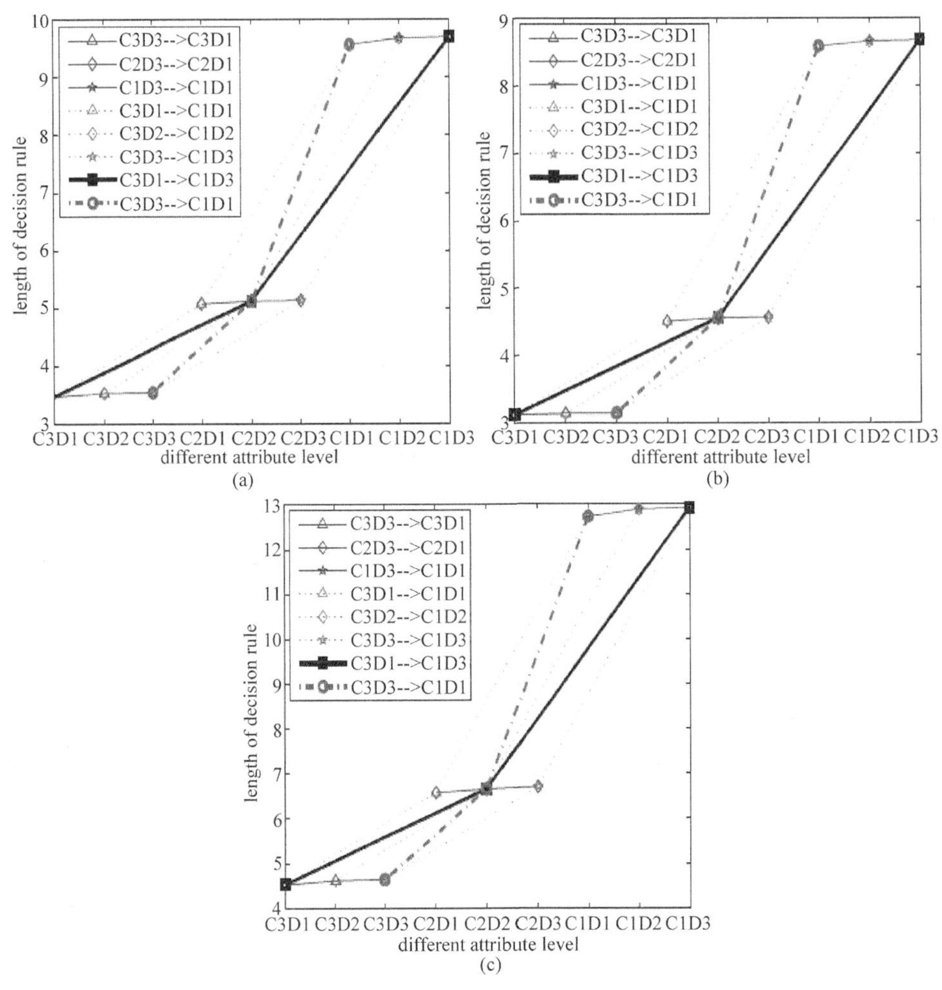

图 7.6　不同粒层下决策规则平均长度的比较

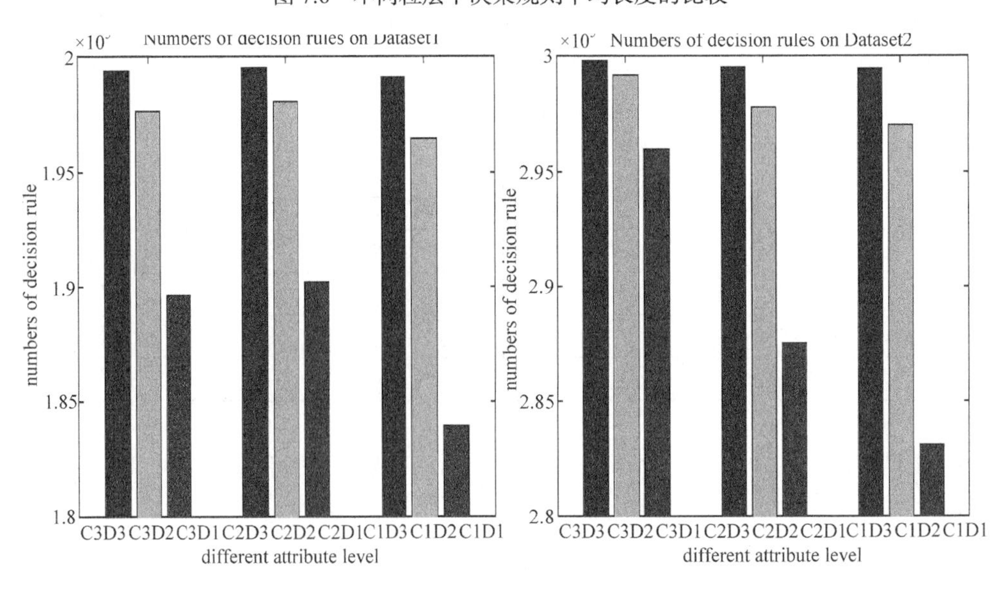

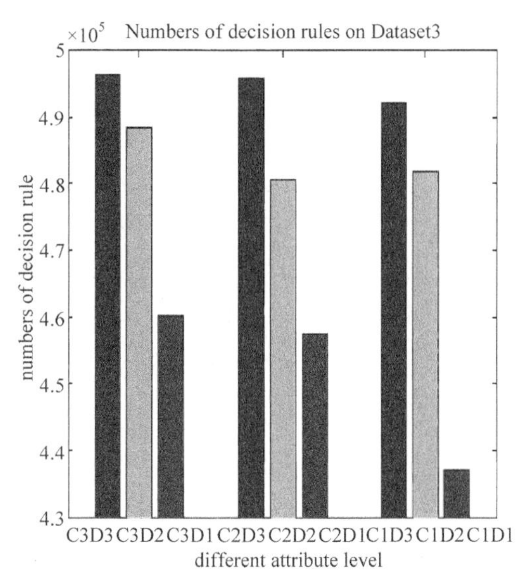

图 7.7　不同决策属性粒层下决策规则个数的比较

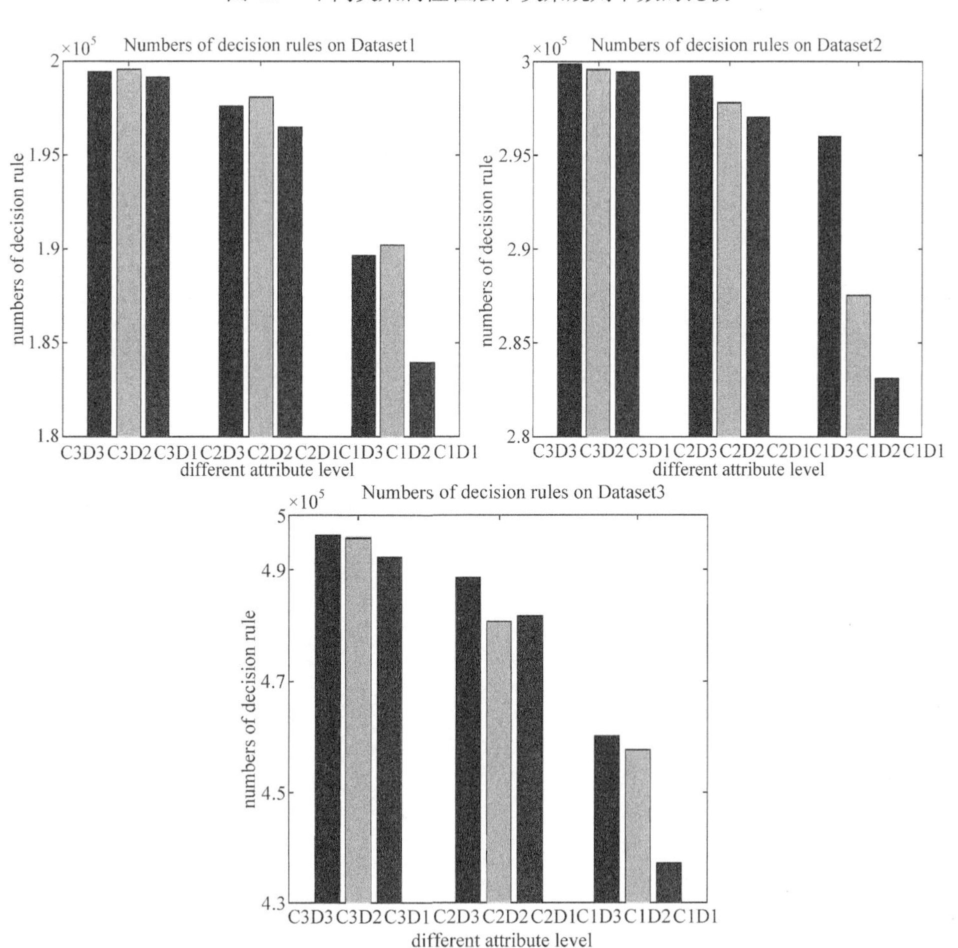

图 7.8　不同条件属性粒层下决策规则个数的比较

7.5 小　　结

本章以先验知识为指导，引入概念层次树，以粗糙集理论为背景，首先构建了面向大数据的层次编码决策表，提出了面向大数据的层次粗糙集模型知识获取算法,讨论并实现了知识获取算法中的可并行化操作，并利用云计算开源平台 Hadoop 在普通计算机的集群上进行实验。实验结果表明，本章提出的面向大数据的层次粗糙集模型知识获取算法不仅可以处理大数据，而且可以挖掘不同层次的决策规则。

第 8 章　总结与展望

粗糙集模型作为粒计算的主要模型之一，利用等价关系进行粒化和知识约简，已经能够合理处理许多实际问题。当遇到海量数据时，已有的知识约简算法效率低下，甚至无法进行知识约简。随着大数据技术的发展，MapReduce 技术可以把任务分发到机器集群中的各个节点上，并以一种高容错的方式并行处理海量数据，实现并行数据挖掘算法。目前，许多学者开始关注如何利用 MapReduce 技术解决面向海量数据的知识约简和知识获取问题。由于其研究历程相对较短，整个理论体系发展还面临一些问题与挑战。本章在总结前期研究成果的基础上，对未来潜在的研究方向进行展望。

8.1　总　　结

粗糙集理论主要利用等价关系，在保持分类能力不变的前提下，通过知识约简，导出问题的决策或分类规则，为不确定信息处理提供一种更符合人类认知的理论体系。其在数据分析过程中不需要加入任何先验知识，对数据的处理更加客观，为智能计算提供了一种行之有效的途径。

基于正区域的知识约简算法利用相对正域中的信息进行知识约简，而基于差别矩阵和信息熵知识约简算法则利用边界域中的信息来计算一个约简。如何利用正区域和边界域中的信息来指导约简，如何进行大规模数据的知识约简，以及如何利用粒计算解决层次粗糙集模型约简和知识获取，成为近年来的研究重点和热点。下面就主要工作进行总结。

(1) 等价类计算和核属性判断是提高知识约简算法效率的关键步骤。本书分析了影响基于正区域、差别矩阵和信息熵知识约简算法效率的关键因素，研究了一种基于计数排序的快速计算等价类算法，将时间复杂度降为 $O(|U||C|)$；通过分析核属性特性，利用等价类计算算法，提出了一种快速计算核属性的算法，将时间复杂度降为 $O(|C||U|)$，从而提出了时间复杂度为 $\max(O(|U||C|), O(|C|^2|U/C|))$ 的知识约简算法。

(2) 合理的属性重要性测度可降低子集搜索空间，也是提高知识约简算法效率的关键过程。通过分析正区域、差别矩阵和信息熵约简算法中属性重要性测度的特性，利用正区域中的对象个数和边界域中的区分信息，构建了两种混合属性重要性测度，并设计了相应的知识约简算法。通过剖析属性重要性测度的差异性，提出了统一的、高效的知识约简算法框架模型。利用 Visual C#实现了知识约简算法，在 UCI 数据集上进行了相关测试。实验结果表明提出的知识约简算法更加高效，混合属性测度更具合理性。

(3) 随着数据库管理系统的广泛应用，各行各业积累了大量数据。传统的高效知识约简算法将数据集一次性装入内存中，计算等价类和获取一个约简。当遇到海量数据时，就显得无能为力。而大数据技术可以处理海量数据，如何将大数据技术与知识约简算法相结合成为研究的热点。本书深入研究了 Google 提出的分布式文件系统和并行编程模式 MapReduce，具体剖析了现有知识约简算法，研究了知识约简算法中可并行化操作——等价类和属性重要性计算，利用 MapReduce 技术设计了面向大规模数据集的并行处理算法，通过分析差别矩阵中辨识对象对和不可辨识对象对特性，设计了两种大数据下差别矩阵的知识约简算法。进一步研究了基于正区域(边界域)、不可辨识关系和信息熵的知识约简算法中属性重要性计算形式，剖析了正区域和边界域中属性重要性测度在大数据下的差异性，提出了面向海量数据的大数据下知识约简算法框架模型，并在开源平台 Hadoop 上实现了大数据下 Pawlak 粗糙集模型知识约简算法。实验结果表明，这些算法不仅具有高效性，而且能够处理海量数据。

(4) 经典粗糙集及其扩展理论主要从多角度、单层次进行问题的求解，但没有应用从多角度、多层次进行问题求解的粒计算思想。在实际应用中，离散型属性的属性值域呈现一定的层次性，而利用云模型也可以对数值型属性进行属性值域粒度化。这样，可将单个属性扩展为一棵概念层次树，从而将经典粗糙集模型扩展为层次粗糙集模型。本书利用概念层次树和 MapReduce 技术，构建了统一的层次编码决策表；在条件属性集和决策属性不同粒层下，探讨了不同层次编码决策表间的相关性质，给出了如何确定不同粒层编码决策表的一些策略；针对统一的层次编码决策表，设计了大数据下层次粗糙集模型约简和知识获取算法，并在开源平台 Hadoop 上进行相关实验。实验结果表明，本书所提出的约简算法不仅可以处理大规模的层次决策表，而且能够挖掘出不同粒度下的层次决策规则。

(5) 由于客观事物的不确定性以及人类思维的模糊性，现实中的大量数据往往以区间值的形式来表示，如何从区间值信息系统中获取知识逐渐成为一个研究热点。对区间值信息系统的研究，从理论的角度来看，相容关系是等价关系的拓广；从应用的角度来看，区间值信息系统是单值信息系统的拓广。为此，首先引入区间值相似率的概念，采用α-极大相容类对论域U进行分类，得到了论域中唯一确定的完全覆盖，并使具有相同属性特征的对象分在同一类中。然后，定义了区间值信息系统的粗糙上下近似算子，并证明其与现有方法相比提高了粗糙近似精度。最后，给出了区间值信息系统的知识约简定义和方法。面对大规模数据，进一步提出了基于依赖度和互信息的区间值知识约简算法，并针对大数据的分布式存储，提出了信息论下的区间值全局近似约简概念和方法，并在电力大数据的判稳中进行应用。从实验结果来看，本书所提三个算法均是有效的，为区间值约简方法提供了新思路，同时为大数据的分类问题提供了新的解决方案。

8.2 展　　望

自 Pawlak 提出粗糙集理论以来，其得到国内外学者的广泛关注，已取得了大量研究成果，其与其他软计算理论，如模糊集理论、进化算法、云模型等一起成为当前国内外计算机及相关专业的研究热点和重点。Pawlak 粗糙集模型能够有效地处理小规模数据集，但当遇到海量数据时就无能为力了，同时不能有效地从多层次、多角度进行问题的求解。本书以复杂完备信息系统为研究对象，研究了面向小数据集的高效知识约简算法，研究了面向海量数据的大数据下的知识约简算法，并研究了大数据下层次粗糙集模型约简和知识获取算法。同时，针对区间值信息系统，研究了区间值信息系统知识约简方法以及大数据下的全局近似约简算法。其研究成果为促进粗糙集理论的发展做出了一定的贡献，但大数据下知识约简算法仍然存在一些挑战需要进一步研究。

(1) 动态信息处理。信息不断增长是目前知识发现必须面临的一个挑战。数据不断增长，过时的数据将被淘汰，面向静态数据的知识约简方法已不再适用。如何针对动态变化的数据充分利用已挖掘的知识，减少大数据下知识约简过程中的重复计算量是未来研究内容之一。

(2) 不同粒层决策规则确定。大多数层次粗糙集模型都是研究所有条件属性集同时向上提升的知识约简算法，从而获取层次决策规则，而没有研究条件属性集不同粒层下的情况。如何获取较优的层次决策规则是未来研究内容之二。

(3) 不同开源平台下的知识获取研究。本书提到的知识约简和知识获取算法是在开源平台 Hadoop 上实现的，而大数据开源平台有许多，如 Spark 等。不同的开源平台，知识约简和知识获取的并行化操作和数据更新的方法可能有所区别。因此，探讨不同开源平台下知识约简和知识获取模型是未来研究内容之三。

(4) 实际应用领域推广。大多数的知识发现工作主要集中在知识约简算法研究和知识规则的获取研究上，往往忽视了对已发现知识的有效性验证和利用等问题。事实上，知识发现的出发点和归宿是利用所发现的知识来解决实际问题。如何有效地利用知识，尤其是利用层次性知识来解决实际问题是未来研究内容之四。

参 考 文 献

[1] Han J W, Cai Y D, Cercone N. Knowledge discovery in databases: an attribute-oriented approach. Proceedings of the 18th International Conference on VLDB. Vancouver: Morgan Kaufmann,1992: 547-559.

[2] Han J, Kamber M. Data Mining: Concept and Technique. Beijing: Higher Education Press, 2001.

[3] Zadeh L A. Fuzzy sets and information granularity. Fuzzy Set Theory and Applications. Amsterdam: North-Holland Publishing, 1979: 3-18.

[4] Yao Y Y. Granular computing: basic issues and possible solutions. The 5th Joint Conference on Information Sciences, North Carolina, 2000: 186-189.

[5] 苗夺谦, 王国胤, 刘清, 等. 粒计算: 过去、现在与展望. 北京: 科学出版社, 2007.

[6] Pawlak Z. Rough sets. International Journal of Computer and Information Sciences, 1982, 11 (2): 341-356.

[7] Pawlak Z. Rough Sets—Theoretical Aspects of Reasoning about Data. Dordrecht: Kluwer Academic Publishers, 1991.

[8] Hobbs J R. Granularity. Proceedings of the Ninth International Joint Conference on Artificial Intelligence, 1985.

[9] Gordon M, Jim G, Bryce B, et al. Granularity hierarchies. Computers and Mathematics with Applications: Special Issue on Semantic Networks, 1992, 23(2-5): 363-375.

[10] Love B C. Learning at different levels of abstraction. Proceedings of the Cognitive Science Society, 2000: 800-805.

[11] Lin T Y. Granular computing on binary relations I: data mining and neighborhood systems//Rough Sets Knowledge Discovery. Berlin: Physica-Verlag, 1998:107-121.

[12] 姚一豫. 粒计算三元论//商空间与粒计算——结构化问题求解理论与方法.北京:科学出版社, 2010:115-143.

[13] 张铃, 张钹. 问题求解的理论及应用——商空间粒度计算理论及应用. 2 版. 北京: 清华大学出版社, 2007.

[14] Dubois D, Prade H. Rough fuzzy sets and fuzzy rough sets. International Journal of General Systems, 1990, 17(2): 191-209.

[15] Yao Y Y, Wong S K M, Lingras P. A decision-theoretic rough set model//Methodologies for Intelligent Systems. North-Holland, New York, 1990, 5: 17-24.

[16] Ziarko W. Variable precision rough set model. Journal of Computer and System Sciences, 1993, 40(1):39-59.

[17] Kryszkiewicz M. Rough set approach to incomplete information systems. Information Science, 1998, 112: 39-49.

[18] Slowinski R, Vanderpooten D. A generalized definition of rough approximations based on similarity. IEEE Transactions on Knowledge and Data Engineering, 2000, 12(2):331-336.

[19] Zhu W, Wang F Y. Reduction and axiomization of covering generalized rough sets. Information Sciences, 2003, 152 : 217-230.

[20] 魏莱, 苗夺谦, 徐菲菲, 等. 基于覆盖的粗糙模糊集模型研究. 计算机研究与发展, 2006, 43(10): 1719-1723.

[21] Leung Y, Fischer M M, Wu W, et al. A rough set approach for the discovery of classification rules in interval-valued information systems. International Journal of Approximate Reasoning, 2008, (47):

233-246.

[22] 张楠, 苗夺谦, 岳晓冬. 区间值信息系统的知识约简. 计算机研究与发展, 2010, 47(8): 1362-1371.

[23] Feng Q R, Miao D Q, Cheng Y. Hierarchical decision rules mining. Expert Systems with Applications, 2010, 37: 2081-2091.

[24] 王立宏, 吴耿锋. 基于并行协同进化的属性约简. 计算机学报, 2003,26(5):630-635.

[25] Susmaga R. Tree-like parallelization of reduct and construct computation. RSCTC 2004, LNAI 3066, Springer, 2004: 455-464.

[26] Mohammad M R, Dominik Ś, Wróblewski J. Parallel island model for attribute reduction. PReMI 2005, LNCS 3776, Springer, 2005: 714-719.

[27] 孙涛, 董立岩, 李军, 等. 用于粗糙集约简的并行算法.吉林大学学报(理学版), 2006, 44(2): 211-216.

[28] 肖大伟, 王国胤, 胡峰.一种基于粗糙集理论的快速并行属性约简算法.计算机科学, 2009, 36(3):208-211.

[29] Skowron A. A parallel algorithm for real-time decision making: a rough set approach. Journal of Intelligent Information System, 1996, 7: 5-28.

[30] Deng D Y, Wang J Y, Li X J. Parallel reducts in a series of decision subsystems. Computational Sciences and Optimization(CSO2009), IEEE, 2009: 377-380.

[31] Deng D Y, Yan D X, Wang J Y. Parallel reducts based on attribute significance. Rough Set and Knowledge Technology, Lecture Notes in Computer Science, vol. 6401, Berlin: Springer, 2010, 6401: 336-343.

[32] Liang J Y, Wang F, Dang C Y, et al. An efficient rough feature selection algorithm with a multi-granulation view. International Journal of Approximate Reasoning, 2012, 53: 912-926.

[33] 刘鹏. 云计算. 2 版. 北京：电子工业出版社, 2011.

[34] Ghemawat S, Gobioff H, Leung S. The Google file system. Proceeding of the 19th ACM Symposium on Operating Systems Principles. New York: ACM Press, 2003:29-43.

[35] Dean J, Ghemawat S. MapReduce: Simplified data processing on large clusters. Communications of the ACM, 2008, 51 (1): 107-113.

[36] Chu C T, Kim S, Lin Y A, et al. MapReduce for machine learning on multicore. Proceedings of NIPS, 2006, 19.

[37] Han L X, Liew C S, Hemert J V, et al. A generic parallel processing model for facilitating data mining and integration. Parallel Computing, 2011, 37: 157-171.

[38] Skowron A, Rauszer C. The discernibility matrices and functions in information systems. Intelligent Decision Support, Handbook of Applications and Advances of the Rough Sets Theory. Dordrecht: Kluwer, 1992.

[39] 苗夺谦, 胡桂荣. 知识约简的一种启发式算法. 计算机研究与发展, 1997, 36(6): 681-684.

[40] 苗夺谦, 王珏. 粗糙集理论中概念与运算的信息表示. 软件学报, 1999, 10(2): 113-116.

[41] 刘少辉, 盛秋戬, 吴斌, 等. Rough 集高效算法的研究. 计算机学报, 2003, 26(5):1-6.

[42] 徐章艳, 刘作鹏, 杨炳儒, 等. 一个复杂度为 max($O(|C||U|)$,$O(|C|2|U/C|)$)的快速属性约简算法. 计算机学报, 2006, 29(3): 391-399.

[43] 刘勇, 熊蓉, 褚健. Hash 快速属性约简算法. 计算机学报, 2009,32(8):1493-1499.

[44] Qian Y H, Liang J Y, Pedrycz W, et al. Positive approximation: an accelerator for attribute reduction in rough set theory. Artificial Intelligence, 2010, 174: 597-618.

[45] Wang J, Wang J. Reduction algorithms based on discernibility matrix: The ordered attributes method. Journal of Computer Science and Technology, 2001, 16(6): 489-504.

[46] Nguyen S, Nguyen S. Some efficient algorithms for rough set methods. Proceedings of Information

Processing and Management under Uncertainty. Granad, Granad 1996:1451-1456.
[47]高学东，丁军. 基于简化差别矩阵的属性约简算法.系统工程理论与实践, 2006, (6): 101-107.
[48]胡峰，王国胤. 属性序下的快速约简算法. 计算机学报, 2007, 30(8): 1429-1435.
[49] Miao D Q, Zhao Y, Yao Y Y, et al. Relative reducts in consistent and inconsistent decision tables of the Pawlak rough set model. Information Sciences, 2009, 179: 4140-4150.
[50]王国胤，于洪，杨大春. 基于条件信息熵的决策表约简. 计算机学报, 2002, 25(7): 759-766.
[51] Wang G Y, Zhao J, An J J, et al. Theoretical study on attribute reduction of rough set theory: Comparison of algebra and information views. Proceedings of the 3rd IEEE International Conference on Cognitive Informatics, Victoria, 2004: 148-155.
[52] 刘启和，李凡，闵帆，等. 一种基于新的条件信息熵的高效知识约简算法. 控制与决策, 2005, 20(8): 878-882.
[53] 杨明. 决策表中基于条件信息熵的近似约简. 电子学报, 2007, 35(11): 2156-2160.
[54] Hu X H, Cercone N. Learning in relational databases: a rough set approach. International Journal of Computational Intelligence, 1995, 11(2): 323-338.
[55] 叶东毅，陈昭炯. 一个新的二进制可辨识矩阵及其核的计算. 小型微型计算机系统，2004，25(6): 965-967.
[56] 杨明. 一种基于改进差别矩阵的属性约简增量式更新算法. 计算机学报, 2007, 30(5):815-822.
[57] 钱进，叶飞跃，徐亚平. 基于改进的差别矩阵快速属性约简算法. 计算机工程与应用，2008，44(21):102-105.
[58] Korzen' M, Jaroszewicz S. Finding reducts without building the discernibility matrix. Proceedings of the 5th International Conference on Intelligent Systems Design and Applications (ISDA-05), IEEE, 2005.
[59] Zhao Y, Luo F, Wong S K M, et al. A general definition of an attribute reduct. Proceedings of the Second Rough Sets and Knowledge Technology (RSKT'07), LNCS 4481. Berlin: Springer-Verlag, 2007: 101-108.
[60] Yao Y Y, Wong S K M. A decision theoretic framework for approximating concepts. International Journal of Man-machine Studies, 1992, 37(6): 793-809.
[61] Yao Y Y, Zhao Y. Attribute reduction in decision-theoretic rough set model. Information Sciences, 2008, 178 (17): 3356-3373.
[62] Li H X, Zhou X Z, Zhao J B, et al. Attribute reduction in decision-theoretic rough set model: a further investigation. The 6th International Conference on Rough Sets and Knowledge Technology (RSKT2011), Banff, Canada, 2011, pp: 466-475.
[63] Jia X Y, Liao W H, Tang Z M, et al. Minimum cost attribute reduction in decision-theoretic rough set models. Information Sciences, 2013, 19: 151-167.
[64] Liu D, Li T R, Ruan D. Probabilistic model criteria with decision-theoretic rough sets. Information Sciences, 2011, 181(17): 3709-3722.
[65] Mi J S, Wu W Z, Zhang W X. Approaches to knowledge reduction based on variable precision rough set model. Information Sciences, 2004, 159 (3-4): 255-272.
[66] Beynon M. Reducts within the variable precision rough sets model: a further investigation. European Journal of Operational Research, 2001, 134(3): 592-605.
[67] Wang J, Zhou J. Research of reduct features in the variable precision rough set model. Neurocomputing, 2008, 72: 2643-2648.
[68] Chen D G, Wang C Z, Hu Q H. A new approach to attribute reduction of consistent and inconsistent covering decision systems with covering rough sets. Information Sciences，2007，177(7): 3500-3518.

[69] Yao Y Y. Relational interpretations of neighborhood operators and rough set approximation operators. Information Sciences, 2009, 111: 239-259.

[70] Hu Q H, Pedrycz W, Yu D R, et. al. Selecting discrete and continuous features based on neighborhood decision error minimization. IEEE Transactions on Systems, Man, and Cybernetics Part B: Cybernetics, 2010, 40(1): 137-150.

[71] Hu Q H, Liu J F, Yu D R. Mixed feature selection based on granulation and approximation. Knowledge based Systems, 2008, 21(4):294-304.

[72] Hu Q H, Xie Z X, Yu D R. Hybrid attribute reduction based on a novel fuzzy-rough model and information granulation. Pattern Recognition Letters, 2007, 40:3509-3521.

[73] Shen Q, Jensen R. Selecting informative features with fuzzy-rough sets and its app1ication for complex systems monitoring. Pattern Recognition, 2004, 37(7):1351-1363.

[74] Parthaláin N M, Shen Q. Exploring the boundary region of tolerance rough sets for feature selection. Pattern Recognition, 2009, 42: 655-667.

[75] Hong T P, Liou Y L, Wang S L. Fuzzy rough sets with hierarchical quantitative attributes. Expert Systems with Applications, 2009, 36: 6790-6799.

[76] Wu W Z, Leung Y. Theory and applications of granular labelled partitions in multi-scale decision tables. Information Sciences, 2011, 181(18):3878-3897.

[77] Min F, He H P, Qian Y H, et al. Test-cost-sensitive attribute reduction. Information Sciences, 2011, 181(22): 4928-4942.

[78] Min F, Zhu W. Attribute reduction of data with error ranges and test costs. Information Sciences, 2012, 211: 48-67.

[79] Qian J, Dang C Y, Yue X D, et al. Attribute reduction for sequential three-way decisions under dynamic granulation. International Journal of Approximate Reasoning, 2017, 85: 196-216.

[80] 崔巍, 李凡, 徐章艳. 基于正区域的快速求核算法. 华中科技大学学报(自然科学版), 2007, 35(12): 20-23.

[81] 周江卫, 冯博琴, 刘洋. 一种新的快速求核算法. 西安交通大学学报, 2007,41(6):688-691.

[82] 赵军, 王国胤, 吴中福, 等. 一种高效的属性核计算方法. 小型微型计算机系统, 2003, 24 (11) : 1950-1953.

[83] 徐章艳, 杨炳儒, 宋威, 等. 一个基于差别矩阵的快速求核算法. 计算机工程与应用, 2006 ,42(6): 4-6.

[84] 葛浩, 李龙澍, 杨传健. 一种核属性快速求解算法. 控制与决策, 2009, 25(5): 738-742.

[85] 王国胤. 决策表核属性的计算方法. 计算机学报, 2003, 26(5): 611-615.

[86] Xu Z Y, Shu W H, Yang B. New algorithm for computing the core based on information entropy. 2009 International Symposium on Computational Intelligence and Design, 2009,2: 383-386.

[87] 梁吉业, 魏巍, 钱宇华. 一种基于条件熵的增量核求解方法. 系统工程理论与实践, 2008, (4):81-89.

[88] Yang B R, Xu Z Y, Song W, et al. Comparison study on different core attributes. In: Cao B Y. (eds)Fuzzy Information and Engineering. Advances in Soft Computing, Vol40. Springer, Berlin, Heidelberg, 2007: 693-703.

[89] Yang Y, Chen Z, Liang Z, et al. Attribute reduction for massive data based on rough set theory and MapReduce. Rough Set and Knowledge Technology, Lecture Notes in Computer Science, Berlin: Springer, 2010: 672-678.

[90] 史忠植. 高级人工智能. 北京: 科学出版社, 1998.

[91] 郭小芳, 刘爱军, 樊景博. 知识获取方法及实现技术. 陕西师范大学学报(自然科学版), 2007,35(sup.):187-189.

[92] 史忠植.知识发现.北京:清华大学出版社, 2002.
[93] 维克托 · 迈尔-舍恩伯格,肯尼思 · 库克耶.大数据时代.盛杨燕,周涛, 译. 杭州：浙江人民出版社,2013.
[94] Amazon. Amazon simple storage service (Amazon s3). http:// www.amazon.com/s3, 2007.
[95] Hadoop. http://lucene.apache.org/hadoop.
[96] Grossman R, Gu Y. Data mining using high performance data clouds: Experimental studies using sector and sphere. KDD08, ACM, 2008:920-927.
[97] Grossman R, Gu Y, Sabala M, et al. Compute and storage clouds using wide area high performance networks. Future Generation Computer Systems, 2009, 25:179-183.
[98] Yuan D, Yang Y, Liu X, et al. A data placement strategy in scientific cloud workflows. Future Generation Computer Systems, 2010, 26:1200-1214.
[99] 中国科学院计算技术研究所.基于 Hadoop 的并行分布式数据挖掘平台.http://www.intsci.ac.cn/pdm/msminer.html.
[100] 中国移动研究院.基于 Hadoop 的云计算平台的并行数据挖掘工具. http://labs.chinamobile.com/cloud.
[101] McNabb A W, Monson C K, Seppi K D. Parallel PSO using MapReduce. Proceedings of 2007 IEEE Congress on Evolutionary Computation, Singapore, 2007: 7-16.
[102] He Q, Du C Y, Wang Q, et al. A parallel incremental extreme SVM classifier. Neurocomputing, 2011, 74: 2532-2540.
[103] Cormen T H, Leiserson C E, Rivest R L, et al. Introduction to Algorithms. 2nd ed. Cambridge; MIT Press and McGraw-Hill, 2001.
[104] Yamaguchi D. Attribute dependency functions considering data efficiency. International Journal of Approximate Reasoning, 2009, 51(1): 89-98.
[105] Dash M, Liu H. Consistency-based search in feature selection. Artificial Intelligence, 2003, 151: 155-176.
[106] Guan Y, Wang H K. Set-valued information systems. Information Sciences, 2006, 176(17): 2507-2525.
[107] Leung Y, Fischer M, Wu W, et al. A rough set approach for the discovery of classification rules in interval-valued information systems. International Journal of Approximate Reasoning, 2008, 47(2): 233-246.
[108] Liu S F, Lin Y. Grey Information: Theory and Practical Applications. Berlin: Springer- Verlag, 2006.
[109] Yamaguchi D, Li G D, Nagai M. A grey-based rough approximation model for interval data processing. Information Sciences, 2007, 177(21): 4727-4744.
[110] Yamaguchi D, Li G D, Nagai M. On the combination of rough set theory and grey theory based on grey lattice operations. Proceedings of 5th International Conference on Rough Sets and Current Trends in Computing, LNAI 4259, Springer 2006: 507-516.
[111] Yamaguchi D, Li G D, Nagai M. A grey-rough set approach for interval data reduction of attributes. Proceedings of the International Conference on Rough Sets and Intelligent Systems Paradigms, LNAI 4585, Springer 2007: 400-410.
[112] Yamaguchi D, Li G D, Mizutani K, et al. Decision rule extraction and reduction based on grey lattice classification. Proceedings of 4th International Conference on Machine Learning and Applications, IEEE, 2005: 31-36.
[113] Li G D, Yamaguchi D, Nagai M. A grey-based rough decision-making approach to supplier selection. The International Journal of Advanced Manufacturing Technology, 2008, 36(9-10): 1032-1040.

[114] Wu S X, Huang Z Y, Luo D L, et al. A grey rough set model based on (α, β) grey similarity relation. Proceedings of 2007 IEEE International Conference on Grey Systems and Intelligent Services, IEEE, 2007: 903-990.
[115] Wu S X, Li M Q, Liu S F. Study of grey rough set model based on tolerance relation. International Journal of Systems and Control, 2007, 2(3): 74-83.
[116] Zhang Q S, Chen G H. Rough grey sets. Kybernetes, 2004, 33 (2): 446-452.
[117] Yamaguchi D, Li G D, Chen L C, et al. Review crisp, fuzzy, grey and rough mathematical models. Proceedings of 2007 International Conference on Grey Systems and Intelligence Services, IEEE, 2007: 547-522.
[118] Yang Y J, John R, Chiclana F. Grey sets: a unified model for fuzzy sets and rough sets. Proceedings of the 5th International Conference on Recent Advances in Soft Computing, 2004: 348-353.
[119] Wu Q, Liu Z T. Real formal concept analysis based on grey-rough set theory. Knowledge-based Systems, 2008, 22(1): 38-45.
[120] 张慧宣, 吴顺祥. 灰色粗糙集模型研究. 2005 年中国模糊逻辑与计算智能联合学术会议论文集, 2005: 517-523.
[121] 吴顺祥. 灰色粗糙集模型及其应用. 北京: 科学出版社, 2009.
[122] Sai Y, Yao Y Y, Zhong N. Data analysis and mining in ordered information tables. Proceedings of the 2001 International Conference of Data Mining, IEEE, 2001: 497-504.
[123] Yao Y Y. Interval sets and interval-set algebras. Proceedings of the 8th IEEE International Conference on Cognitive Informatics, IEEE, 2009: 307-314.
[124] Leung Y, Li D. Maximal consistent block technique for rule acquisition in incomplete information systems. Information Sciences, 2003, 153(1): 85-106.
[125] Hu K Y, Diao L L, Lu Y C,et al. Sampling for approximate reduct in very large datasets. http://www.lakecloud.xiloo.com/pkaw2000.
[126] Zhang J B, Li T R, Ruan D, et al. A parallel method for computing rough set approximations. Information Sciences, 2012, 194: 209-223.
[127] 徐燕, 怀进鹏, 王兆其. 基于区分能力大小的启发式约简算法及其应用. 计算机学报, 2003, 26(1) : 97-103.
[128] Zhao Y, Yao Y Y, Luo F. Data analysis based on discernibility and indiscernibility. Information Sciences, 2007, 177: 4959-4976.
[129] Susmaga R. Reducts and constructs in attribute reduction. Fundamenta Informaticae , 2004, 61 (2): 159-181.
[130] Wang J, Miao D Q. Analysis on attribute reduction strategies of rough set. Chinese Journal of Computer Science and Technology, 1998, 13:189-192.
[131] Beaubouef T, Petry F E, Arora G. Information-theoretic measures of uncertainty for rough sets and rough relational databases. Information Sciences, 1998, 109: 185-195.
[132] Wierman M J. Measuring uncertainty in rough set theory. International Journal of General Systems, 1999, 28: 283-297.
[133] Düntsch I, Gediga G. Uncertainty measures of rough set prediction. Artificial Intelligence, 1998, 106: 77-107.
[134] Bazan J G, Nguyen H S, Nguyen S H, et al. Rough set algorithms in classification problem. Rough Set Methods and Applications: new Developments in Knowledge Discovery in Information Systems, Physica-rerlag GmbH, 2000: 49-88.

[135] Slezak D. Normalized decision functions and measures for inconsistent decision tables analysis. Fundamenta Informaticae, 2000, 44: 291-319.

[136] Somol P, Pudil P, Kittler J. Fast branch & bound algorithms for optimal feature selection. IEEE Transactions on Pattern Analysis and Machine Intelligence, 2004, 26 (7): 900-912.

[137] 苗夺谦, 范世栋. 知识的粒度计算及其应用. 系统工程理论与实践, 2002, 22(1): 48-56.

[138] 王国胤, 张清华. 不同知识粒度下粗糙集的不确定性研究. 计算机学报, 2008, 31(9): 1588-1598.

[139] Liang J Y, Wang J H, Qian Y H. A new measure of uncertainty based on knowledge granulation for rough sets. Information Sciences, 2009, 179: 458-470.

[140] Yao Y Y, Zhao L Q. A measurement theory view on the granularity of partitions. Information Sciences, 2012, 213: 1-13.

[141] Lynch C. Big data: How do your data grow? Nature, 2008,455(7209):28, 29.

[142] Li G J, Cheng X Q. Research status and scientific thinking of big data. Bulletin of Chinese Academy of Sciences, 2012,27(6):647-657.

[143] 王元卓, 靳小龙, 程学旗. 网络大数据: 现状与展望. 计算机学报, 2013, 36(6):1125-1138.

[144] 王珊, 王会举, 覃雄派, 等. 架构大数据: 挑战、现状与展望. 计算机学报, 2011, 34(10):141-1752.

[145] 李建中, 刘显敏. 大数据的一个重要方面:数据可用性. 计算机研究与发展, 2013, 50(6):1147-1162.

[146] 孙大为, 张广艳, 郑纬民. 大数据流式计算:关键技术及系统实例. 软件学报, 2014,(4): 839-862.

[147] 孟小峰, 慈祥. 大数据管理：概念、技术与挑战. 计算机研究与发展, 2013,50(1):146-169.

[148] Rabl T, Sadoghi M, Jacobsen H A. Solving big data challenges for enterprise application performance management. Proceedings of the VLDB Endowment, 2012, 5(12):1724-1735.

[149] Viktor Mayer, Kenneth Cukier. A Revolution That Will Transform How We Live, Work, and Think. United States: Eamon Dolan/Houghton Mifflin Harcourt. 2013,1.

[150] 钱进, 苗夺谦, 张泽华, 等. MapReduce 框架下并行知识约简算法模型研究. 计算机科学与探索, 2013, 7(1):35-45.

[151] Zhang J B, Li T R, Pan Y. PLAR: parallel large-scale attribute reduction on cloud systems. International Conference on Parallel and Distributed Computing, Applications and Technologies. IEEE, 2014:184-191.

[152] 杨明, 杨萍. 垂直分布多决策表下基于条件信息熵的近似约简. 控制与决策, 2008, 23(10):1103-1108.

[153] 叶明全, 胡学钢, 伍长荣. 垂直划分多决策表下基于条件信息熵的隐私保护属性约简. 山东大学学报(理学版), 2010, 45(9):14-26.

[154] 陈子春, 秦克云. 区间值信息系统基于极大相容类的属性约简. 模糊系统与数学,2009,23(6):126-132.

[155] 郭庆, 刘文军, 焦贤发, 等. 一种基于模糊聚类的区间值属性约简算法.模糊系统与数学, 2013,27(1):149-153.

[156] 龚伟林, 李德玉, 王素格, 等. 基于模糊区分矩阵的区间值信息系统属性约简. 山西大学学报(自然科学版), 2011,34(3):381-387.

[157] Hong T P, Lin C E, Lin J H, et al. Learning cross-level certain and possible rules by rough sets. Expert Systems with Applications, 2008, 34(3): 1698-1706.

[158] Tsumoto S. Automated extraction of hierarchical decision rules from clinical databases using rough set model. Expert Systems with Applications, 2003, 24(2): 189-197.

[159] Yu T, Yan T. Incorporating prior domain knowledge into inductive machine learning(2007). http://www.forecasters.org/pdfs/DomainKnowledge.pdf.

[160] Chow P K O, Yeung D S. A multidimensional knowledge structure. Expert Systems with Applications, 1995, 9(2): 177-187.

[161] Han J W, Cai Y D, Cercone N. Data-driven discovery of quantitative rules in relational databases. IEEE Transactions on Knowledge and Data Engineering, 1993,5(1): 29-40.

[162] Han J W. Mining knowledge at multiple concept levels. Proceedings of the 1995 International Conference on Information and Knowledge Management, ACM, 1995: 19-24.

[163] Han J W, Fu Y. Mining multiple-level association rules in large database. IEEE Transaction on Knowledge and Data Engineering, 1999, 11(5):798-805.

[164] Mingo L F D, Arroyo F, Angel M, et al. Hierarchical knowledge representation: symbolic conceptual trees and universal approximation. International Journal of Intelligent Control and Systems, 2007, 12(2): 142-149.

[165] Zhang N L, Yuan S H. Latent structure models and diagnosis in tranditional Chinese medicine. http://www.cs.ust.hk/~lzhang/tcm/zhangYuan04. pdf.

[166] Jonyer I, Cook D J, Holder L B. Graph-based hierarchical conceptual clustering. Journal of Machine Learning Research, 2001(2):19-43.

[167] 李德毅, 杜鹢. 不确定性人工智能. 北京:国防工业出版社, 2005.

[168] 苗夺谦, 李德毅, 姚一豫, 等. 不确定性与粒计算. 北京:科学出版社, 2011.

[169] 孟晖, 王树良, 李德毅. 基于云变换的概念提取及概念层次构建方法. 吉林大学学报(工学版), 2010, 40(3) : 782-787.

[170] Lu Y J. Concept hierarchy in data mining: specification, generation and implementation. Vancouver Simon Fraser University, 1997.

[171] Guan Y Y, Wang H K, Wang Y, et al. Attribute reduction and optimal decision rules acquisition for continuous valued information systems. Information Sciences, 2009, 179: 2974-2984.

[172] Li H X, Wang M H, Zhou X Z, et al. An interval set model for learning rules from incomplete information table. International Journal of Approximate Reasoning, 2012, 53(1):24-37.

[173] Zhang X, Mei C L, Chen D G, et al. Multi-confidence rule acquisition oriented attribute reduction of covering decision systems via combinatorial optimization. Knowledge-based Systems, 2013, 50:187-197.

[174] Yao J T, Yao Y Y. Induction of classification rules by granular computing. International Conference on Rough Sets and Current Trends in Computing (RSCTC 2002), LNCS(LNAI) 2475 Spring Berlin Heidelberg: 331-338.

[175] Li Y F, Wu J T. Interpretation of association rules in multi-tier structures. International Journal of Approximate Reasoning, 2014, 55: 1439-1457.

[176] She Y H, Li J H, Yang H L. A local approach to rule induction in multi-scale decision tables. Knowledge-based Systems, 2015, 89:398-410.

[177] Ye M Q, Wu X D, Hu X G, et al. Knowledge reduction for decision tables with attribute value taxonomies. Knowledge-based Systems, 2014, 56:68-78.

[178] Chen H M, Li T R, Luo C, et al. A rough set-based method for updating decision rules on attribute values' coarsening and refining. IEEE Transactions on Knowledge and Data Engineering, 2014, 26(12):2888-2899.

[179] Liu X, Qian Y H, Liang J Y. A rule-extraction framework under multigranulation rough sets. International Journal of Machine Learning and Cybernetics, 2014, 5(5):319-326.

附　　录

附录 1　开源云计算平台 Hadoop 安装和配置

开源云计算平台 Hadoop 可以在 Linux 和 Windows 操作系统下使用，这里在 Win 7 操作系统下先安装 Cygwin(64 位)和配置 ssh，然后安装和配置 Hadoop。当然，还需要安装 JAVA(这里省略安装过程)。主要步骤如下：

1. 下载 Cygwin

Cygwin 下载地址：http://cygwin.com/install.html
请下载 https://cygwin.com/setup-x86_64.exe(64 位)可执行程序。

2. 安装下载的 Cygwin setup-x86_64.exe

第一次安装 Cygwin 时，选择“Install from Internet”，选定安装目录，选定组件包下载目录，选择连接方式，从 Cygwin 组件包的镜像列表中任选一个镜像，选择要安装的组件包。等待其下载、安装完成即可。

为了顺利完成配置任务，以下组件包为必选：Net 下的 openssh、openssl，Base 下的 sed (若需要 Eclipse，必须 sed)以及 Devel 下的 subversion(建议安装)。

当组件包安装完成后，保存在组件包下载目录中，如：D:\download\ http%3a%2f%2fmirrors.ustc.edu.cn%2fcygwin%2f。这些下载的组件包供下次重装 Cygwin 时使用，选择“Install from LocalDirectory”就可以安装现有的组件包。

3. 将 Cygwin 加入环境变量 PATH

C:\cygwin64\bin;C:\cygwin64\usr\sbin

4. 配置 Cygwin 的 ssh

启动 Cygwin64 Terminal，输入“ssh-host-config”，进行配置操作，配置过程中的“Should privilege separation be used”回答“no”，“the value of CYGWIN environment variable”回答“netsec”(其他的回答“yes”)，出现“Have fun”表示配置成功。主要配置过程如附图 1 和附图 2 所示。

当要求输入新的用户名时，输入“cygwin”，然后输入密码“password”(注意，光标没有反应，不管，继续输入)。

说明：遇到问题，请输入“sc delete sshd”，重复执行前面的操作。

```
Administrator@CityU ~
$ ssh-host-config

*** Info: Generating missing SSH host keys
*** Query: Overwrite existing /etc/ssh_config file? (yes/no) yes
*** Info: Creating default /etc/ssh_config file
*** Query: Overwrite existing /etc/sshd_config file? (yes/no) yes
*** Info: Creating default /etc/sshd_config file

*** Info: StrictModes is set to 'yes' by default.
*** Info: This is the recommended setting, but it requires that the POSIX
*** Info: permissions of the user's home directory, the user's .ssh
*** Info: directory, and the user's ssh key files are tight so that
*** Info: only the user has write permissions.
*** Info: On the other hand, StrictModes don't work well with default
*** Info: Windows permissions of a home directory mounted with the
*** Info: 'noacl' option, and they don't work at all if the home
*** Info: directory is on a FAT or FAT32 partition.
*** Query: Should StrictModes be used? (yes/no) yes

*** Info: Privilege separation is set to 'sandbox' by default since
*** Info: OpenSSH 6.1.  This is unsupported by Cygwin and has to be set
*** Info: to 'yes' or 'no'.
*** Info: However, using privilege separation requires a non-privileged account
*** Info: called 'sshd'.
*** Info: For more info on privilege separation read /usr/share/doc/openssh/READ
ME.privsep.
*** Query: Should privilege separation be used? (yes/no) no
*** Info: Updating /etc/sshd_config file

*** Query: Do you want to install sshd as a service?
*** Query: (Say "no" if it is already installed as a service) (yes/no) yes
*** Query: Enter the value of CYGWIN for the daemon: [ntsec tty]
*** Info: On Windows Server 2003, Windows Vista, and above, the
*** Info: SYSTEM account cannot setuid to other users -- a capability
*** Info: sshd requires.  You need to have or to create a privileged
*** Info: account.  This script will help you do so.

*** Info: It's not possible to use the LocalSystem account for services
*** Info: that can change the user id without an explicit password
*** Info: (such as passwordless logins [e.g. public key authentication]
*** Info: via sshd) when having to create the user token from scratch.
*** Info: For more information on this requirement, see
*** Info: https://cygwin.com/cygwin-ug-net/ntsec.html#ntsec-nopasswd1

*** Info: If you want to enable that functionality, it's required to create
*** Info: a new account with special privileges (unless such an account
*** Info: already exists). This account is then used to run these special
*** Info: servers.
```

附图 1 ssh 配置过程(1)

```
*** Info: Note that creating a new user requires that the current account
*** Info: have Administrator privileges itself.

*** Info: No privileged account could be found.

*** Info: This script plans to use 'cyg_server'.
*** Info: 'cyg_server' will only be used by registered services.
*** Query: Do you want to use a different name? (yes/no) yes
*** Query: Enter the new user name: cygwin
*** Query: Reenter: cygwin

*** Query: Create new privileged user account 'CITYU\cygwin' (Cygwin name: 'cygw
in')? (yes/no) yes
*** Info: Please enter a password for new user cygwin.  Please be sure
*** Info: that this password matches the password rules given on your system.
*** Info: Entering no password will exit the configuration.
*** Query: Please enter the password:
*** Query: Reenter:
*** Query: Please enter the password:
*** Query: Reenter:

*** Info: User 'cygwin' has been created with password 'password'.
*** Info: If you change the password, please remember also to change the
*** Info: password for the installed services which use (or will soon use)
*** Info: the 'cygwin' account.


*** Info: The sshd service has been installed under the 'cygwin'
*** Info: account.  To start the service now, call 'net start sshd' or
*** Info: 'cygrunsrv -S sshd'.  Otherwise, it will start automatically
*** Info: after the next reboot.

*** Info: Host configuration finished. Have fun!
```

附图 2 ssh 配置过程(2)

5. 启动 sshd 服务

在 win7 管理工具下找到服务，启动“Cygwin sshd”。

6. 配置 sshd 登录

在 Cygwin64 Terminal，输入“ssh-keygen”生成密钥文件，一直回车。

输入“cd ./.ssh”，进入到“.ssh”目录中，然后输入“cp id_rsa.pub authorized_key”。最后，输入“ssh localhost”验证配置是否成功，如附图 3 所示。

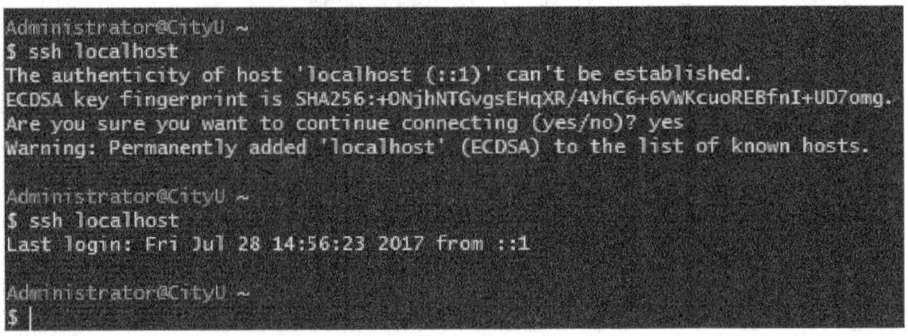

```
Administrator@CityU ~
$ ssh localhost
The authenticity of host 'localhost (::1)' can't be established.
ECDSA key fingerprint is SHA256:+ONjhNTGvgsEHqXR/4VhC6+6VWKcuoREBfnI+UD7omg.
Are you sure you want to continue connecting (yes/no)? yes
Warning: Permanently added 'localhost' (ECDSA) to the list of known hosts.

Administrator@CityU ~
$ ssh localhost
Last login: Fri Jul 28 14:56:23 2017 from ::1

Administrator@CityU ~
$ |
```

附图 3　本机无密钥连接配置

7. 下载 Hadoop

这里采用的是 Hadoop 版本为 0.20.2，其他稳定的版本应该都可以。

8. 安装目录

将 Hadoop 安装包解压至 Cygwin 的安装目录，如附图 4 所示。

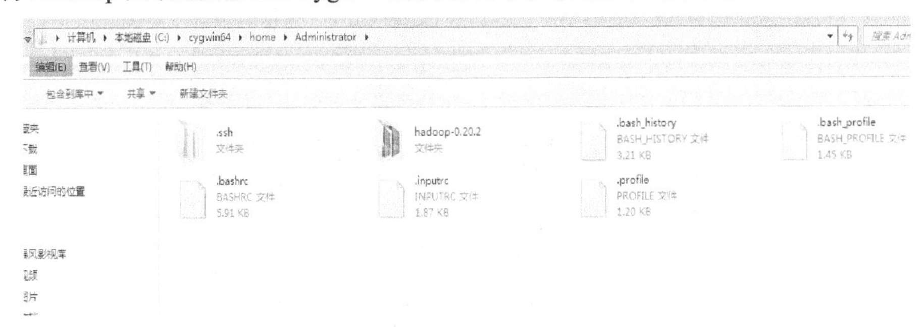

附图 4　安装目录

9. 修改 Hadoop 配置文件

首先，将 hadoop-0.20.2\core 文件夹下 core-default.xml，hadoop-0.20.2\mapred 文件夹下 mapred-default.xml 以及 hadoop-0.20.2\hdfs 文件夹下 hdfs-default.xml 拷贝到 hadoop-0.20.2\conf 文件夹下，删除 hadoop-0.20.2\conf 文件夹下原有的 core-site.xml，mapred-site.xml 和 hdfs-site.xml 三个文件，将拷贝的三个文件分别修改为 core-site.xml，mapred-site.xml 和 hdfs-site.xml。下面，介绍如何修改 hadoop-0.20.2\conf 文件夹下一些文件，进行配置参数，注意自己安装软件的一些程序版本。

(1) 修改 hadoop-env.sh

主要设置 JAVA 路径，设置为“export JAVA_HOME=/cygdrive/d/Java/jdk1.6.0_20”(注意 JAVA 的版本号，这里 JAVA 安装在 D 盘，版本为 1.6.0_20，“export”前面的“#”必须删除)。

(2) 修改 hdfs-site.xml

主要设置文件副本个数，设置“dfs.replication”参数值为 3，表示 3 个副本，如附图 5 所示。

dfs.replication	3	Default block replication. The actual number of replications can be specified when the file is created. The default is used if replication is not specified in create time.

附图 5 文件副本参数设置

(3) Mapred.xml

主要设置 hadoop 主机和端口号，以及 mapreduce 计算时文件临时存放位置，如附图 6 所示(根据自己的 IP 地址和端口号进行设置)。

mapred.job.tracker	192.168.73.144:9001	The host and port that the MapReduce job tracker runs at. If "local", then jobs are run in-process as a single map and reduce task.
mapred.child.tmp	mywork/tmp	To set the value of tmp directory for map and reduce tasks. If the value is an absolute path, it is directly assigned. Otherwise, it is prepended with task's working directory. The java tasks are executed with option -Djava.io.tmpdir='the absolute path of the tmp dir'. Pipes and streaming are set with environment variable, TMPDIR='the absolute path of the tmp dir'

附图 6 mapreduce 参数配置

(4) Core-site.xml

主要设置 hadoop 分布式文件 IP 地址和端口号,如附图 7 所示(根据自己的 IP 地址和端口号进行设置)。

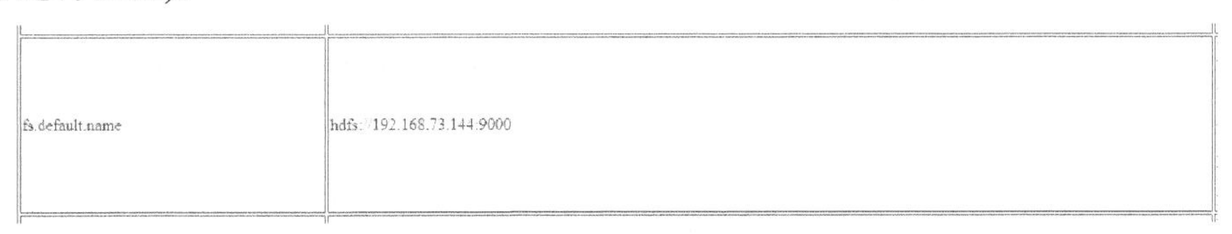

fs.default.name	hdfs://192.168.73.144:9000

附图 7 hdfs 参数设置

(5) Master

主要设置 hadoop 主节点 IP 地址，这里设置为“192.168.73.144”。

(6) Slave

主要设置 hadoop 从节点 IP 地址，由于这里主节点和从节点一样，所以设置为“192.168.73.144”。一般将所有的从节点的 IP 地址添加到这里来，每行一个 IP 地址。

10. 格式化 hdfs

运行“Cygwin terminal”，进入 hadoop 目录，输入“bin/hadoop namenode -format”

11. 启动 Hadoop

继续输入“bin/start-all.sh”，启动 hadoop 守护进程。

12. 检查是否相应进程已启动

输入“jps”，检查 hadoop 运行是否成功。

13. 通过 Web 查看 hadoop 运行状态

查看 mapreduce 状态，在浏览器地址栏中输入“http://192.168.73.144:50030”，查看 hdfs 状态，输入“http://192.168.73.144:50070”。

附录 2　大数据下知识约简算法代码示例

/**
****
* * 软件名:　　　　大数据下层次粗糙集模型知识约简算法
* 版本:　　　　V1.0
* 时间:　　　　2015/10
* 创建人:　　　　钱进
* 功能简述:

经典的知识约简算法假设所有数据一次性装入内存中,且只能挖掘单层的决策规则。该软件利用 MapReduce 技术对大规模层次结构化数据进行分解,并针对不同粒层下数据分片计算等价类和各个候选属性的重要性,对大规模数据进行知识约简,从而并行挖掘出更加泛化的多层次决策规则。

****
******/

源　程　序

简化的决策表计算算法

```
//================================================================
======

/*SimplifyMapper.java
*主要将原始决策表转化为简化的层次编码表*
*/
package src;
import java.io.*;
import java.net.URL;
import java.util.ArrayList;
import java.util.StringTokenizer;
import org.apache.hadoop.conf.Configuration;
import org.apache.hadoop.fs.FileSystem;
import org.apache.hadoop.fs.Path;
import org.apache.hadoop.io.Text;

import org.apache.hadoop.fs.FSDataInputStream;
import org.apache.hadoop.mapreduce.Job;
import org.apache.hadoop.mapreduce.Mapper;
```

```
import org.apache.hadoop.mapreduce.Reducer;
import org.apache.hadoop.mapreduce.lib.input.FileInputFormat;
import org.apache.hadoop.mapreduce.lib.output.FileOutputFormat;
import org.apache.hadoop.util.GenericOptionsParser;

public class SimplifyBndMapper extends Mapper<Object, Text, Text, Text> {

    Text DecAttriPairValue=new Text();

    String AttriNameStr,SelectedAttriStr,UnSelectedAttriStr,AttriLevelStr;
    String tempEquivalenceStr="";
    String EquivalenceStr="";
    Text EquivalenceTxt=new Text();
    Text tempEquivalenceTxt=new Text();

    public void setup(Context context) throws IOException,
    InterruptedException{
        AttriNameStr=context.getConfiguration().get("AttriName");
        SelectedAttriStr=context.getConfiguration().get("SelectedAttri");
        UnSelectedAttriStr=context.getConfiguration().get("UnSelectedAttri");
        AttriLevelStr=context.getConfiguration().get("AttriLevel");
    }

    public void map(Object key, Text value, Context context) throws IOException,
InterruptedException {
        String line=value.toString();
        String []AttriStrArray=line.split(" ");
        int AttriIndex=AttriStrArray.length;

        String []AttriName;
        int []SelectedAttri;
        int []UnSelectedAttri;
        int []AttriLevel;
        String DecAttriPair="";
        int AttriNum=0;
        String []splitArray;
        int AttriStrLength=0;
```

```
//获取属性名(1-n)
splitArray=AttriNameStr.split(" ");
AttriNum=splitArray.length;
AttriName=new String[AttriNum];
for(int i=0;i<AttriNum;i++)
    AttriName[i]=splitArray[i];

//获取已选属性(1-n)
splitArray=SelectedAttriStr.split(" ");
AttriNum=splitArray.length;
SelectedAttri=new int[AttriNum];
for(int i=0;i<AttriNum;i++)
    SelectedAttri[i]=Integer.parseInt(splitArray[i]);

//选择单个候选属性(1-n)
splitArray=UnSelectedAttriStr.split(" ");
AttriNum=splitArray.length;
UnSelectedAttri=new int[AttriNum];
for(int i=0;i<AttriNum;i++)
    UnSelectedAttri[i]=Integer.parseInt(splitArray[i]);

//获取属性层数
splitArray=AttriLevelStr.split(" ");
AttriNum=splitArray.length;
AttriLevel=new int[AttriNum];
for(int i=0;i<AttriNum;i++)
    AttriLevel[i]=Integer.parseInt(splitArray[i]);

tempEquivalenceStr="";

DecAttriPair=AttriStrArray[AttriIndex-1]+" "+ "1";
DecAttriPairValue.set(DecAttriPair);


for(int j=1;j<SelectedAttri.length;j++)
{
    AttriStrLength=SelectedAttri[j];
```

```
tempEquivalenceStr+=AttriStrArray[AttriStrLength-1].substring(0,Math.min(AttriStrArr
ay[AttriStrLength-1].length(), AttriLevel[SelectedAttri[j]]))+" ";
            }
            tempEquivalenceTxt.set(tempEquivalenceStr);
            context.write(tempEquivalenceTxt,DecAttriPairValue);


        }
    }

/*SimplifyReducer.java
*主要对不一致和重复对象处理，输出层次编码决策表*
*/
package src;
import java.io.IOException;
import java.util.*;
import java.math.BigInteger;
import java.util.Map.Entry;
import org.apache.hadoop.conf.Configuration;
import org.apache.hadoop.fs.Path;
import org.apache.hadoop.io.IntWritable;
import org.apache.hadoop.io.Text;
import org.apache.hadoop.mapreduce.Job;
import org.apache.hadoop.mapreduce.Mapper;
import org.apache.hadoop.mapreduce.Reducer;
import org.apache.hadoop.mapreduce.Reducer.Context;
import org.apache.hadoop.mapreduce.lib.input.FileInputFormat;
import org.apache.hadoop.mapreduce.lib.output.FileOutputFormat;
import org.apache.hadoop.util.GenericOptionsParser;

public class SimplifyBndReducer extends Reducer<Text,Text,Text,Text> {

        Text DecAttriStr=new Text();
        Text NewKey=new Text();
        String []tempKey;
        Text SimplifiedObject=new Text();
        String SimplifiedObjectStr="";
        public void reduce(Text key, Iterable<Text> values,
                Context context) throws IOException, InterruptedException {
```

```
ArrayList<String> DecAttriValue=new ArrayList<String>();
ArrayList<Long> DecAttriNum=new ArrayList<Long>();

String []AttriStrArray;
String line="";

int index=-1;
long Num=0;
long total=0;
int DiffValueNum=0;

for(Text value: values)
{

        line=value.toString();
        AttriStrArray=line.split(" ");

        index=DecAttriValue.indexOf(AttriStrArray[0]);
        if(index!=-1)
        {
          Num=                                    DecAttriNum.get(index)+
Long.parseLong(AttriStrArray[1]);
          DecAttriNum.set(index,Num);

        }
        else
        {
          DecAttriValue.add(AttriStrArray[0]);
          DecAttriNum.add(Long.parseLong(AttriStrArray[1]));
        }

}
DiffValueNum=DecAttriValue.size();
if(DecAttriValue.size()==1)
{
    SimplifiedObjectStr=key.toString()+DecAttriValue.get(0);
    SimplifiedObject.set(SimplifiedObjectStr);
```

```
                context.write(SimplifiedObject, null);
            }
            else
            {
                for(int i=0;i<DiffValueNum;i++)
                {
                    SimplifiedObjectStr=key.toString()+DecAttriValue.get(i);
                    SimplifiedObject.set(SimplifiedObjectStr);
                    context.write(SimplifiedObject, null);
                }
            }
        }

    }
    //=================================================================
======
```

***边界域属性约简算法**

```
    //=================================================================
======
    /*HARSBndMapper.java
    * 根据候选属性集，计算等价类*
    */
    package src;
    import java.io.*;
    import java.net.URL;
    import java.util.ArrayList;
    import java.util.StringTokenizer;
    import org.apache.hadoop.conf.Configuration;
    import org.apache.hadoop.fs.FileSystem;
    import org.apache.hadoop.fs.Path;
    import org.apache.hadoop.io.Text;

    import org.apache.hadoop.fs.FSDataInputStream;
    import org.apache.hadoop.mapreduce.Job;
    import org.apache.hadoop.mapreduce.Mapper;
    import org.apache.hadoop.mapreduce.Reducer;
    import org.apache.hadoop.mapreduce.lib.input.FileInputFormat;
```

```
import org.apache.hadoop.mapreduce.lib.output.FileOutputFormat;
import org.apache.hadoop.util.GenericOptionsParser;

public class HARSBndMapper extends Mapper<Object, Text, Text, Text> {

    Text DecAttriPairValue=new Text();

    String AttriNameStr,SelectedAttriStr,UnSelectedAttriStr,AttriLevelStr;
    String tempEquivalenceStr="";
    String EquivalenceStr="";
    Text EquivalenceTxt=new Text();
    Text tempEquivalenceTxt=new Text();

    public void setup(Context context) throws IOException,
    InterruptedException{
        AttriNameStr=context.getConfiguration().get("AttriName");
        SelectedAttriStr=context.getConfiguration().get("SelectedAttri");
        UnSelectedAttriStr=context.getConfiguration().get("UnSelectedAttri");
        AttriLevelStr=context.getConfiguration().get("AttriLevel");
    }
    public void map(Object key, Text value, Context context) throws IOException,
InterruptedException {
        String line=value.toString();
        String []AttriStrArray=line.split(" ");
        int AttriIndex=AttriStrArray.length;

        String []AttriName;
        int []SelectedAttri;
        int []UnSelectedAttri;
        int []AttriLevel;
        String DecAttriPair="";
        int AttriNum=0;
        String []splitArray;


        //获取属性名(1-n)
        splitArray=AttriNameStr.split(" ");
        AttriNum=splitArray.length;
```

```
        AttriName=new String[AttriNum];
        for(int i=0;i<AttriNum;i++)
            AttriName[i]=splitArray[i];

        //获取已选属性(1-n)
        splitArray=SelectedAttriStr.split(" ");
        AttriNum=splitArray.length;
        SelectedAttri=new int[AttriNum];
        for(int i=0;i<AttriNum;i++)
            SelectedAttri[i]=Integer.parseInt(splitArray[i]);

        //选择单个候选属性(1-n)
        splitArray=UnSelectedAttriStr.split(" ");
        AttriNum=splitArray.length;
        UnSelectedAttri=new int[AttriNum];
        for(int i=0;i<AttriNum;i++)
            UnSelectedAttri[i]=Integer.parseInt(splitArray[i]);

        //获取属性层数
        splitArray=AttriLevelStr.split(" ");
        AttriNum=splitArray.length;
        AttriLevel=new int[AttriNum];
        for(int i=0;i<AttriNum;i++)
            AttriLevel[i]=Integer.parseInt(splitArray[i]);

        tempEquivalenceStr="";

        DecAttriPair=AttriStrArray[AttriIndex-1]+" "+ "1";
        DecAttriPairValue.set(DecAttriPair);


        for(int j=1;j<SelectedAttri.length;j++)

    //tempEquivalenceStr+=AttriStrArray[SelectedAttri[j]-1].substring(0,AttriLevel[Selected
Attri[j]])+" ";
            tempEquivalenceStr+=AttriStrArray[SelectedAttri[j]-1]+" ";
        tempEquivalenceTxt.set(tempEquivalenceStr);
        if(UnSelectedAttri[0]!=0)
```

```
            {
                for(int i=1;i<UnSelectedAttri.length;i++)
                {
                    //EquivalenceStr=AttriName[UnSelectedAttri[i]]+"        "        +
AttriStrArray[UnSelectedAttri[i]-1].substring(0,AttriLevel[UnSelectedAttri[i]])+   "   "   +
tempEquivalenceStr;
                    EquivalenceStr=AttriName[UnSelectedAttri[i]]+"        "        +
AttriStrArray[UnSelectedAttri[i]-1]+ " " + tempEquivalenceStr;
                    EquivalenceTxt.set(EquivalenceStr);

                    context.write(EquivalenceTxt,DecAttriPairValue);
                }
            }
            else
            {
                context.write(tempEquivalenceTxt,DecAttriPairValue);
            }
        }


    }

    /*HARSBndReducer.java
    *计算不同候选属性集的重要性，这里主要计算不一致对象的个数*
    */
    package src;
    import java.io.IOException;
    import java.util.*;
    import java.math.BigInteger;
    import java.util.Map.Entry;
    import org.apache.hadoop.conf.Configuration;
    import org.apache.hadoop.fs.Path;
    import org.apache.hadoop.io.IntWritable;
    import org.apache.hadoop.io.Text;
    import org.apache.hadoop.mapreduce.Job;
    import org.apache.hadoop.mapreduce.Mapper;
    import org.apache.hadoop.mapreduce.Reducer;
    import org.apache.hadoop.mapreduce.Reducer.Context;
```

```
import org.apache.hadoop.mapreduce.lib.input.FileInputFormat;
import org.apache.hadoop.mapreduce.lib.output.FileOutputFormat;
import org.apache.hadoop.util.GenericOptionsParser;

public class HARSBndReducer extends Reducer<Text,Text,Text,Text> {

        Text DecAttriStr=new Text();
        Text NewKey=new Text();
        String []tempKey;
        public void reduce(Text key, Iterable<Text> values,
                Context context) throws IOException, InterruptedException {

          ArrayList<String> DecAttriValue=new ArrayList<String>();
          ArrayList<Long> DecAttriNum=new ArrayList<Long>();

          String []AttriStrArray;
          String line="";

          int index=-1;
          long Num=0;
          long total=0;
          int DiffValueNum=0;

          for(Text value: values)
          {

                line=value.toString();
                AttriStrArray=line.split(" ");

                index=DecAttriValue.indexOf(AttriStrArray[0]);
                if(index!=-1)
                {
             Num= DecAttriNum.get(index)+ Long.parseLong(AttriStrArray[1]);
                  DecAttriNum.set(index,Num);

                }
                else
                {
```

```
                    DecAttriValue.add(AttriStrArray[0]);
                    DecAttriNum.add(Long.parseLong(AttriStrArray[1]));
                }

            }
            DiffValueNum=DecAttriValue.size();
            if(DiffValueNum>1)
            {
                for(int i=0;i<DiffValueNum;i++)
                    total+=DecAttriNum.get(i);
                DecAttriStr.set(Long.toString(total));
                tempKey=key.toString().split(" ");
                NewKey.set(tempKey[0]);
                context.write(NewKey, DecAttriStr);
            }

        }

    }
```

```
/*HARSBndMapReduce.java
*首先，计算层次编码决策表；然后，串行读取不同候选属性集的重要性，选择最重要的候选属性集，进行迭代计算，直到获取到一个约简*
*/
package src;
import java.io.IOException;
import java.util.ArrayList;
import java.lang.Long;
import org.apache.hadoop.conf.Configuration;
import org.apache.hadoop.fs.FileSystem;
import org.apache.hadoop.fs.Path;
import org.apache.hadoop.fs.FSDataOutputStream;
import org.apache.hadoop.fs.FSDataInputStream;
import org.apache.hadoop.io.IntWritable;
import org.apache.hadoop.io.Text;
import org.apache.hadoop.mapreduce.Job;
```

```
import org.apache.hadoop.mapreduce.Mapper;
import org.apache.hadoop.mapreduce.Reducer;
import org.apache.hadoop.mapreduce.lib.input.FileInputFormat;
import org.apache.hadoop.mapreduce.lib.output.FileOutputFormat;
import org.apache.hadoop.util.GenericOptionsParser;

public class HARSBndMapReduce {
    //获取简化的层次编码决策表
    public static void AccquireSimplifiedDecisionTable(Configuration conf,String[]Args)
throws Exception{

            Job job = new Job(conf, "Compute Simplified Hierarchical Decision Table");
            job.setJarByClass(HARSBndMapReduce.class);

            job.setMapperClass(SimplifyBndMapper.class);

            job.setReducerClass(SimplifyBndReducer.class);
            job.setNumReduceTasks(1);
            job.setOutputKeyClass(Text.class);
            job.setOutputValueClass(Text.class);
            FileInputFormat.addInputPath(job, new Path(Args[0]));
            FileOutputFormat.setOutputPath(job, new Path(Args[1]));


            if(job.waitForCompletion(true)==true)
            {
            }
    }
     //计算简化层次决策表不一致性对象个数
    public static long Counting(Configuration conf,String[]Args) throws Exception{

            Job job = new Job(conf, "Hierarchical BND Attribute Reduction");
            job.setJarByClass(HARSBndMapReduce.class);

            job.setMapperClass(HARSBndMapper.class);

            job.setReducerClass(HARSBndReducer.class);
            job.setOutputKeyClass(Text.class);
```

```
job.setOutputValueClass(Text.class);
FileInputFormat.addInputPath(job, new Path(Args[0]));
FileOutputFormat.setOutputPath(job, new Path(Args[1]));

long sum=0;
if(job.waitForCompletion(true)==true)
{
    String tempFile="part-r-";
    int tempNo=0;
    String tempStr="";
    String [] ss = {"00000","0000","000","00","0"};

    while(true)
    {
        tempStr=String.valueOf(tempNo);
        tempStr=ss[tempStr.length()]+tempStr;
        Path pathTemp=new Path(Args[1],tempFile+tempStr);
        FileSystem FileSys=FileSystem.get(conf);
        if(FileSys.exists(pathTemp)==true)
        {
            FSDataInputStream FileIS = FileSys.open(pathTemp);
            String line;
            String[] SplitArray;

            while((line=FileIS.readLine())!=null)
            {
                SplitArray=line.split("\t");

                sum+= Long.parseLong(SplitArray[1]);

            }

            FileIS.close();
            FileSys.close();
            tempNo++;

        }
        else
```

```
                    break;
                }

            }
            return sum;

        }
        //更新候选属性集，已选属性和未选属性
        public static void UpdateConfigInfo(Configuration conf, String outPath, String[] AttriStr)throws Exception
        {
            FileSystem fs = FileSystem.get(conf);
            Path outFilePath = new Path(outPath);

            if(fs.exists(outFilePath))
            {
                fs.delete(outFilePath);
            }
            conf.set("AttriName", AttriStr[0]);
            conf.set("SelectedAttri", AttriStr[1]);
            conf.set("UnSelectedAttri", AttriStr[2]);
            conf.set("AttriLevel",AttriStr[3]);
        }

        //计算整个条件属性集的不一致对象个数
        public static long ComputeEquivalenceClassNum(Configuration conf,String[] Args,String []AttriStr)throws Exception
        {
            long PosNum=0;
            UpdateConfigInfo(conf,Args[1],AttriStr);
            PosNum=Counting(conf, Args);
            return PosNum;
        }

    //计算候选属性集的不一致对象个数
        public static long[] ComputeCandidateEquivalenceClassNum(Configuration conf,String[] Args,String[] ConfigInfo)throws Exception
        {
```

```
Job job = new Job(conf, "Hierarchical Bnd Attribute Reduction");

job.setJarByClass(HARSBndMapReduce.class);
job.setMapperClass(HARSBndMapper.class);
job.setReducerClass(HARSBndReducer.class);

job.setOutputKeyClass(Text.class);
job.setOutputValueClass(Text.class);
FileInputFormat.addInputPath(job, new Path(Args[0]));
FileOutputFormat.setOutputPath(job, new Path(Args[1]));

ArrayList<String> UnSelectedAttriArrayList=new ArrayList<String>();
long []AttriSum;

String UnSelectedAttriStr=ConfigInfo[2];
String []UnSelectedAttriArray=UnSelectedAttriStr.split(" ");
int UnSelectedAttriNum=UnSelectedAttriArray.length;

AttriSum=new long[UnSelectedAttriNum];

UnSelectedAttriArrayList.add("A0");
for(int i=1;i<UnSelectedAttriNum;i++)
    UnSelectedAttriArrayList.add("A"+UnSelectedAttriArray[i]);

long []sum=new long[2];

int AttriIndex=0;
if(job.waitForCompletion(true)==true)
{
    String tempFile="part-r-";
    int tempNo=0;
    String tempStr="";
    String [] ss = {"00000","0000","000","00","0"};
    sum[0]=Long.MAX_VALUE;
    sum[1]=1;
```

```
        while(true)
        {
            tempStr=String.valueOf(tempNo);
            tempStr=ss[tempStr.length()]+tempStr;
            Path pathTemp=new Path(Args[1],tempFile+tempStr);
            FileSystem FileSys=FileSystem.get(conf);
            if(FileSys.exists(pathTemp)==true)
            {
                FSDataInputStream FileIS = FileSys.open(pathTemp);
                String line;
                String[] SplitArray;
                String[] tempUnSelectedAttriArray;

                while((line=FileIS.readLine())!=null)
                {
                    SplitArray=line.split("\t");
                    tempUnSelectedAttriArray=SplitArray[0].split(" ");

AttriIndex=UnSelectedAttriArrayList.indexOf(SplitArray[0]);
                    AttriSum[AttriIndex]+=Long.parseLong(SplitArray[1]);

                }

                FileIS.close();
                FileSys.close();
                tempNo++;

            }
            else
                break;
        }

    }


    for(int i=1;i<UnSelectedAttriNum;i++)
    {
        if(AttriSum[i]<sum[0])
```

```
                {
                    sum[0]=AttriSum[i];
                    sum[1]=i;
                }
            }

            return sum;
        }

        public static void main(String[] args) throws Exception {
            long BndNum=0;
            long []tempPosNum=new long[2];
            int AttriNum=0;
            int SelectedAttri=0;
            String AttriStr="";

            int IterationTimes=0;
            long startTime=0,endTime=0;

            Long kk;
            String []AttriLevelArray;

            ArrayList<Integer> SelectedAttriArrayList=new ArrayList<Integer>();
            ArrayList<Integer> UnSelectedAttriArrayList=new ArrayList<Integer>();


            String []ConfigInfo=new String[4];
            Configuration conf = new Configuration();

        String[] otherArgs = new GenericOptionsParser(conf, args).getRemainingArgs();
            if (otherArgs.length != 3) {
              System.err.println("Usage:        HARBndMapReduce        <in>        <out>
<ConditionAttriLevelNum>");
              System.exit(2);
            }

            //获取属性个数
            AttriLevelArray=otherArgs[2].split(" ");
```

```
AttriNum=Integer.parseInt(AttriLevelArray[0]);
long []IterationRunTime=new long[2*AttriNum];

//以下代码计算决策表正区域对象个数
startTime=System.currentTimeMillis();    //获取开始时间
//全部属性 n(1-n)
for(int i=1;i<=AttriNum;i++)
    SelectedAttriArrayList.add(i);

//初始化配置信息
ConfigInfo[0]=Integer.toString(AttriNum);
for(int i=1;i<=AttriNum;i++)
    ConfigInfo[0]+=" "+"A"+Integer.toString(i);


//初始化全部属性
ConfigInfo[1]=Integer.toString(SelectedAttriArrayList.size());
for(int i=0;i<SelectedAttriArrayList.size();i++)
    ConfigInfo[1]+=" "+Integer.toString(SelectedAttriArrayList.get(i));

//初始化未选属性
ConfigInfo[2]=Integer.toString(UnSelectedAttriArrayList.size());
for(int i=0;i<UnSelectedAttriArrayList.size();i++)
    ConfigInfo[2]+=" "+Integer.toString(UnSelectedAttriArrayList.get(i));

//初始化属性层数
ConfigInfo[3]=Integer.toString(AttriNum);
for(int i=1;i<=AttriNum;i++)
    ConfigInfo[3]+=" "+AttriLevelArray[i];

UpdateConfigInfo(conf,otherArgs[1],ConfigInfo);
AccquireSimplifiedDecisionTable(conf,otherArgs);
otherArgs[0]=otherArgs[1];
otherArgs[1]=otherArgs[1]+"new";

BndNum=ComputeEquivalenceClassNum(conf,otherArgs,ConfigInfo);
System.out.println("Boundary Objects:"+BndNum);
```

```
            endTime=System.currentTimeMillis(); //获取结束时间

            IterationRunTime[IterationTimes++]=endTime - startTime;


            //以下代码开始知识约简(1-n)
            SelectedAttriArrayList.clear();
            for(int i=0;i<AttriNum;i++)
                UnSelectedAttriArrayList.add(i+1);

            while(true)
            {
                startTime=System.currentTimeMillis();
                ConfigInfo[1]="";
                ConfigInfo[2]="";

                ConfigInfo[1]=Integer.toString(SelectedAttriArrayList.size());
                for(int i=0;i<SelectedAttriArrayList.size();i++)
                    ConfigInfo[1]+=" "+Integer.toString(SelectedAttriArrayList.get(i));

                ConfigInfo[2]=Integer.toString(UnSelectedAttriArrayList.size());
                for(int i=0;i<UnSelectedAttriArrayList.size();i++)
                    ConfigInfo[2]+="
"+Integer.toString(UnSelectedAttriArrayList.get(i));

                SelectedAttri=UnSelectedAttriArrayList.get(0);
                UpdateConfigInfo(conf,otherArgs[1],ConfigInfo);

    tempPosNum=ComputeCandidateEquivalenceClassNum(conf,otherArgs,ConfigInfo);

                if(tempPosNum[0]==BndNum)
                {
                    kk=tempPosNum[1];
                    SelectedAttri=kk.intValue();

SelectedAttriArrayList.add(UnSelectedAttriArrayList.get(SelectedAttri-1));
                    endTime=System.currentTimeMillis();
                    IterationRunTime[IterationTimes++]=endTime - startTime;
```

```
                    break;
                }
                else
                {
                    kk=tempPosNum[1];
                    SelectedAttri=kk.intValue();

SelectedAttriArrayList.add(UnSelectedAttriArrayList.get(SelectedAttri-1));

                    UnSelectedAttriArrayList.remove(SelectedAttri-1);
                    endTime=System.currentTimeMillis();
                    IterationRunTime[IterationTimes++]=endTime - startTime;
                }
            }

            System.out.println("Hierarchical Boundary Attribute Reduction Finished!");
            AttriStr="";
            for(int k=0;k<SelectedAttriArrayList.size();k++)
                AttriStr+=Integer.toString(SelectedAttriArrayList.get(k)) + " ";

            System.out.println(AttriStr);

            long TotalTime=0;
            for(int i=0;i<IterationTimes;i++)
            {
                TotalTime+=IterationRunTime[i];
                System.out.println(IterationRunTime[i]);
            }

            System.out.println("Hierarchical   Boundary   Attribute   Reduction   Total
Time:"+TotalTime+"ms");
            System.exit(0);

        }
    }
```